国家科学技术学术著作出版基金资助出版

"十四五"时期国家重点出版物出版专项规划·重大出版工程规划项目

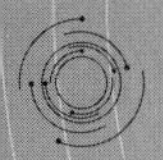

变革性光科学与技术丛书

Theory and Technique of Self-Absorption-Free Laser Induced Breadown Spectroscopy

自吸收免疫激光诱导击穿光谱理论与技术

尹王保 张 雷 侯佳佳 赵 洋 著

清華大學出版社
北京

内 容 简 介

激光诱导击穿光谱技术是近年来利用激光作激发源进行物质成分分析的研究热点，其技术广泛应用于能源、选矿、化工、分析等行业。本书详细介绍了自吸收免疫激光诱导击穿光谱的前沿理论及其应用技术，为解决目前激光诱导击穿光谱在应用中的瓶颈问题提供了有益的理论基础和研究方法。

本书主要面向光学、电子信息技术和物理学等相关领域的科研人员、学者、研究生与高年级本科生，亦可作为本领域科学研究的参考资料。

图书在版编目（CIP）数据

自吸收免疫激光诱导击穿光谱理论与技术/尹王保等著. —北京：清华大学出版社，2023.5
（变革性光科学与技术丛书）
ISBN 978-7-302-63216-0

Ⅰ. ①自… Ⅱ. ①尹… Ⅲ. ①激光光谱 Ⅳ. ①O433.5

中国国家版本馆 CIP 数据核字（2023）第 052447 号

责任编辑：鲁永芳
封面设计：意匠文化 · 丁奔亮
责任校对：薄军霞
责任印制：宋 林

出版发行：清华大学出版社
网 址：http://www.tup.com.cn，http://www.wqbook.com
地 址：北京清华大学学研大厦 A 座 **邮 编**：100084
社 总 机：010-83470000 **邮 购**：010-62786544
投稿与读者服务：010-62776969，c-service@tup.tsinghua.edu.cn
质量反馈：010-62772015，zhiliang@tup.tsinghua.edu.cn
印 装 者：三河市铭诚印务有限公司
经 销：全国新华书店
开 本：170mm×240mm **印 张**：15.5 **字 数**：309 千字
版 次：2023 年 6 月第 1 版 **印 次**：2023 年 6 月第 1 次印刷
定 价：109.00 元

产品编号：096399-01

丛书编委会

丛书序

光是生命能量的重要来源，也是现代信息社会的基础。早在几千年前人类便已开始了对光的研究，然而，真正的光学技术直到400年前才诞生，斯涅耳、牛顿、费马、惠更斯、菲涅耳、麦克斯韦、爱因斯坦等学者相继从不同角度研究了光的本性。从基础理论的角度看，光学经历了几何光学、波动光学、电磁光学、量子光学等阶段，每一阶段的变革都极大地促进了科学和技术的发展。例如，波动光学的出现使得调制光的手段不再限于折射和反射，利用光栅、菲涅耳波带片等简单的衍射型微结构即可实现分光、聚焦等功能；电磁光学的出现，促进了微波和光波技术的融合，催生了微波光子学等新的学科；量子光学则为新型光源和探测器的出现奠定了基础。

伴随着理论突破，20世纪见证了诸多变革性光学技术的诞生和发展，它们在一定程度上使得过去100年成为人类历史长河中发展最为迅速、变革最为剧烈的一个阶段。典型的变革性光学技术包括：激光技术、光纤通信技术、CCD成像技术、LED照明技术、全息显示技术等。激光作为美国20世纪的四大发明之一（另外三项为原子能、计算机和半导体），是光学技术上的重大里程碑。由于其极高的亮度、相干性和单色性，激光在光通信、先进制造、生物医疗、精密测量、激光武器乃至激光核聚变等技术中均发挥了至关重要的作用。

光通信技术是近年来另一项快速发展的光学技术，与微波无线通信一起极大地改变了世界的格局，使"地球村"成为现实。光学通信的变革起源于20世纪60年代，高琨提出用光代替电流，用玻璃纤维代替金属导线实现信号传输的设想。1970年，美国康宁公司研制出损耗为20 dB/km的光纤，使光纤中的远距离光传输成为可能，高琨也因此获得了2009年的诺贝尔物理学奖。

除了激光和光纤之外，光学技术还改变了沿用数百年的照明、成像等技术。以最常见的照明技术为例，自1879年爱迪生发明白炽灯以来，钨丝的热辐射一直是最常见的照明光源。然而，受制于其极低的能量转化效率，替代性的照明技术一直是人们不断追求的目标。从水银灯的发明到荧光灯的广泛使用，再到获得2014年诺贝尔物理学奖的蓝光LED，新型节能光源已经使得地球上的夜晚不再黑暗。另外，CCD的出现为便携式相机的推广打通了最后一个障碍，使得信息社会更加丰富多彩。

20世纪末以来，光学技术虽然仍在快速发展，但其速度已经大幅减慢，以至于很多学者认为光学技术已经发展到瓶颈期。以大口径望远镜为例，虽然早在1993年美国就建造出10 m口径的"凯克望远镜"，但迄今为止望远镜的口径仍然没有得到大幅增加。美国的30 m望远镜仍在规划之中，而欧洲的OWL百米望远镜则由于经费不足而取消。在光学光刻方面，受到衍射极限的限制，光刻分辨率取决于波长和数值孔径，导致传统i线(波长：365 nm)光刻机单次曝光分辨率在200 nm以上，而每台高精度的193光刻机成本达到数亿元人民币，且单次曝光分辨率也仅为38 nm。

在上述所有光学技术中，光波调制的物理基础都在于光与物质(包括增益介质、透镜、反射镜、光刻胶等)的相互作用。随着光学技术从宏观走向微观，近年来的研究表明：在小于波长的尺度上(即亚波长尺度)，规则排列的微结构可作为人造"原子"和"分子"，分别对入射光波的电场和磁场产生响应。在这些微观结构中，光与物质的相互作用变得比传统理论中预言的更强，从而突破了诸多理论上的瓶颈难题，包括折反射定律、衍射极限、吸收厚度-带宽极限等，在大口径望远镜、超分辨成像、太阳能、隐身和反隐身等技术中具有重要应用前景。譬如：基于梯度渐变的表面微结构，人们研制了多种平面的光学透镜，能够将几乎全部入射光波聚集到焦点，且焦斑的尺寸可突破经典的瑞利衍射极限，这一技术为新型大口径、多功能成像透镜的研制奠定了基础。

此外，具有潜在变革性的光学技术还包括：量子保密通信、太赫兹技术、涡旋光束、纳米激光器、单光子和单像元成像技术、超快成像、多维度光学存储、柔性光学、三维彩色显示技术等。它们从时间、空间、量子态等不同维度对光波进行操控，形成了覆盖光源、传输模式、探测器的全链条创新技术格局。

值此技术变革的肇始期，清华大学出版社组织出版"变革性光科学与技术丛书"，是本领域的一大幸事。本丛书的作者均为长期活跃在科研第一线，对相关科学和技术的历史、现状和发展趋势具有深刻理解的国内外知名学者。相信通过本丛书的出版，将会更为系统地梳理本领域的技术发展脉络，促进相关技术的更快速发展，为高校教师、学生以及科学爱好者提供沟通和交流平台。

是为序。

罗先刚

2018年7月

序

激光诱导击穿光谱及其应用是近年来国内外物质分析研究的热点之一，是光科学在物质分析领域里的一个变革性应用。它具有分析速度快、多元素同时检测、无需样品制备、实时在线、无接触远程测量等优点，在环境检测、工业生产、生物医药等领域具有广泛的应用前景。

"十四五"期间，科技部组织编制《"十四五"生态环境领域科技创新专项规划(2021—2025年)》，将生态环境监测技术创新作为重点任务之一，突破一批高精度、多成分污染物多介质综合监测技术，大幅提升分析仪器关键元器件的自主知识产权水平。创新绿色技术，推动应用扩展，是我国实现"中国式现代化"、深入推进生态文明建设的重要内容。

山西大学多年来一直积极探索环境光学在应用方面的研究，他们本着"节能即最大的减排"理念，在煤质分析研究、水泥品质控制应用研究等方面成果颇丰。其中尹王保教授课题组自2005年开始对激光诱导击穿光谱及其应用开展研究，在激光烧蚀靶材、等离子体膨胀建模、自吸收机理与免疫激光诱导击穿光谱定量分析、等离子体演化、SAF-LIBS非线性效应动力学、增强探测等原理技术与应用方面开展了深入而广泛的研究工作。

作为他们的应用研究结晶之一，《自吸收免疫激光诱导击穿光谱理论与技术》一书梳理了目前国内外诸多在自吸收效应的产生和消除方法的研究方法，总结了课题组多年来在激光诱导击穿光谱自吸收研究中取得的成果；在此基础上完善了激光诱导等离子体自吸收效应机理，并进行了系统优化设计，最终凝练出了一套完整的自吸收免疫激光诱导等离子体理论体系和技术，为指导实际工业应用提供了重要的理论和技术支持。本书特色鲜明，具有较高的出版价值。本书获得2021年度国家科学技术学术著作出版基金支持，并被清华大学出版社列入"十四五"时期国家重点出版物出版专项规划·重大出版工程规划项目的"变革性光科学与技术丛书"，从另一个侧面反映了本书的学术价值和水平。

因为学术交流的关系，中国科学院安徽光学精密机械研究所较早的与山西大学建立了广泛且深入的联系和合作，因此对他们严谨的治学态度、卓越成效的工作有较为全面的了解。环境光学专业是一个新兴的专业，因此也对他们为环境光学事业发展而做出的不懈努力表示钦佩。目前国内对自吸收免疫激光诱导光谱技术的研究见之不多，理论与实践双重优秀的著作更是难得。希望本书的出版对推进我国环境光学的发展和应用有积极的影响和贡献。

是为序。

中国工程院院士、中国科学院合肥物质科学研究院学术委员会主任、安徽光学精密机械研究所学术所长　刘文清

2023 年 3 月

前　言

激光诱导击穿光谱(laser-induced breakdown spectroscopy, LIBS)技术是一种新兴的发射光谱分析技术。该技术将一束高能量的脉冲激光束聚焦后，投射到被分析的样品表面，被照射部位会被瞬间汽化,形成高温、高密度的等离子体。通过测量该等离子体发射谱线的特征波长就可获得被分析煤样品所含元素的种类，即定性分析;通过测量其特征谱线的发射强度并与标准样品进行比对就可得到该元素的含量,也就是定量分析。LIBS 技术具有分析速度快、多元素同时检测、无需样品制备、实时在线、无接触远程检测等优点,使得它在工业生产、环境检测、生物医药等领域具备广阔的应用潜力。LIBS 技术对物质成分及元素含量的分析依赖于等离子体辐射光谱的强度,但由高能脉冲激光烧蚀样品生成的等离子体是一个体光源,其内部自发辐射产生的光子在向外传播时,会被行进路径中引起辐射的同一类原子或离子吸收,这个现象就是自吸收(self-absorption effect, SA)效应。该效应不仅会影响谱线强度的真实情况,增加谱线宽度,也会使定标结果饱和,最终影响到定量分析精度和检测限。理论上,当向外传播的光经过等离子体内部时没有明显衰减或散射的情况发生时,则可近似认为该等离子体处于光学薄(optically thin,OT)状态,此时自吸收效应可以被忽略,可以到达理想的 LIBS 技术分析精度和检测限。但由于激光与靶材料相互作用机制的复杂性和等离子体演化的快速性、不均匀性,使得自吸收效应非常复杂,目前仅有极个别的理论模型和实验测量涉及对自吸收的机理和过程的解释。另外,虽然已有许多学者提出了一些对自吸收的校正或消除的方法,但是这些方法均未能基于物理本质给予清楚的解释而存在一定的局限性。因此,进一步研究自吸收效应的物理机理,提出物理概念清楚、更具可操作性和有效的 LIBS 获取方法和分析技术,对于提高 LIBS 技术的定量分析精度和准确性,促进其在工业生产、环境检测等领域中的应用,有重要的现实意义。

作者团队在分析前人研究经验、教训的基础上经过长期跟踪研究,在 2014 年提出解决该问题的思路：①以光学薄时刻代替最大信背比时刻采集获取光谱；②充分考虑在光学薄时刻的自吸收影响；③利用物理思想减少自吸收影响。

在这个思路指导下,经过几年的理论分析和实验研究,作者团队取得了以下进展：①建立了光学薄等离子体理论判据；②发展了激光诱导等离子体自吸收量化表征模型；③形成了激光诱导等离子体自吸收量化评估理论；④确立了激光诱导等离子体谱线属性与自吸收影响关系，进而归纳形成了自吸收免疫激光诱导击穿光谱(self-absorption-free laser induced breakdown spectroscopy，SAF-LIBS)理论体系和分析技术。

经该理论与技术导出的结论主要表现在：①最佳光谱采集时刻与元素浓度有关；②能够测量的最大元素含量受限于最短光谱薄时刻；③确实存在自吸收最小的最佳光谱采集时刻；④定标曲线严重依赖于光谱采集时刻(或可回答"基体效应")；⑤激发能量影响最佳光谱采集时刻进而影响分析精度；⑥最低激发能量受系统信噪比(SNR)限制；⑦高的激发能量有利于稳定测量，但不是越大越好；⑧共振谱线测量微量元素的误差明显小于利用非共振谱线的(谱线选择原则)；⑨自吸收表征理论预言结果与实验结果一致(理论与实验自洽，预示理论自成体系)。

本书是对以上研究成果的总结和再现，内容主要包括两部分，第一部分为SAF-LIBS理论与技术部分：

(1) 综述了激光诱导击穿光谱发展历程及研究现状，介绍了激光诱导击穿光谱的基本概念，阐述了激光诱导击穿光谱的基本理论，包括激光诱导等离子体的演化、辐射谱线的特征、LIBS定量分析原理以及应用中遇到的瓶颈问题及原因；介绍了等离子体中的自吸收效应，从自吸收的实验观察、自吸收对谱线及定量分析的影响、自吸收效应的理论研究和消除方法等方面进行了全面的阐述。

(2) 详细阐述了等离子体内部辐射的发射和吸收过程，研究了自吸收产生和演化的物理机理，以及它与相应跃迁谱线参数、等离子体特征参数间的定量关系。结合该定量关系及双波长差分成像技术和阿贝尔(Abel)反演理论，得到等离子体辐射谱线自吸收程度的量化评估方法，并对铝等离子体和铜等离子体内的自吸收效应的演化及量化进行了实验上的研究，发现自吸收与谱线跃迁概率、上能级简并度、中心波长、粒子数密度及吸收路径长度呈正相关关系，与下能级呈负相关关系，与电子温度之间的关系和跃迁下能级相关，当下能级处于基态时，自吸收随电子温度的降低而增大；当下能级处于相对较高的激发态时，自吸收随电子温度的降低而降低。提出了通过量化谱线自吸收来表征激光诱导等离子体特征参数的方法，通过分析谱线宽度，计算出对应的自吸收程度，以此推导出等离子体的温度、元素含量比及发射源粒子的绝对数密度等参数。在以上基础上介绍了等离子体中的自吸收效应，从自吸收的实验观察、自吸收对谱线及定量分析的影响、自吸收效应的理论研究和消除方法等方面进行了全面的阐述。

(3) 阐述了SAF-LIBS定量分析理论与技术。通过将测量光谱中分析元素的双线强度比值和理论值进行对比，确定出等离子体处于光学薄的最佳时间窗口，进而直接获取准光学薄态的发射谱线，该方法既不会产生由于建模带来的误差，也无需引入额外装置。通过评估玻尔兹曼平面的线性相关系数，比较不同延时下的自吸收程度，证明了 SAF-LIBS 获得的等离子体处于准光学薄态。

（4）阐述了共振/非共振双线 SAF-LIBS 技术。结合高灵敏共振线和宽响应非共振线，有效扩展了 SAF-LIBS 对于元素含量的分析范围。首先利用传统 LIBS 方法对该元素进行单变量定标，然后利用共振/非共振双线 SAF-LIBS 构建线性的分段定标曲线，当分析待测样品时，可以通过普通 LIBS 定标确定其大致含量范围，接着通过 SAF-LIBS 对应分段的定标方程对元素含量进行精确求解。

（5）提出了适用于 SAF-LIBS 的快速谱线选择准则。在等离子体均匀、处于局部热平衡且面密度为常量的假设下，理论证明了双线强度比值的单调性演化趋势，并用 Al 元素和 Cu 元素进行了实验验证。由此推导出 SAF-LIBS 快速谱线选择准则：仅当元素含量最高的边界样品中所选双线在等离子体演化初期和末期测量得到的强度比值位于理论值的两侧时，所选双线才能在等离子体演化过程中达到准光学薄态并适用于 SAF-LIBS 测量分析。

总之，在 SAF-LIBS 理论思想的指导下，通过结合对自吸收效应机理研究的结论，形成了具有宽元素可测量范围、低检测限、主微量元素同时精确测量的 SAF-LIBS 分析技术，通过匹配等离子体光谱中同元素双线强度比值与理论值来确定等离子体处于光学薄的最佳时间窗口，合理选定采集信号的延时，得到不受自吸收影响的准光学薄发射谱线。该方法不会引入因拟合和建模带来的系统误差，且无需增加额外装置，为解决目前 LIBS 技术应用瓶颈，指导实际工业应用定量分析提供了坚实可靠的方法。

本书的第二部分为 LIBS 应用部分。以作者团队承担的实际应用项目为例，详细介绍了 LIBS 技术在煤质分析、燃煤电厂煤质在线分析、洗煤厂煤质分析和水泥生料品质控制中的应用情况。

本书由山西大学尹王保教授负责组织撰写并统稿，山西大学张雷教授全程参与了本书的撰写与校对工作，西安电子科技大学讲师侯佳佳博士、中北大学讲师赵洋博士全程参与了本书所涉及的物理实验及部分内容撰写工作；博士研究生田志辉、王俊霄、李佳轩等参与了部分图表的绘制和文字勘校工作。全书由山西大学原校长、国家重大科学研究计划(973)首席科学家贾锁堂教授主审。全书撰写过程中得到量子光学与光量子器件国家重点实验室、国家外专局“111 计划”学科创新引智基地、极端光学省部共建协同创新中心、山西大学激光光谱研究所、山西大学光电研究所、山西大学物理电子工程学院、中国光学学会环境光学专业委员会、中国光学工程学会光谱技术及应用专业委员会、山西省光学学会等单位的鼎力支持。全书在撰写过程中，中国科学院合肥物质科学研究院刘文清院士、谢品华研究员，北京大学陈徐宗教授，浙江大学刘东教授，太原理工大学肖连团教授，西安电子科技大学张大成教授，清华大学王哲教授，山西大学郜江瑞教授、周富国教授、李秀平教授、马杰教授、贾晓军教授、郑耀辉教授、马维光教授、董磊教授、武红鹏教授、赵刚副教授、田龙副教授，中国光学学会环境光学专业委员会部分委员，中国光学工程学会光谱技术及应用专业委员会部分委员都以不同方式给予了帮助和支持，在此深表感谢！

太原市海通自动化技术有限公司张生俊高工，山西省检验检测中心（山西省标准计量技术研究院）正高级工程师朱庆科、袁淑芳，中国电信股份有限公司晋中分公司王鑫工程师，太原紫晶科技有限公司弓瑶、李郁芳工程师，中石化石油化工科学研究院有限公司王树青高工，中北大学白禹博士等对本书中有关现场调试工作或参与或给予大力支持，在此一并感谢！

本书列入“十四五”时期国家重点出版物出版专项规划·重大出版工程规划项目——“变革性光科学与技术丛书”出版，离不开丛书编委会和清华大学出版社的大力支持。书中所述研究成果得到国家自然科学基金委仪器专项基金项目(6112707)、面上项目(61205216、61378047、61475093、61775125、61875108、61975103)支持。本书得到国家科学技术学术著作出版基金资助。在此表示衷心感谢。

本书在撰写过程中引用了大量的参考文献，这些文献研究成果为本书所表述的理论和方法提供了必要的前导基础理论和知识，从而使本书理论体系更加完善和丰满且禁得起推敲，在此对所有被引文献作者谨表谢意！

由于水平有限及现代技术飞速发展，书中错漏或不足之处在所难免，恳请广大读者批评指正。

本书彩图请扫二维码观看。

作　者

2023年5月

目　录

第1章

激光诱导击穿光谱概述

1.1 激光诱导击穿光谱发展历史

1905年,爱因斯坦以单光子吸收解释了光与物质相互作用的本质,建立了光电效应的爱因斯坦方程。接着,在量子力学的创始时期,狄拉克等在1927年曾经讨论了多光子吸收产生能态跃迁的可能性。但由于当时的科学发展水平的限制,无论对原子的光电离或分子的光离解的研究都没有超出单光子过程。自20世纪60年代初,美国物理学家梅曼制造了世界上首台红宝石激光器[1]之后不久,一些学者观察到了由激光照射靶样品表面而产生等离子体的现象,从而为原子的多光子光电离与分子多光子离解的研究开辟了道路,科学家们才开始了积极探索激光与物质相互作用等方面的研究及潜在应用[2]。1962年,在美国马里兰大学举办的第十届国际光谱会议上,Brech和Cross提出了用红宝石微波激射器诱导产生等离子体的光谱分析方法[3],这可能是世界上最早的关于激光诱导击穿光谱(laser-induced breakdown spectroscopy, LIBS)的报道。1963年,Debras-Guédon和Liode将激光诱导所产生的等离子体的光谱应用于定量化学分析领域[4],标志着激光诱导击穿光谱开始进入物质分析领域。1964年,Maker等第一次观察到了由激光所诱导的空气击穿现象[5];Runge等用脉冲式红宝石激光器直接在金属表面实现了火花激励[6],同年,Griem出版了一本等离子体光谱专著*Plasma Spectroscopy*[7],书中详细介绍了等离子体定量光谱学的理论以及相关实验技术;1966年,Young[8]对激光击穿空气发射出的等离子体光谱的性质展开了详细的研究。1974年,Griem出版了具有里程碑意义的关于等离子体谱线展宽的专著*Spectral Line Broadening by Plasmas*,并在附录中给出了包含许多原子和离子光谱线的展宽和频移的计算值，包括氢和氦的详细参数表，以及特定的电子温度和电子密度条件下其他原子和离子的相关信息[9]。

在 20 世纪 70 年代早期，国际上少数国家在 LIBS 的多个研究领域都取得了一定的进展，例如，物理学研究人员利用 LIBS 技术来进行气体击穿的机理等基础性研究，而应用研究人员则致力于挖掘开发 LIBS 技术的潜在应用价值。典型的例子有：1970 年，Scott 和 Strasheim 对调 Q 激光器和非调 Q 激光器用于光谱分析中的实验结果进行了对比[10]；1972 年，Felske 等用调 Q 激光器对铁中的多种元素进行了定量分析[11]；1975 年，我国山西大学陈昌民、苏大春等试制成功了 JDS3-1 型激光微区分析光谱仪，并于 1977 年 7 月通过山西省科委组织的鉴定[12]；1979 年，山西大学的苏大春和孙孟嘉研究了强激光场中分子的多光子离解机理，给出了激光离解的功率阈值、红移现象、离解时间特性的理论模型[13]。

到了 20 世纪 80 年代初，由于 LIBS 技术在光谱化学应用方面的一些独特优势而得到人们的重视，并将其应用于对不同物质的检测。例如，美国新墨西哥州的洛斯阿拉莫斯国家实验室（Los Alamos National Laboratory）先是利用 LIBS 技术对新墨西哥州大气中的有毒气体和蒸气[14,15]以及大气或暴露于大气的空气滤芯中的微量铍进行了定量分析[15-17]；然后他们用其对固定床煤汽化炉中的烟气进行了探测，虽然没有能够探测到其中的碱金属发射谱（含量在 ppb 量级），但却很容易地找到了烟气中主要元素硫的谱线，并成功地对其进行了定标[18]；接着在对液体进行测量的实验中，他们分别用脉冲激光器对液体的液面及内部进行了激发，结果证明在两种情况下都能产生等离子体；最后，他们利用 LIBS 技术对十种含有不同成分的溶液进行了分析[19]，并利用其对流动硝酸液中铀元素进行了激发探测，发现只有当激光聚焦在液面时才能观测到铀的原子发射线和离子发射线，而将激光聚焦到溶液内部则无法看到这些谱线[20]，2020 年，他们通过贝叶斯模型校准尝试解决美国"好奇号"火星车上"ChemCam"的仪器传回的 LIBS 数据以解构火星表面岩石和土壤的成分。

随着科技的发展，到了 20 世纪 90 年代，美国的其他一些实验室以及其他国家也相继展开了对 LIBS 产生机理及应用方面的研究。例如，Poulain[21]用 LIBS 方法来检测海水中的含盐浓度；Aragon 和 Aguilera 将其应用到钢铁冶炼行业中以实现对钢水[22]及钢块[23]中碳含量的检测；Sabsabi[24]则将其用于对铝合金材料中痕量元素的含量分析。在此期间，LIBS 元素含量分析技术的应用领域在不断地拓展[25,26]，也更加面向一些实际问题，如对环境污染的监测、对材料加工处理过程的监控，或是对材料质量好坏进行分辨并加以分类等。但是由于此时 LIBS 系统体积还比较庞大，所以人们越来越关心如何能够开发出移动式的 LIBS 检测装置。例如，采用光纤来代替传统的光学系统，有些甚至直接用光纤来传输脉冲激光。早在

1988 年，美国洛斯阿拉莫斯国家实验室的 Cremers[27]就设计和制造出了一台移动式的铍元素 LIBS 监测仪，并于后来陆续推出了其他款式的检测仪器；而在该实验室与 Cremers 同组的 Yamamoto[28]则开发出了类似手提箱的便携式 LIBS 检测仪器，用来对土壤中的污染物及涂料中的铅含量进行检测。此外，Aldstadt[29]通过 LIBS 与一个锥形探针的联用实现了对地下矿物质的探测。

在进入 21 世纪后，第一届国际 LIBS 会议于 2000 年在意大利召开，之后每两年举办一次；第一届欧洲-地中海 LIBS 会议于 2001 年在埃及开罗召开，之后每两年举办一次。第一届北美 LIBS 会议于 2007 年在美国路易斯安那州召开；第一届亚洲 LIBS 会议于 2015 年在中国武汉召开。这些会议是有关 LIBS 技术机理性研究、发展状况及商业化前景的极好缩影。例如，在 2006 年的国际会议中，就出现了许多在新领域应用的报告，包括将 LIBS 用于对人类牙齿、骨骼、器官组织以及对花粉、孢子和细菌等的研究，与此同时，大会决定将对等离子体真空紫外光谱的探索作为最新的研究方向。

目前国内能见到最早有关激光诱导击穿光谱文献是 1978 年山西大学陈昌民、苏大春等发表在《山西大学学报(自然版)》的文献[12]，在该文献里报道了他们研制 JDS3-1 型激光微区分析光谱仪和应用情况。能见到的最早关于激光诱导击穿光谱的硕士论文是 2002 年安徽师范大学杨锐的“合金元素定量分析中的激光诱导击穿谱(LIBS)研究”[30]；能见到的最早关于激光诱导击穿光谱的博士论文是 2005 年华中科技大学余亮英的“激光感生击穿光谱的理论与燃煤应用实验研究”[31]。以这两篇学位论文为代表，反映了中国在 LIBS 研究领域开始进入系统性研究阶段。

经过近 10 年的发展，中国于 2011 年在青岛中国海洋大学举办了第一届中国 LIBS 学术会议，来自中国科学院安徽光学精密机械研究所、中国科学院沈阳自动化研究所、中国科学院苏州生物医学工程技术研究所、中国科学院海洋研究所、华南理工大学、山西大学、安徽师范大学、浙江师范大学、北京理工大学、中南民族大学、天津大学、江西农业大学、中国海洋大学、法国里昂第一大学、法国 IVEA 公司等单位的国内外专家学者共 40 余人参加了此次研讨会，这届学术会议集中反映中国近 10 年的 LIBS 研究成果和人才培养情况，之后每年在不同地域举办一次。

2014 年 9 月 9 日，以“Share our LIBS，make a difference”为主题在清华大学召开了第八届激光诱导击穿光谱国际会议(LIBS 2014)。从事 LIBS 研究的国内外专家、学者、企业家和研究生等近 300 人出席了本次会议。大会围绕 LIBS 技术的基础研究、应用现状和发展趋势等问题展开了广泛交流与讨论。

2015 年 6 月 24 日，在武汉华中科技大学召开了第一届亚洲激光诱导击穿光谱学术会议(ASLIBS 2015)。会议以“激光诱导击穿光谱技术及其工业化应用”为主题，议题包括激光诱导击穿光谱新原理、新方法，激光探针仪器及工业化应用等范围。来自中国、日本、韩国、伊朗、沙特阿拉伯、巴基斯坦等国家的LIBS专家、学者以中国和亚洲的最新进展为背景进行了广泛交流。

2021年10月18日，在青岛中国海洋大学召开了第四届亚洲激光诱导击穿光谱学术会议（ASLIBS 2021），来自亚洲各国的LIBS专家、学者围绕LIBS应用发展方向进行了网上研讨和线下交流，同时总结了LIBS十年来在中国的发展情况。

1.2 研究现状

20世纪60年代激光被发明后，使原有的光谱技术在灵敏度和分辨率方面得到很大的改善。以激光为光源的激光光谱学已成为与物理学、化学、生物学及材料科学等密切相关的研究领域。强度极高、脉冲宽度极窄的激光，使对多光子过程、非线性光化学过程以及分子被激发后的弛豫过程的观察成为可能，并分别发展成为新的光谱技术。利用激光作光源辐照靶材料使其产生等离子体，进而分析物质种类和含量，这已经成为一种重要的物质分析手段并越来越引起众多研究学者和物质分析应用开发者的关注，因而在物质分析检测领域得到了一定的发展。图1.1显示了国内外有关LIBS的期刊文章、学位论文、专利、会议论文及其他等文献情况。其中有关LIBS国外的博士学位论文有842篇，国内的博士学位论文有298篇（国外学位论文数据取自ProQuest数据库，国内博士论文数据取自CNKI数据库，下同），有关LIBS的国内外学术期刊文章有4351篇，专利有849项。图1.2是自2009年以来全球每年所发表的具有一定影响力（以中国科学院文献情报中心公布的期刊分区表为准）的LIBS的文献出版物数量，图1.3显示了这些文献在各学科研究方面的占比，可以看出主要研究热门学科分布在物理、电子、化学等领域。

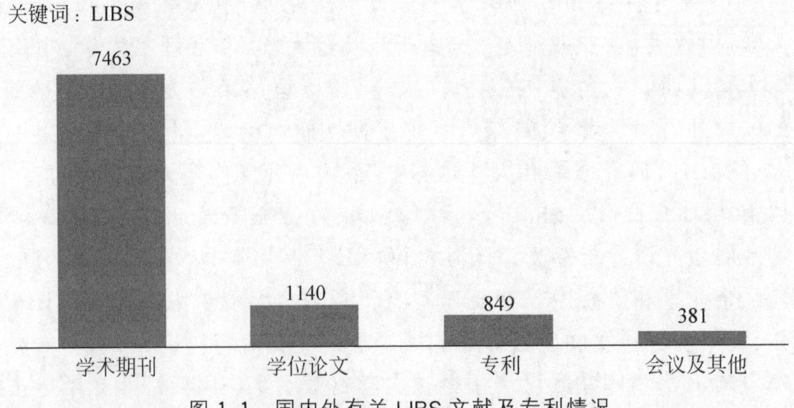

图1.1 国内外有关LIBS文献及专利情况

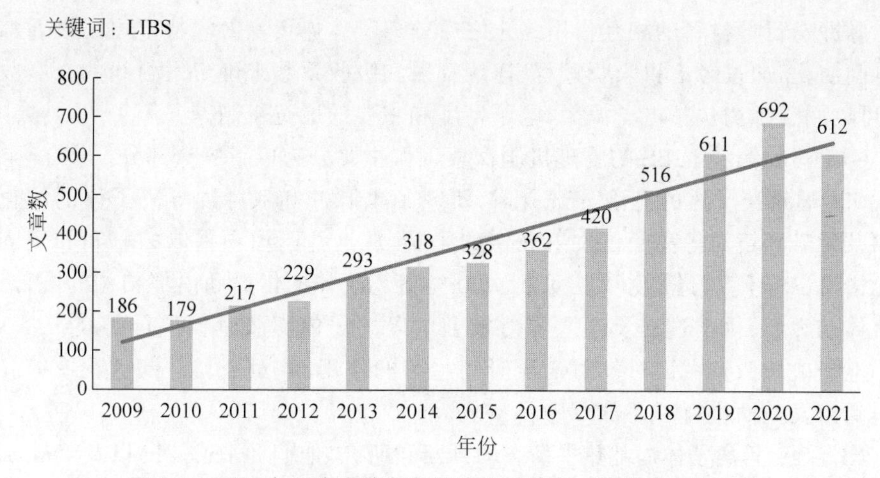

图 1.2 2009 年以来全球每年所发表的具有一定影响力的文章

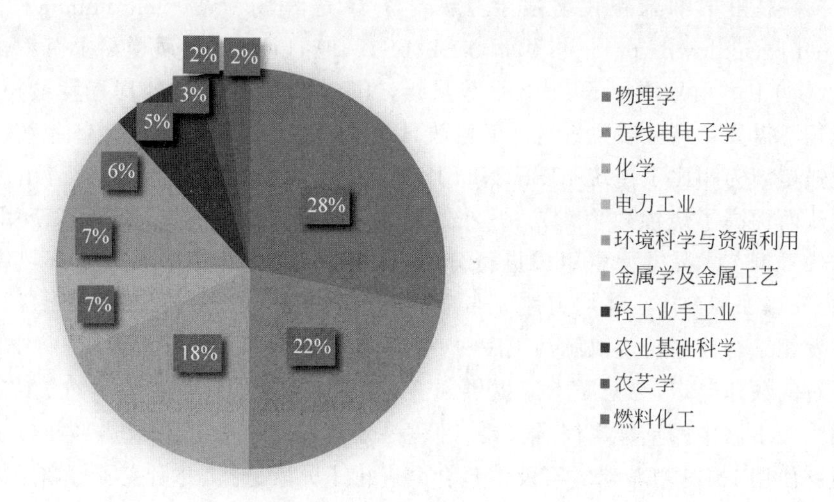

图 1.3 LIBS 文献涉及的学科分布情况

（请扫 X 页二维码看彩图）

自 20 世纪 80 年代以来，为了更好地理解和应用 LIBS 技术，研究者们从基础理论、实验分析、行业应用到设备仪器制造等方面对该项技术展开了研究。

在理论及实验研究方面，Konjević[32] 讨论了非氢原子和离子谱线的展宽和漂移在等离子体诊断中的应用价值，详细介绍了用于测量谱线线型和漂移的实验技术，讨论了其他展宽机制及低电子密度等离子体中离子动力学对谱线斯塔克(Stark)展宽和漂移测定的影响。

Gornushkin[33] 等建立了光学厚非均匀等离子体的理论模型，该模型描述了在激光脉冲与目标材料的相互作用终止之后等离子体连续辐射和特定原子发射谱线的时间演化，通过考虑再吸收过程、连续辐射和吸收系数来确定发射线的自吸收程度，可以用于预测包括电子温度、电子密度和主要的展宽机制。

Giacomo 等对 LIBS 的物理机制探索工作主要分为以下三个部分。

(1) 通过离子体的光谱分辨成像，研究了单脉冲和双脉冲等离子体的演化过程以及背景环境对等离子体发射光谱的影响，从这些图像中提取的时间和空间分辨光谱可以计算电子密度和温度，从而获得等离子体的传播和内部结构的图像，并用流体动力学、化学过程及碰撞辐射模型对等离子体膨胀过程进行研究[34-38]，讨论了电子碰撞激发截面对发射谱线时间趋势的作用，并对氢、铁、镍、钴、钛等几种物质的激发截面进行了评价[39]。

(2) 对于等离子体局部热平衡态的判断和研究，他们和 Palleschi 以及 Omenetto 课题组共同合作，给出了瞬态非均匀等离子体需要满足局部热平衡态的条件。

(3) 提出了纳米颗粒增强激光诱导击穿光谱(nanoparticle enhanced laser-induced breakdown spectroscopy, NELIBS)。他们通过在金属样品上沉积银纳米粒子，使 LIBS 信号增加了 1～2 个数量级，NELIBS 对样本的处理程度最小，操作简单且不需要对实验装置进行任何修改，因此可以直接用于商用 LIBS 系统。信号的增强是因为相比于传统 LIBS，NELIBS 使金属的击穿阈值降低，喷射出更多的物质从而提高了烧蚀效率[40]。另外他们也研究了 LIBS 的实际应用，使用 LIBS 对古代青铜艺术品的元素组成进行分析，并考察了 LIBS 中采用的局部热力学平衡、全等烧蚀和等离子体均匀性等典型假设的真实性[41-43]；比较了激光烧蚀和火花激发相结合法与传统双脉冲 LIBS 对于土壤含碳量测量的性能[44]；将 LIBS 用于陨石的快速鉴定，为地质学家提供陨石分类的特定化学信息[45]；将 LIBS 用于监测污染土壤中的重金属铬、铜、铅、钒和锌元素[46]；在基于局域热平衡(LTE)的假设下使用 LIBS 对紫翠宝石及铜基合金进行了元素分析，并研究了等离子体参数对 LIBS 分析青铜和黄铜靶性能的影响[47]；使用 LIBS 对孔雀石、黄玉等矿物进行了鉴定和表征[48]。

Omenetto 课题组的主要工作倾向于激光诱导等离子体烧蚀、局部热平衡、空间和时间特性的研究，其中包含等离子体基本诊断和粒子相互作用的理论模型算法，以及空间和时间分辨测量的不同实验方法。他们提出了一种描述光学厚非均匀激光诱导等离子体的简化模型，描述了激光脉冲终止和靶材料相互作用结束后等离子体连续体和特定原子发射的时间演化[49]，之后测量了在这种模型假设下的含钡靶的激光等离子体的温度[50]；讨论了等离子体的局域热平衡态，指明了 McWhirter 准则对于局域热平衡态的判断只是必要但不充分的条件，还需要满足其在等离子体瞬态时间上和非均匀空间上条件[51]，之后探究了微片激光器作为激发源时等离子体的局部热平衡态条件[52]；在研究基础上，他们系统地介绍了 LIBS 的光谱特征、各种诊断方法、粒子相互作用过程，以及 LIBS 实际应用的方法及仪器发展[53,54]。在技术方法上，他们采用线性相关和秩相关技术，用 LIBS 对玻璃进行元素分析，为鉴定法医玻璃提供基础[55]；使用倍程镜技术测量了 LIBS 光谱的自吸收程度，提高了温度的准确度[56]；使用多个共线脉冲以增强信号，并研究了激光诱导等离子体的烧蚀、空间和时间特性[57]；使用拉东(Radon)变换技术对单脉冲和双脉冲模式下激光诱导等离子体进行层析成像[58]；利用阿贝尔(Abel)反演技术和辐射模型，分析了等离子体温度的时空分布及其种类(原子、离子和电子)的数密度分布[59]；将 LIBS 与空间外差光谱(SHS)相结合，运用主成分分析(PCA)和偏最小二乘回归(PLS)测试了黄铜样品[60]；优化了高抖动的千赫兹微片激光器产生的 LIBS 光谱检测门控，为 LIBS 仪器小型化及新应用提供思路[61]。

Hassanein[62]等建立了 HEIGHTS 模型，对物质烧蚀与等离子体的形成过程进行辐射传输的数值模拟，确定等离子源的位置和辐射强度的详细时空演化，并利用此模型研究了激光参数、环境气体、双脉冲激光等对等离子体的影响。Hermann[63]等对等离子体的产生及膨胀过程进行了建模，利用时间分辨光谱研究了等离子体的辐射特性，找到了 LIBS 光谱信号强度、实验参数与等离子体参数之间的关系，并验证了基于该模型的 LIBS 测量方法可用于薄膜工业生产中的快速质量控制。Harilal[64]研究了飞秒激光烧蚀过程，包括激光和物质的作用、烧蚀效率和阈值、激光对等离子体的作用以及羽流的流体力学，并讨论了飞秒激光不同于纳秒激光烧蚀和散热机制所带来的数据分析优点。

在行业应用方面，将 LIBS 分析技术较早运用到煤质分析的有 Ottesen[65]、Wallis[66]等小组：Ottesen 等利用 LIBS 对煤粉内 Si、Al、Fe、Ca、Mg、Ti 等无机元素进行了分析，并且研究了等离子体的激发过程、谱线强度和元素组成的计算方法；Wallis 等利用 LIBS 对 30 个低灰煤样中的 Si、Al、Ca、Fe、Mg、Na 等元素进行了分析，并得出了各元素的最小可探测限。

Noll 等主要将 LIBS 技术分析基体上颗粒物的尺寸，并对炼钢过程及空气流中所采集的颗粒物样品进行分析，研究表明信号响应与颗粒的质量分布有关[67,68]；提出一种迭代的玻尔兹曼(Boltzmann)平面法对钢样品进行了等离子体的时间分辨和空间综合研究，以测定相对误差最小的电子温度[69]，并使用 LIBS 对金属材料及钢样品进行识别分析[70,71]；使用 LIBS 检测了水泥中的氯元素，为实际混凝土建筑施工提供修复量的依据，并研究了氦气作为环境气体在不同压强下对分析谱线强度的影响，以及不同激光脉冲模式对单脉冲和共线双脉冲的影响[72]；使用 LIBS 对爆炸物及各种有机塑料进行检测，研究了激光波长对信噪比及等离子体阈值的影响[73]。他们在 *Laser-Induced Breakdown Spectroscopy* 书中第4章及第6~8章中总结了工业过程参数对LIBS的影响,包括激光脉冲能量和重复率、脉冲的时间特性、激光波长、光束质量和聚焦、环境气体、空间分辨率和空间平均、激光束入射方向和等离子体发射的观察方向、加热脉冲、预脉冲和测量脉冲、测量对象的状态等[74]。

Panne研究组主要研究LIBS技术的应用及仪器系统。应用方面,他们使用LIBS分析了消费电子产品中的再生热塑性塑料[75];使用LIBS结合拉曼光谱对颜料和墨水进行多变量分类[76]。仪器方面,他们提出了一种用于元素和分子微量分析的激光诱导击穿和拉曼光谱组合的Echelle系统[77],并且评估了二极管泵浦固体激光器对LIBS和拉曼光谱的适用性[78];他们将LIBS与空间外差光谱仪(SHS)相结合,对黄铜样品进行测试,并分析了该技术在材料分类和定量分析方面的潜力[79];提出一种使用声光门控检测的高重复频率LIBS,结合了高重复频率激光(高达50 kHz)作为激发光源和声光调制器(AOM)作为快速开关,用于对发射光的瞬时门控检测[80]。

Palleschi研究组主要研究LIBS中用到的算法和技术以及LIBS的实际应用。改善LIBS性能的技术包括:他们将人工神经网络结合免校准LIBS算法用于LIBS材料的定量分析,在相对较大的激光波动和基底效应下依然可以精确测定样品成分[81],并将该方法用于铸钢件的元素分析[82];将人工神经网络结合自组织映射以确定不同金属合金成分的相似度[83];将人工神经网络和高维特征选择相结合以测定青铜合金成分[84];使用LIBS在图论(graph theory)框架下对材料进行无监督分类[85];使用人工神经网络分析变形铝合金LIBS光谱,对轻合金进行分类[86];开发了用于材料三维成分映射的双脉冲微LIBS(DP-μLIBS)仪器[87];采用独立分量分析和三维玻尔兹曼图确定激光诱导等离子体中电子温度的时间演化[88];提出了一种基于扩展卡尔曼滤波器(EKF)的多变量LIBS定量分析的新方法[89];通过在样品上沉积金属纳米粒子来实现纳米颗粒增强的激光诱导击穿光谱(neLIBS),大大增加LIBS等离子体的发射[90],并将该方法用于鉴别纺织品中无机染色媒染剂[91];探究了双脉冲无标定LIBS定量分析锗硅合金的性能[92];提出了一种基于柱密度的修正萨哈-玻尔兹曼(Saha-Boltzmann)(CD-SB)图来评估等离子体的温度,其结果表明,在等离子体演化后期,CD-SB图比传统的萨哈-玻尔兹曼图更适合于等离子体温度的测定[93]。该组对于LIBS的应用也进行了广泛的研究,主要集中于以下方面:通过双脉冲微LIBS法结合光学显微镜对风化石灰岩进行元素和矿物成像,并对古代陶器、古代灰浆进行了化学研究,以确定LIBS在混合物成分和评估火山岩聚集体反应性方面的可能性[94-96],采用盲聚类分析法对蒙特普拉玛雕像材料的LIBS结果进行了处理[97],并系统地介绍和讨论了LIBS在文化遗产和考古学(微LIBS分析,3D元素成像,表面和纳米粒子增强LIBS)方面的新趋势[98]；使用 LIBS 应用于银-铜-锡基体中不同汞浓度的银汞合金的分析，为牙科汞合金元素的分析提供基础[99]，并系统地介绍了 LIBS 在医疗研究领域的新趋势，其中包括基于 LIBS 检测生物气溶胶或临床环境中的细菌或病毒，在牙齿以及“液体活检”等方面的应用[100]。

Laserna 研究组主要关注于 LIBS 的应用及物理机制。在应用方面，他们使用 LIBS 对多分散气溶胶进行了检测[101]，之后又利用光学弹射、光俘获和 LIBS 对单个微纳米颗粒进行光谱识别[102]；使用 LIBS 在连续生产电解镀锌钢过程中对锌基合金镀层进行在线分析[103]，之后又使用多脉冲激光激励的 LIBS 对电解镀锌钢进行深度烧蚀和深度分析[104]；通过结合拉曼和 LIBS 光谱，进行数据融合，对几种爆炸物和混合物进行检测，以获得比单独使用每种技术时更好的关于化合物特性的分析结果[105,106]；利用 LIBS 分析人体牙齿中锶的空间分布，来对人体进行溺水诊断[107]。在物理原理上，他们探究了多脉冲激励下烧蚀质量增加和信号增强的机制[108]；测量并分析了有机化合物中 CN 分子带的振动发射，以确定该发射与材料分子结构的关系[109]，并通过与质谱结果的结合，探索了对于含 C、N、O 或 H 的有机物质化合物可能的碎裂途径，并考虑了其他途径的主要反应，为 LIBS 分子谱线的分析提供基础[110]；之后他们研究了飞秒(fs)和纳秒(ns)烧蚀诱导的几种有机分子等离子体光谱特征相对强度的差异，除了产生等离子体的双原子自由基的丰度和起源之外，还探究了烧蚀机制在分子破裂模式中的关键作用[111]；分析了光阱中单个纳米粒子的 LIBS 光谱，分析了其中原子化效率和光子产额[112]。

Sabsabi 研究组运用了很多技术和方法与 LIBS 相结合以提高其检测能力。他们利用 LIBS 和化学计量学进行定量分子分析，预测复杂药剂中的赋形剂和活性药物成分[113]，之后又利用 LIBS 中氰化物和碳的分子发射谱线诊断润滑油以预测消耗量[114]；将 LIBS 与激光诱导荧光(LIF)相结合，在保持 LIBS 在线分析能力的同时，提高了液态水及固态基质中微量元素的检测限(LoD)[115,116]；使用共振增强激光诱导击穿光谱(RELIBS)技术提高了铝合金及铜合金分析中痕量元素的检测限[117-119]；研究了人工神经网络(ANN)在基于 LIBS 光谱的材料识别中的应用[120]；他们提出一套基于定制的厚全息光栅作为光谱滤波元件检测硫元素的 LIBS 系统，得到了硫元素的检测极限为 0.6%[121]；采用紫外-红外双脉冲 LIBS 法对水溶液中的铁、铅、金三种微量金属元素进行了定量分析[122]，之后使用结合了短纳秒脉冲和长纳秒脉冲的双脉冲 LIBS 对铝合金中元素进行分析，结果表明与单脉冲 LIBS 相比较，元素的信号增强了 2～4 倍[123]。另外他们也对 LIBS 的应用展开了相关的研究，他们评估小型高功率脉冲光纤激光器在 LIBS 领域的潜力，总结了该激光源与三种不同光谱分析仪耦合用于铝样品分析的主要技术指标和分析性能[124]；利用 LIBS 测定岩石样品中金元素浓度，并对其中的基底效应进行了修正处理，揭示了样品表面金元素分布的不均质性效应[125]；使用 LIBS 快速测定油砂中的沥青含量，首先采用主成分分析方法进行定性研究，然后采用偏最小二乘法对可行性进行了分析，预测平均绝对误差约为 0.7%[126]。

国内利用 LIBS 开展煤质分析的研究机构主要有：华中科技大学、山西大学、华南理工大学、清华大学、北京大学、浙江大学、新疆大学、西北大学、太原海通自动化技术有限公司、中石化石油化工科学研究院有限公司等。这些机构利用 LIBS 系统对煤中的多个元素及锅炉的飞灰含碳量进行了定量分析，其结果与利用重量燃烧法分析出的飞灰含碳量吻合得很好[127-135]。

将 LIBS 技术用于水泥品质控制系统的研究机构主要有：山西大学、华南理工大学、西南科技大学等。其中山西大学研制的 LIBS 水泥品质在线分析仪可用于水泥生料中四种主要氧化物(SiO_2、Al_2O_3、CaO、Fe_2O_3)以及与熟料质量相关的三率值(KH、SM、IM)的定量分析，并指导控制水泥生产，显著提高了水泥生料成品率[136-138]。

将 LIBS 技术用于冶金分析的研究机构主要有：中国科学院沈阳自动化研究所、钢研纳克检测技术股份有限公司、中国科学院光电研究所、西北大学、长春工业大学、中国科学技术大学、中国矿业大学、北京科技大学等。这些机构的研究主要集中在金属冶炼、选矿等行业的元素成分在线分析的应用研究[139]。

将 LIBS 技术用于海洋探测的研究机构主要有：中国海洋大学、哈尔滨工业大学、青岛大学等。主要利用 LIBS 进行深海热液喷口的原位检测，研究海洋压力和激光脉冲能量对 LIBS 发射光谱的影响[140]。

开展 LIBS 遥测技术应用研究的主要机构有：中国科学院上海技术物理研究所、山东东仪光电仪器有限公司、中国科学技术大学、上海交通大学、西安电子科技大学等。其中山东东仪光电仪器有限公司研发的偏振镜扫描 LIBS 遥测系统，其遥测距离 0.5～25 m，质量仅有 13 kg，用电池供电可以使用 6 h，主要用于海关安全检测。

此外，华中科技大学的研究人员开发了便携式激光诱导击穿光谱成分分析仪[141]，四川大学分析仪器研究中心研制出结合了激光诱导击穿和拉曼技术的风冷散热高性能微型脉冲光谱分析仪，用于危险物品的非接触、快速的检测[142]，大连理工大学的研究人员则致力于 LIBS 在大科学装置托卡马克(tokamak)中壁元素诊断[143]，西北师范大学的研究人员利用 LIBS 对壁画颜料进行分析以用于对敦煌壁画的研究和修复[144]。北京理工大学的研究人员针对爆炸物、生化危险品和临床病原菌、恶性肿瘤等临床样品的光谱产生机理和分析方法做了深入的研究[145]，江西农业大学的研究人员把 LIBS 技术用于农产品品质分析与筛选[146]，长春理工大学的研究人员利用空间约束对等离子体作用做了深入的研究[147]，天津博霆光电技术有限公司在 LIBS 应用方面也有独特的应用领域和特点。

1.3　激光诱导击穿光谱基本原理

激光诱导击穿光谱分析方法是指将一束高功率的脉冲激光束聚焦后照射到样品表面，其被照射部位就会被瞬间汽化成高温、高密度的等离子体，通过测量等离子体发射谱线的特征就可得到样品中所含元素的种类(定性分析)，并能通过对比其特征谱线的发射强度得出该元素的含量(定量分析)。

1.3.1　激光等离子体产生的物理机制

在高强度激光束辐照下，物质被电离的机理一般有两种，一种是多光子过程，另一种是级联过程引起的吸收或碰撞引起的吸收。多光子电离是指同时吸收若干光子，它们的能量之和等于该物质的电离电位。Bebb 和 Gold[148]使用微扰理论进行计算后发现，对电离有主要贡献的是对应于能量接近光子能量整数倍的受激原子态的那些中间态，而引发电子就是由这个多光子过程来产生的；Keldysh[149]则证明了在低频范围内(光频远低于穿透势垒的电子相应的频率)，多光子过程等效于电子穿透势垒；Tozer[150]根据光子和原子之间的碰撞概率建立了光电离模型。级联电离是自由电子在与原子和离子发生碰撞时吸收辐射，直至获得足够的能量，通过电子-原子的非弹性碰撞使原子电离。对于可见光激光辐射，在低气压和短激光脉冲的条件下，多光子吸收可能比级联机理占优势。

激光诱导产生等离子体的过程可以分为两步。第一步：在激光的聚焦区内，原子、分子乃至微粒等经过多光子电离[151]，产生初始的自由电子。当聚焦区内激光脉冲的功率密度高达 10^6 W/cm^2 以上时，在高光子通量作用下，原子便有一定的概率通过吸收多个光子而电离，产生一定数量的初始电子。第二步是通过碰撞电离过程[152]产生雪崩效应，从而形成等离子体。用经典物理来描述雪崩电离过程如下：当激光功率足够强、脉冲持续时间足够长时，自由电子在激光的作用下加速，当电子有足够的能量去轰击原子时，原子便电离并产生一些新的自由电子，而这些电子加速后也会使原子继续电离，从而在很短的时间内电子数目会迅速倍增，同时也导致原子不断地电离，最终产生等离子体，如图 1.4 所示。

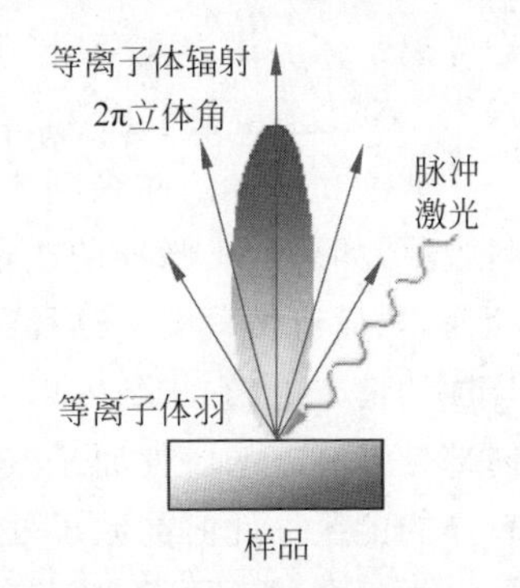

图 1.4　激光等离子体形成图

(请扫 X 页二维码看彩图)

由于等离子体的形成过程中包含电子数目的倍增和减少两种机制，所以可以用一个数学模型来描述等离子体中电子数的增长。根据动量守恒定律，电子在原子的每次弹性碰撞期间会损失一部分能量，在非弹性碰撞中，电子损失能量会导致原子的电位激发、分子的振动激发和低振动态的分子被激发到高振动态等过程。导致电子数减少的因素有：因扩散而飞离雪崩区、与正离子复合、被负电性分子捕获等。考虑了这些增益与损耗机理，那么电子密度 n_e 的变化速率就可以写成

$$\frac{dn_e}{dt}=k_i n_e-k_a n_e-k_d n_e-k_r n_e^2 \tag{1.1}$$

式中，$k_i n_e$ 为总电离速率，$k_a n_e$ 为被分子捕获的速率，$k_d n_e$ 为电子扩散出聚焦区的净速率，$k_r n_e^2$ 为电子-离子的复合速率。如果激光的脉宽 τ_L 很窄，则由复合引起减少电子数的份额较小，方程(1.1)中的最后一项 $k_r n_e^2$ 就可以忽略。

设起始时的电子密度为 n_{e0}，发生击穿时的电子密度为 n_{eb}，则对方程(1.1)的两边同时积分就得到激光的击穿条件为

$$\ln\frac{n_{eb}}{n_{e0}}\leqslant(k_i-k_a-k_d)\tau_L \tag{1.2}$$

当电子密度超过 n_{eb} 时，因电子-离子过程的吸收系数远大于电子-中性原子的相互作用，于是快速的电离过程便将持续地进行下去。

1.3.2 激光诱导等离子体演化过程

等离子体是由电子、离子等带电粒子以及中性粒子(原子、分子、微粒等)组成的、宏观上呈现准中性且具有集体效应的混合气体[153]。激光诱导等离子体是通过将高能激光脉冲聚焦在样品(固体、液体、气体或生物组织等软材料)表面，在约 $10^9\ W/cm^2$ 的功率密度辐射作用下，物质在短时间内局域烧蚀蒸发汽化形成的瞬态等离子体。激光在背景气体中烧蚀产生等离子体及其随后的演变可由图1.5所示[154]的几个步骤来描述。

从激光脉冲的前缘到达靶表面的瞬间开始，入射激光脉冲的能量首先被靶材料吸收，如果激光脉冲的注量或辐照度超过烧蚀阈值，则在辐照体积中的材料发生相变，从而产生蒸气。这种蒸气可以是中性的或电离的，在纳秒或更长时间的脉冲烧蚀的情况下，它将与入射的激光脉冲发生作用，通常称为后烧蚀相互作用。蒸气内部处于基态的中性原子或分子等粒子在吸收多个光子后获得一定能量，跃迁到较高的能级。此时的原子处于不稳定的激发态，当继续得到足够多的能量时，其外层电子就会脱离原子核的束缚，从而被电离[155]并产生离子和初始自由电子，其中原子丢失单个电子形成离子的过程，称为一级电离。当激光的每个脉冲能量足够强、持续时间足够长，且蒸气具有高密度、高温度的特性时，在激光的作用下，初始自由电子能有效地吸收激光能量并加速去轰击原子或分子，使其继续电离产生电子，通过碰撞电离过程[152]形成雪崩效应，最终导致样品测试点处被烧蚀击穿，在

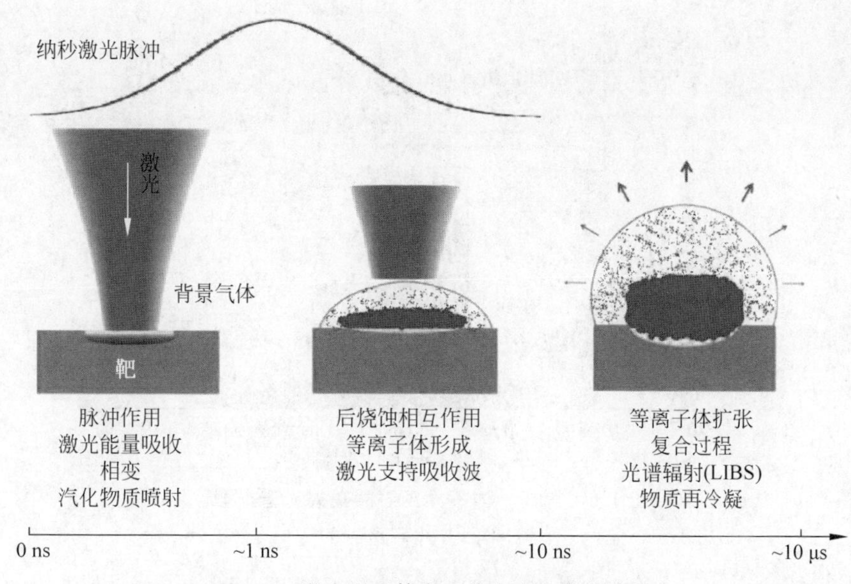

图 1.5　激光诱导等离子体产生及演化过程

（请扫 X 页二维码看彩图）

材料表面产生一个烧蚀坑，并在材料表面上方形成激光诱导等离子体（laser-induced plasma，LIP）。之后等离子体向外膨胀，形成激光烧蚀冲击波进入背景气体中，并与之发生强烈的相互作用。当激光脉冲终止后，膨胀的等离子体会继续扩展到背景气体中。图 1.5 还显示了等离子体寿命期间演化过程的典型时间尺度。

等离子体的初始温度可以达到数万开尔文，电子密度可达到 $10^{18}\ cm^{-3}$ 以上，并且在等离子体初期阶段，电子跃迁主要发生在自由态和束缚态、自由态和自由态之间，将会发射出较强的连续背景，此时原子或离子的发射谱线被这个连续背景辐射所淹没。一段时间后，连续背景辐射降低，此时将能够有效地获取原子、离子或分子的特征发射谱线，并且其频谱范围涵盖深紫外到红外的宽光谱范围，此阶段内光谱背景辐射低、信噪比（signal to noise ratio，SNR）好，适合进行定量分析。在等离子体演化的最后阶段，随着等离子体的冷却湮灭，连续背景谱及原子、离子特征发射谱随之消失。图 1.6 展示了等离子体在不同延时的辐射光谱类型。由此可知，光谱采集延时选择的合理与否，是影响定量分析结果的重要因素。

1.3.3　激光诱导等离子体的谱线特征

当原子（或离子）与强脉冲激光相互作用后，其外层电子获得能量，从低能级 E_1 被激发到高能级 E_2，所获能量为 $\Delta E = E_2 - E_1$。处于激发态的粒子不稳定，当电子因自发辐射跃迁回较低能级时，会发射出特定波长的光子，其波长 λ 表示为

$$\lambda = \frac{ch}{E_2 - E_1} \tag{1.3}$$

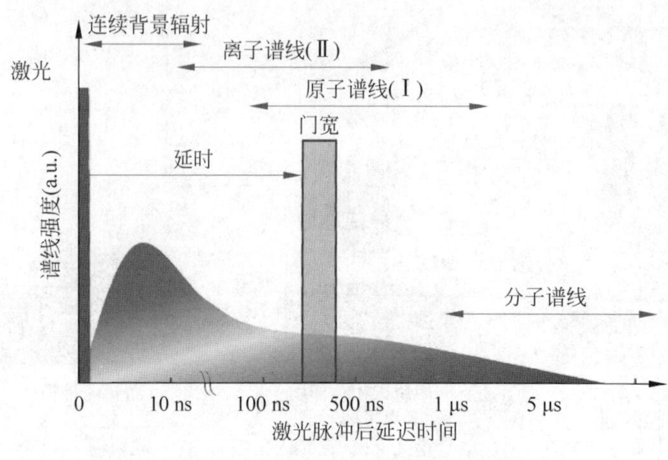

图 1.6　等离子体不同延时的辐射光谱类型

(请扫Ⅹ页二维码看彩图)

式中,c 为光速,h 为普朗克常量,E_2 为较高能级的电子能量,E_1 为较低能级的电子能量。

处于激发态原子(离子)中的电子也可能经过几个中间能级才跃迁回原来的能级,这时就会产生几种不同波长的光,在光谱中形成几条谱线,其波长分别为

$$\lambda_1=\frac{ch}{E_2-E_a},\quad \lambda_2=\frac{ch}{E_a-E_b},\cdots,\lambda_n=\frac{ch}{E_{n-1}-E_1} \tag{1.4}$$

式中,$E_a,E_b,\cdots,E_{n-1}$ 是中间能级的能量。一种元素某谱线的激发电位越高,则表示该谱线越难激发。原子受激发所辐射的谱线称为原子线。原子在获得足够能量后,可使外层电子脱离原子体系,分别成为离子和自由电子,原子失去一个电子或多个电子形成离子的过程称为一级电离,其对应的谱线一般称为原子谱线;离子受激发失去一个或多个电子的过程称为多态电离,其对应的谱线一般称为离子谱线。在光谱学中,原子谱线和离子谱线多以元素符号后加注罗马数字Ⅰ和Ⅱ表示。

能级分裂、电子运动、碰撞等过程及粒子内部场的存在,导致任何谱线都不是单一频率的,都会呈现一定的展宽。所以观察到的光谱是分布在中心波长 λ_0 附近,具有一定的波长范围的线型,其线型与展宽机制相关。典型的谱线展宽所呈现出的形状如图 1.7 所示,通常对应于中心波长 λ_0 处的 I_0 称为谱线峰值强度,并把处于谱线峰值强度一半处($I_0/2$)所对应的宽度称为谱线的半峰全宽(full width at half maximum, FWHM),记谱线宽度 $\Delta\lambda=\lambda_2-\lambda_1$。

原子(或离子)因吸收能量的不同,可能处于不同的激发态,并且处于同一激发态的粒子中的电子在多个不同能级之间跃迁,就会发射出波长各异的光,因此,任何元素都可以有多条发射谱线。此外,不同元素有各自独特的原子结构及对应的

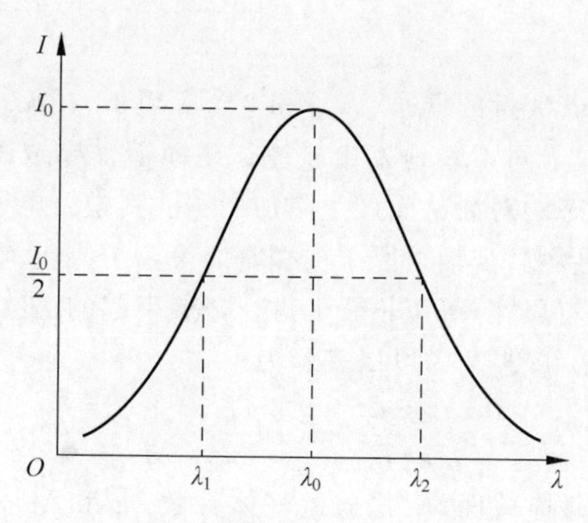

图 1.7　谱线的形状与宽度

能级，导致各元素的发射谱线波长的不同，且物质中元素相应的原子数越多，其辐射谱线越强。通过识别分析物所辐射的特征谱线波长可以对其组成元素进行定性分析，利用辐射谱线强度则可以对其中的元素含量进行定量分析。

等离子体光谱中谱线的主要展宽机制包括自然展宽、多普勒展宽、碰撞展宽、场致变宽、仪器展宽等[156]。

1. 自然展宽

自然展宽是指由处于激发态的辐射粒子有限的能级寿命，造成辐射谱线宽度的增加。该展宽是谱线无法消除的固有加宽，是谱线实际宽度的理论极限，可以表示为

$$\Delta\lambda_{ki}=\frac{\lambda_{ki}^2}{2\pi c}\left(\sum_m A_{mk}+\sum_n A_{ni}\right) \tag{1.5}$$

式中，k、i 分别对应于波长为 λ_{ki} 的跃迁的上、下能级，A_{mk}、A_{ni} 是来自这两个能级的所有谱线的跃迁概率。通常在可见光和紫外波长范围的光谱对应的自然展宽约为 10^{-5} nm，一般情况下与其他机制引起的展宽相比可以忽略不计。

2. 多普勒(Doppler)展宽

在高温等离子体中，各种辐射源粒子始终处在热运动状态，也就是说，辐射粒子相对于光谱采集仪器是不断运动着的，由粒子与观察设备之间相对运动所引起的展宽，就是多普勒展宽，可以表示为

$$\Delta\lambda_{\mathrm{D}}=2\sqrt{\ln 2}\sqrt{2k_{\mathrm{B}}T\lambda_0^2/mc^2} \tag{1.6}$$

式中，k_{B} 是玻尔兹曼常量，m 是粒子质量，T 是电子温度。多普勒展宽导致的非均匀加宽具有高斯线型，且一般情况下约为 0.01 nm，远小于在 LIBS 实验中获得的测量线宽，因此多普勒展宽不是主要的展宽机制。

3. 碰撞展宽

等离子体中存在着大量的原子、离子和电子等粒子，在无规则的热运动和内部电场的驱动下，这些粒子间不断地发生碰撞。碰撞不仅导致了原子、离子的激发，同时减小了粒子激发态的寿命从而产生附加展宽。其中由电子与其他粒子碰撞引起的展宽叫作斯塔克展宽，当辐射原子被稠密的等离子体包围时，自然展宽和多普勒展宽要远小于斯塔克展宽，可以不予考虑。碰撞引起的谱线加宽是均匀的，且具有洛伦兹(Lorentzian)线型[157]，可以表示为

$$\Delta\lambda_{\mathrm{L}}=\frac{2P\sigma}{\pi kT}\left[2\pi RT\left(\frac{1}{m}+\frac{1}{M}\right)\right]^{1/2} \tag{1.7}$$

式中，P 是压力，σ 是碰撞截面，R 是通用气体常数，m 和 M 分别是辐射原子及电子的质量。

4. 场致变宽

在电场和磁场的作用下，一个简并能级可分裂成数个组分，原子(离子)的发射谱线发生分裂和线移，即所谓的斯塔克效应和塞曼(Zeeman)效应。分裂的大小视电场和磁场的强度不同而异。在场强较弱的情况下，分裂表现为能级的增宽，从而引起谱线的增宽。

5. 仪器展宽

利用光谱仪测得的谱线线型并非真正的线型，因为除了上述展宽机制外，还需要考虑谱线的仪器展宽。仪器狭缝、孔径光阑的衍射以及光学器件引起的误差，均会使谱线展宽。通常观测到的光谱线呈现沃伊特(Voigt)线型，它是由仪器展宽具有的高斯(Gaussian)线型和斯塔克展宽具有的洛伦兹线型卷积而来。仪器展宽记为 $\Delta\lambda_{\mathrm{I}}$，观察到的谱线宽度记为 $\Delta\lambda_{\mathrm{total}}$，则谱线斯塔克展宽可以表示为[158]

$$\Delta\lambda_{\mathrm{L}}=\frac{\Delta\lambda_{\mathrm{total}}^{2}-\Delta\lambda_{\mathrm{I}}^{2}}{\Delta\lambda_{\mathrm{total}}} \tag{1.8}$$

1.3.4 激光等离子体的热平衡态

完全热平衡态(CTE)是指等离子体的某一状态参量处处均匀，且宏观性质不随时间变化，整个状态可用一个确定的状态参量(如温度、压力等)表示；反之则称为非平衡态。然而实际上，等离子体的完全热平衡态只在特殊的条件下才存在，例如恒星内部等离子体的状态，而激光诱导产生的等离子体由于体积小、气体不断流动，与外界有大量的能量和质量交换，等离子体各部分有较大的温度梯度，因而激光等离子体并不处于热平衡态。但激光诱导产生的等离子体的某一部分，其局部温度接近相等，属于局部热平衡态。处于局部热平衡态的激光等离子体中各种粒子的温度趋于相等且满足以下条件：

(1) 在各种能态下服从麦克斯韦(Maxwell)分布定律;

(2) 每种粒子在不同能态之间的相对分布服从玻尔兹曼分布定律;

(3) 原子、分子的电离遵从萨哈(Saha)方程,分子及基团的离解满足化学平衡理论;

(4) 解离服从 Guldberg-waage 定律。

1.3.5　定量分析原理

如前所述,高能脉冲激光与物质作用诱导生成等离子体,产生向外辐射的光,其中表征样品元素组成的原子和离子特征谱线叠加在由电子-离子复合及电子韧致辐射所产生的连续背景之上,构成了用于 LIBS 分析的光谱。通过分析谱线波长和强度,得到关于样品的定性和定量信息。为了使用 LIBS 对样品成分进行定量分析,通常认为等离子体产生、演化及辐射过程中满足以下三大假设。

(1) 化学计量烧蚀条件,认为激光烧蚀靶材料,消融喷射出的物质组分和所要分析的材料组分相同,对等离子体内的元素分析能代表对样品组成的分析。

(2) 所观测的等离子达到局部热动力学平衡(local thermal equilibrium, LTE)态。由于探测器件观测到的谱线是众多粒子集体辐射的统计结果,所以,若要用谱线强度表征元素含量,等离子体内处于不同能态的电子、原子和离子的相对分布需要服从麦克斯韦和萨哈-玻尔兹曼分布定律,且辐射密度遵从普朗克(Planck)定律,这就需要假设激光诱导等离子体处于 LTE 态。

(3) 测量的光谱线达到光学薄条件,即等离子体内辐射的光在通过等离子体向外传播时没有明显吸收、衰减或散射的情况。

根据经典理论,等离子体辐射谱线可以由辐射传输方程导出[7]。对于二能级原子跃迁系统,长度为 l 的均匀等离子体圆柱体在单位时间、单位表面和单位波长($\mathrm{erg/(s \cdot cm^3)}$)处发射的能量,在传播了 $\mathrm{d}x$ 距离后的辐射强度变化为

$$\mathrm{d}I(\lambda, x) = \varepsilon(\lambda)\mathrm{d}x - k(\lambda)I(\lambda, x)\mathrm{d}x \tag{1.9}$$

式中,$\varepsilon(\lambda)$ 和 $k(\lambda)$ 分别表示等离子体自发辐射率和吸收系数:

$$\varepsilon(\lambda) = \frac{hc}{4\pi\lambda_0} A_{ki} n_k L(\lambda) \tag{1.10}$$

$$k(\lambda) = \frac{\lambda_0^4}{8\pi c} A_{ki} g_k \frac{n_i}{g_i} L(\lambda) \tag{1.11}$$

其中,A_{ki} 表示上能级 k 和下能级 i 之间的跃迁概率。n_k 和 n_i 分别是 k 和 i 能级的粒子数密度。g_i 是下能级简并度,$L(\lambda)$ 是光谱发射线型。通过对式(1.9)的求解,可以得到谱线强度为

$$I(\lambda) = \frac{8\pi hc^2}{\lambda_0^5} \frac{n_k}{n_i} \frac{g_i}{g_k} (1 - \mathrm{e}^{-k(\lambda)l}) \tag{1.12}$$

式中，参数 $k(\lambda)l$ 称为光学深度，当辐射谱线处于光学薄条件时，即光学深度远小于 1 时，式(1.12)等号右侧括号中的项可以用 $k(\lambda)l$ 来近似。结合式(1.11)，可以得到处于光学薄条件的谱线强度为

$$I(\lambda)=\frac{hc}{\lambda_0}A_{ki}n_k lL(\lambda) \tag{1.13}$$

假设等离子体处于 LTE 态，则等离子体中各能级的原子数目遵循玻尔兹曼分布定律：

$$\frac{n_i}{N}=\frac{g_i}{Z(T)}\exp(-E_i/k_B T) \tag{1.14}$$

式中：N 是原子或离子总数密度，$Z(T)$ 为配分函数，$Z(T)=\sum g_i\exp(-E_i/k_B T)$。结合式(1.13) 和式(1.14)，考虑到实验光学系统收集效率 F，则光学薄元素特征发射谱线的强度可表示为

$$I(\lambda)=F\frac{hc}{\lambda_0}A_{ki}g_k\frac{Nl}{Z(T)}\exp(-E_k/k_B T) \tag{1.15}$$

假设等离子体内的元素组成能够代表样品中的物质组成，则等离子体内原子总数 N 与样品中该元素的含量 C 成正比，记比例系数为 β，并且考虑到等离子体数密度和体积，则式(1.15)可进一步表示为

$$I(\lambda)=F\beta C\frac{hc}{\lambda_0}\frac{A_{ki}g_k}{Z(T)}\exp(-E_k/k_B T) \tag{1.16}$$

由此可知，在满足上述三大假设的情况下，光学薄辐射谱线强度与元素含量成正比关系，此即 LIBS 定量分析的理论依据。

表征等离子体内部状态的特征参数(电子温度、电子密度等)，对于分析等离子体演化、辐射及 LIBS 定量分析非常重要。式(1.15)两边取自然对数，可重写为

$$\ln\left(\frac{I\lambda_0}{A_{ki}g_k}\right)=-\frac{E_k}{k_B T}+\ln\frac{FhcNl}{Z(T)} \tag{1.17}$$

以同种元素各条跃迁谱线对应的上能级能量 E_k 为自变量 x，以 $\ln(I\lambda_0/A_{ki}g_k)$为因变量 y，以式(1.17)中等号右侧第二项为常数作图，则可以得到玻尔兹曼平面图。电子温度 T 的值可以由玻尔兹曼平面图的斜率求出。

对于等离子体内电子密度的评估，通常有两种方法可以使用。首先，它可以由萨哈-玻尔兹曼方程确定：

$$n_e=\frac{I_z^*}{I_{z+1}^*}\times 6.04\times 10^{21}T^{3/2}\times\exp[(-E_{k,z+1}+E_{k,z}-\chi_z)/k_B T] \tag{1.18}$$

式中，$I_z^*=I_z\lambda_{ki,z}/A_{ki,z}g_{k,z}$，$\chi_z$ 表示粒子的电离能，下标 z 代表粒子的电离态($z=0$ 代表原子，$z=1$ 代表一价离子)。

另一种常用的获取电子密度的方法是从原子或离子独立谱线的斯塔克展宽来评估：

$$\Delta\lambda_{1/2}=2\omega\left(\frac{n_e}{10^{16}}\right)+3.5A\left(\frac{n_e}{10^{16}}\right)^{1/4}\times\left(1-\frac{3}{4}N_D^{-1/3}\right)\omega\left(\frac{n_e}{10^{16}}\right)\tag{1.19}$$

式中，ω 是电子碰撞展宽参数，A 是离子展宽参数，N_D 是在德拜(Debye)球中的粒子数。其中等号右侧的第一项是由电子碰撞而引起的展宽项，第二项是由离子碰撞引入的展宽。由于离子展宽的影响很小，所以通常它被合理地忽略。在不考虑离子碰撞展宽和多普勒展宽的情况下，电子密度可以表示为

$$n_e=10^{16}\times\left(\frac{\Delta\lambda}{2\omega}\right)\tag{1.20}$$

式中，$\Delta\lambda$ 是谱线的洛伦兹半宽。在氢 Hα 线的特殊情况下，电子密度为

$$n_e(\mathrm{H}\alpha)=8.02\times10^{12}\left(\frac{\Delta\lambda_s}{\alpha_{1/2}}\right)^{3/2}\tag{1.21}$$

式中：$\Delta\lambda_s$ 是氢线 FWHM 的一半宽度；$\alpha_{1/2}$ 是 Hα 线斯塔克线型的半高全宽[159]，其对于巴尔末(Balmer)线系的精确值可由文献[159]查得。

1.3.6　应用瓶颈

LIBS 作为一种分析技术，在定性分析性能上是十分完美和独特的，但是在定量分析性能上，还不能令人满意。目前限制 LIBS 应用的瓶颈及原因有很多，这里简单介绍一些主要问题。

(1) 激光与物质相互作用的非线性过程复杂且快速。其中包括有激光-物质、激光-等离子体、等离子体-环境气体、等离子体-激波(由等离子体快速碰撞产生)等各种不受控的相互作用，这些作用不仅会受到多种不确定因素的影响，如不同的激光特性(能量、波长、脉宽、光束质量等)及不同的实验控制条件(激光聚点位置、焦斑大小、荧光收集方式、测量等离子体的时间空间位置、烧蚀次数等)，并且作用时间十分短暂(纳秒量级)。

(2) 等离子体在空间和时间上的不均匀性。从激光烧蚀物质产生等离子体开始，其内部的加热、碰撞、电离、复合各种作用十分复杂，且等离子体在向外膨胀的同时会与环境气体之间产生一定的作用，这就导致在等离子体很小的尺度上(毫米级)，其核心与外围的不均匀性。另外在时间上，等离子体从产生到膨胀到冷却消失也是十分短暂(微米级)的过程，这就使得等离子体内部不同空间位置、不同时间点发射出的荧光光谱不尽相同。

(3) 聚光烧蚀点小导致分析结果代表性差。由于激光烧蚀样品进行分析的区域非常小(小于 1 mm^2)，导致样品表明不同位置的分析结果有很大差异，所以得到

的检测结果往往不具有同质性及代表性。

(4) 基体效应影响。和其他分析技术一样，LIBS检测也受基体效应的影响，即样品间不同的物理性质(热传导、密度、硬度、均匀性等)和化学成分(元素组成、含量)会影响元素的谱线信号，即使不同样品中某一特定元素的含量相同，不同的基体也会导致该元素的LIBS信号出现巨大差异。

(5) 自吸收效应的影响。如前文所述，使用LIBS对物质进行定量分析时要求采用光学薄谱线，但因为等离子体是一个体光源，所以其内部向外辐射的光，在传播路径中会被处于低能级的同类原子或离子吸收，这个现象叫作自吸收效应。该效应不仅会降低观察谱线的强度，增加谱线的线宽，同时也会使定标结果饱和，从而影响最终的定量分析精度和检测限。

以上各种因素综合作用导致LIBS系统测量信号的不确定度较高，可重复性和精度较差，这限制了LIBS技术的进一步发展。

1.4 小结

本章综述了LIBS发展历程及研究现状，介绍了LIBS的基本概念，阐述了LIBS的基本理论，包括激光诱导等离子体的演化、辐射谱线的特征、LIBS定量分析原理以及应用中遇到的瓶颈问题及原因；介绍了等离子体中的自吸收效应，从自吸收的实验观察、自吸收对谱线及定量分析的影响、自吸收效应的理论研究和消除方法等方面进行了全面的阐述。

参考文献

[1] MAIMAN T H. Stimulated optical radiation in ruby[J]. Nature, 1960, 187: 493-494.

[2] RADZIEMSKI L J. From laser to LIBS, the path of technology development[J]. Spectrochim. Acta B, 2002, 57: 1109-1113.

[3] BRECH F, CROSS L. Optical micro emission stimulated by a ruby laser[J]. Appl. Spectrosc., 1962, 16: 59-65.

[4] DEBRAS-GUEDON J, LIODEC N. De l'utilisation du faisceau d'un amplificateur a ondes lumineuses par emission induite de rayonnement (laser á rubis), comme source énergétique pour l'éexcitation des spectres d'émission des elements[J]. C. R. Acad. Sci., 1963, 257: 3336-3339.

[5] MAKER P D, TERHUNE R W, SAVAGE C M. Optical third harmonic generation[C]. Paris: Proceedings of Third International Conference on Quantum Electronics, 1964, 2: 1559.

[6] RUNGE E F, MINCK R W, BRYAN F R. Spectrochemical analysis using a pulsed laser

source[J]. Spectrochim. Acta,1964,20: 733-738.
[7] GRIEM H R. Plasma spectroscopy[M]. New York: McGraw-Hill,1964.
[8] YOUNG M,HERCHER M,YU C Y. Some characteristics of laser-induced air sparks[J]. J. Appl. Phys. ,1996,37: 4938-4940.
[9] GRIEM H R. Spectral line broadening by plasmas[M]. New York: Academic Press,1974.
[10] SCOTT R H, STRASHEIM A. Laser-induced plasmas for analytical spectroscopy[J]. Spectrochim. Acta B,1970,25: 311-318.
[11] FELSKE A,HAGENAH W D,LAQUA K. Uber einige Erfahrungen bei der spectrochemischen makrospektralanalyse mit laserlichtquellen-Ⅱ durchschnittanalyse nichtmetallischer proben[J]. Spectrochim. Acta B,1972,27(7): 295-296.
[12] 陈昌民,苏大春,陈承现. JDS3-1 型激光微区分析光谱仪的试制和应用[J]. 山西大学学报(自然版),1978,1(8): 102-110.
[13] 苏大春,孙孟嘉. 强激光场中分子的多光子离解[J]. 山西大学学报(自然版),1979,2(7): 47-58.
[14] RADZIEMSKI L J,LOREE T R. Laser-induced breakdown spectroscopy: time-resolved applications[J]. J. Plasma Chem. Plasma Proc. ,1981,1: 281-293.
[15] CREMERS D A,RADZIEMSKI L J. Detection of chlorine and fluorine in air by laser-induced breakdown spectrometry[J]. Anal. Chem. ,1983,55: 1252-1256.
[16] RADZIEMSKI L J,CREMERS D A,LOREE T R. Detection of beryllium by laser-induced breakdown spectroscopy[J]. Spectrochim. Acta Part B,1983,38: 349-355.
[17] CREMERS D A,RADZIEMSKI L J. Direct detection of beryllium on filters using the laser spark[J]. Appl. Spectrosc. ,1985,39: 57-63.
[18] RADZIEMSKI L J,CREMERS D A. Laser-induced plasmas and applications[M]. New York: Marcel-Dekker ,1989.
[19] CREMERS D A,RADZIEMSKI L J,LOREE T R. Spectrochemical analysis of liquids using the laser spark[J]. Appl. Spectrosc. ,1984,38: 721-729.
[20] WACHTER J R, CREMERS D A. Determination of uranium in solution using laser-induced breakdown spectroscopy[J]. Appl. Spectrosc. ,1987,41: 1042-1048.
[21] POULAIN D E,ALEXANDER D R. Influences on concentration measurements of liquid aerosols by laser-induced breakdown spectroscopy [J]. Appl. Spectrosc. , 1995, 49: 569-579.
[22] ARAGON C,AGUILERA J A,CAMPOS J. Determination of carbon content in molten steel using laser-induced breakdown spectroscopy[J]. Appl. Spectrosc. ,1993,47: 606-608.
[23] AGUILERA J A,ARAGON C,CAMPOS J. Determination of carbon content in steel using laser-induced breakdown spectroscopy[J]. Appl. Spectrosc. ,1992,46: 1382-1387.
[24] SABSABI M, CIELO P. Quantitative analysis of aluminum alloys by laser-induced breakdown spectroscopy and plasma characterization[J]. Appl. Spectrosc. , 1995, 49: 499-507.
[25] CASTLE B C,TALABARDON K,SMITH B W,et al. Variables influencing the precision of laser-induced breakdown spectroscopy measurements[J]. Appl. Spectrosc. ,1998,52:

649-657.

[26] CIUCCI A, CORSI M, PALLESCHI V, et al. New procedure for quantitative elemental analysis by laser-induced plasma spectroscopy[J]. Appl. Spectrosc., 1999, 53: 960-964.

[27] CREMERS D A. Mobile beryllium detector (MOBEDEC) operating manual, Los Alamos National laboratory. Los Alamos, NM, 1988.

[28] YAMAMOTO K Y, CREMERS D A, FERRIS M J, et al. Detection of metals in the environment using a portable laser-induced breakdown spectroscopy instrument[J]. Appl. Spectrosc., 1996, 50: 222-233.

[29] ALDSTADT J H, MARTIN A F. Analytical chemistry and the cone penetrometer-In situ chemicalcharacterization of the subsurface[J]. Microchim. Acta, 1997, 127: 1-7.

[30] 杨锐. 合金元素定量分析中的激光诱导击穿谱(LIBS)研究[D]. 芜湖：安徽师范大学，2002.

[31] 余亮英. 激光感生击穿光谱的理论与燃煤应用实验研究[D]. 武汉：华中科技大学，2005.

[32] KONJEVIĆ N. Plasma broadening and shifting of non-hydrogenic spectral lines: Present status and applications[J]. Phys. Rep., 1999, 316: 339-401.

[33] GORNUSHKIN I B, STEVENSON C L, SMITH B W, et al. Winefordner. Modeling an inhomogeneous optically thick laser induced plasma: a simplified theoretical approach[J]. Spctrochim. Acta Part B, 2001, 56(9): 1769-1785.

[34] DE GIACOMO A, DELL'AGLIO M, BRUNO D, et al. Experimental and theoretical comparison of single-pulse and double-pulse laser induced breakdown spectroscopy on metallic samples[J]. Spectrochimica Acta Part B, 2008, 63: 805-816.

[35] DE GIACOMO A, DELL'AGLIO M, GAUDIUSO R, et al. Spatial distribution of hydrogen and other emitters in aluminum laser-induced plasma in air and consequences on spatially integrated laser-induced breakdown spectroscopy measurements[J]. Spectrochimica Acta Part B, 2008, 63: 980-987.

[36] PIETANZA L D, COLONNA G, DE GIACOMO A, et al. Kinetic processes for laser induced plasma diagnostic: A collisional-radiative model approach[J]. Spectrochimica Acta Part B, 2010, 65: 616-626.

[37] DE GIACOMO A, DELL'AGLIO M, GAUDIUSO R, et al. Effects of the background environment on formation, evolution and emission spectra of laser-induced plasmas[J]. Spectrochimica Acta Part B, 2012, 78: 1-19.

[38] PARDINI L, LEGNAIOLI S, LORENZETTI G, et al. On the determination of plasma electron number density from Stark broadened hydrogen Balmer series lines in Laser-Induced Breakdown Spectroscopy experiments[J]. Spectrochimica Acta Part B, 2013, 88: 98-103.

[39] DE GIACOMO A. A novel approach to elemental analysis by Laser Induced Breakdown Spectroscopy based on direct correlation between the electron impact excitation cross section and the optical emission intensity[J]. Spectrochimica Acta Part B, 2011, 66: 661-670.

[40] DE GIACOMO A, GAUDIUSO R, KORAL C, et al. Nanoparticle-enhanced laser-induced

breakdown spectroscopy of metallic samples [J]. Analytical Chemistry, 2013, 85: 10180-10187.

[41] DE GIACOMO A, DELL'AGLIO M, GAUDIUSO R, et al. Perspective on the use of nanoparticles to improve LIBS analytical performance: nanoparticle enhanced laser induced breakdown spectroscopy (NELIBS) [J]. Journal of Analytical Atomic Spectrometry, 2016, 31: 1566-1573.

[42] DELL'AGLIO M, ALRIFAI R, DE GIACOMO A. Nanoparticle enhanced laser induced breakdown spectroscopy (NELIBS), a first review[J]. Spectrochimica Acta Part B, 2018, 148: 105-112.

[43] DE GIACOMO A, DELL'AGLIO M, DE PASCALE O, et al. Laser induced breakdown spectroscopy methodology for the analysis of copper-based-alloys used in ancient artworks [J]. Spectrochimica Acta Part B, 2008, 63: 585-590.

[44] BELKOV M V, BURAKOV V S, DE GIACOMO A, et al. Comparison of two laser-induced breakdown spectroscopy techniques for total carbon measurement in soils[J]. Spectrochimica Acta Part B, 2009, 64: 899-904.

[45] DELL'AGLIO M, DE GIACOMO A, GAUDIUSO R, et al. Laser induced breakdown spectroscopy applications to meteorites: Chemical analysis and composition profiles[J]. Geochimica Et Cosmochimica Acta, 2010, 74: 7329-7339.

[46] DELL'AGLIO M, GAUDIUSO R, SENESI G S, et al. Monitoring of Cr, Cu, Pb, V and Zn in polluted soils by laser induced breakdown spectroscopy (LIBS) [J]. Journal of Environmental Monitoring, 2011, 13: 1422-1426.

[47] DE GIACOMO A, DELL'AGLIO M, GAUDIUSO R, et al. A laser induced breakdown spectroscopy application based on local thermodynamic equilibrium assumption for the elemental analysis of alexandrite gemstone and copper-based alloys[J]. Chemical Physics, 2012, 398: 233-238.

[48] ROSSI M, DELL'AGLIO M, DE GIACOMO A, et al. Multi-methodological investigation of kunzite, hiddenite, alexandrite, elbaite and topaz, based on laser-induced breakdown spectroscopy and conventional analytical techniques for supporting mineralogical characterization[J]. Physics and Chemistry Minerals, 41 (2014), 127-140.

[49] GORNUSHKIN I B, STEVENSON C L, SMITH B W, et al. Modeling an inhomogeneous optically thick laser induced plasma: a simplified theoretical approach[J]. Spectrochimica Acta Part B, 2001, 56: 1769-1785.

[50] GORNUSHKIN I B, OMENETTO N, SMITH B W, et al. Determination of the maximum temperature at the center of an optically thick laser-induced plasma using self-reversed spectral lines[J]. Applied Spectroscopy, 2004, 58: 1023-1031.

[51] CRISTOFORETTI G, DE GIACOMO A, DELL'AGLIO M, et al. Local thermodynamic equilibrium in laser-induced breakdown spectroscopy: beyond the McWhirter criterion[J]. Spectrochimica Acta Part B, 2010, 65: 86-95.

[52] MERTEN J A, SMITH B W, OMENETTO N. Local thermodynamic equilibrium considerations in powerchip laser-induced plasmas[J]. Spectrochimica Acta Part B, 2013, 83-84: 50-55.

[53] HAHN D W, OMENETTO N. Laser-induced breakdown spectroscopy (LIBS), part I: review of basic diagnostics and plasma-particle interactions: still-challenging issues within the analytical plasma community[J]. Applied Spectroscopy, 2010, 64: 335A-366A.
[54] HAHN D W, OMENETTO N. Laser-induced breakdown spectroscopy (LIBS), part II: review of instrumental and methodological approaches to material analysis and applications to different fields[J]. Applied Spectroscopy, 2012, 66: 347-419.
[55] RODRIGUEZ-CELIS E M, GORNUSHKIN I B, HEITMANN U M, et al. Laser induced breakdown spectroscopy as a tool for discrimination of glass for forensic applications[J]. Anal Bioanal Chem, 2008, 391: 1961-1968.
[56] MOON H Y, HERRERA K K, OMENETTO N, et al. On the usefulness of a duplicating mirror to evaluate self-absorption effects in laser induced breakdown spectroscopy[J]. Spectrochimica Acta Part B, 2009, 64: 702-713.
[57] GALBACS G, JEDLINSZKI N, HERRERA K, et al. A study of ablation, spatial, and temporal characteristics of laser-induced plasmas generated by multiple collinear pulses [J]. Applied Spectroscopy, 2010, 64: 161-172.
[58] GORNUSHKIN I B, MERK S, DEMIDOV A, et al. Tomography of single and double pulse laser-induced plasma using Radon transform technique[J]. Spectrochimica Acta Part B, 2012, 76: 203-213.
[59] MERK S, DEMIDOV A, SHELBY D, et al. Diagnostic of laser-induced plasma using Abel inversion and radiation modeling[J]. Applied Spectroscopy, 2013, 67: 851-859.
[60] GORNUSHKIN I B, SMITH B W, PANNE U, et al. Laser-induced breakdown spectroscopy combined with spatial heterodyne spectroscopy[J]. Applied Spectroscopy, 2014, 68: 1076-1084.
[61] MERTEN J A, EWUSI-ANNAN E, SMITHB B W, et al. Optimizing gated detection in high-jitter kilohertz powerchip laser-induced breakdown spectroscopy [J]. Journal of Analytical Atomic Spectrometry, 2014, 29: 571-577.
[62] SIZYUK T, HASSANEIN A. Heights simulation and optimization of laser produced plasma EUV sources[J]. IEEE International Conference on Plasma Science, 2011: 1-1.
[63] AXENTE E, HERMANN J, SOCOL G, et al. Accurate analysis of indium-zinc oxide thin films via laser-induced breakdown spectroscopy based on plasma modeling[J]. J. Anal. Atomic Spectrom., 2014, 29(3): 553-564.
[64] HARILAL S S, FREEMAN J R, DIWAKAR P K, et al. Femtosecond laser ablation: fundamentals and applications[M]// MUSAZZI S, PERINI U. Laser-induced breakdown spectroscopy. Berlin: Springer, 2014.
[65] OTTESEN D K, BAXTER L L. Laser spark emission spectroscopy for in situ real time monitoring of pulverized coal particle composition[J]. Energ. Fule., 1991, 5: 304-312.
[66] WALLIS F J, CHADWICK B L, MORRISON R J S. Analysis of lignite using laser-induced breakdown spectroscopy[J]. Appl. Spectrosc., 2000, 54: 1231-1235.
[67] KUHLEN T, FRICKE-BEGEMANN C, STRAUSS N, et al. Analysis of size-classified fine and ultrafine particulate matter on substrates with laser-induced breakdown spectroscopy [J]. Spectrochimica Acta Part B, 2008, 63: 1171-1176.

[68] STRAUSS N, FRICKE-BEGEMANN C, NOLL R. Size-resolved analysis of fine and ultrafine particulate matter by laser-induced breakdown spectroscopy [J]. Journal of Analytical Atomic Spectrometry, 2010, 25: 867-874.

[69] AYDIN Ü, ROTH P, GEHLEN C D, et al. Spectral line selection for time-resolved investigations of laser-induced plasmas by an iterative Boltzmann plot method [J]. Spectrochimica Acta Part B, 2008, 63: 1060-1065.

[70] SCHARUN M, FRICKE-BEGEMANN C, NOLL R. Laser-induced breakdown spectroscopy with multi-kHz fibre laser for mobile metal analysis tasks-a comparison of different analysis methods and with a mobile spark-discharge optical emission spectroscopy apparatus[J]. Spectrochimica Acta Part B, 2013, 87: 198-207.

[71] MEINHARDT C, STURM V, FLEIGE R, et al. Laser-induced breakdown spectroscopy of scaled steel samples taken from continuous casting blooms[J]. Spectrochimica Acta Part B, 2016, 123: 171-178.

[72] GEHLEN C D, WIENS E, NOLL R, et al. Chlorine detection in cement with laser-induced breakdown spectroscopy in the infrared and ultraviolet spectral range[J]. Spectrochimica Acta Part B, 2009, 64: 1135-1140.

[73] WANG Q, JANDER P, FRICKE-BEGEMANN C, et al. Comparison of 1064 nm and 266 nm excitation of laser-induced plasmas for several types of plastics and one explosive [J]. Spectrochimica Acta Part B, 2008, 63: 1011-1015.

[74] NOL R, Laser-induced breakdown spectroscopy[M]. Berlin: Springer-Verlag, 2012.

[75] FINK H, PANNE U, NIESSNER R. Analysis of recycled thermoplasts from consumer electronics by laser-induced plasma spectroscopy[J]. Analytica Chimica Acta, 2001, 440: 17-25.

[76] HOEHSE M, PAUL A, GORNUSHKIN I, et al. Multivariate classification of pigments and inks using combined Raman spectroscopy and LIBS[J]. Anal Bioanal Chem, 2012, 402: 1443-1450.

[77] HOEHSE M, MORY D, FLOREK S, et al. A combined laser-induced breakdown and Raman spectroscopy Echelle system for elemental and molecular microanalysis [J]. Spectrochimica Acta Part B, 2009, 64: 1219-1227.

[78] HOEHSE M, GORNUSHKIN I, MERKA S, et al. Assessment of suitability of diode pumped solid state lasers for laser induced breakdown and Raman spectroscopy [J]. Journal of Analytical Atomic Spectrometry, 2011, 26: 414-424.

[79] Gornushkin I B, Smith B W, Panne U, et al. Laser-induced breakdown spectroscopy combined with spatial heterodyne spectroscopy [J]. Applied Spectroscopy, 2014, 68: 1076-1084.

[80] PORÍZKA P, KLESSEN B, KAISER J, et al. High repetition rate laser-induced breakdown spectroscopy using acousto-optically gated detection[J]. Review of Scientific Instruments, 2014, 85: 073104.

[81] D'ANDREA E, PAGNOTTA S, GRIFONI E, et al. A hybrid calibration-free/artificial neural networks approach to the quantitative analysis of LIBS spectra[J]. Appied Physics

B,2015,118: 353-360.

[82] LORENZETTI G,LEGNAIOLI S,GRIFONI E,et al. Laser-based continuous monitoring and resolution of steel grades in sequence casting machines[J]. Spectrochimica Acta Part B,2015,112: 1-5.

[83] PAGNOTTA S, GRIFONI E, LEGNAIOLI S, et al. Comparison of brass alloys composition by laser-induced breakdownspectroscopy and self-organizing maps [J]. Spectrochimica Acta Part B,2015,103-104: 70-75.

[84] D'ANDREA E,LAZZERINI B,PALLESCHI V,et al. Determining the composition of bronze alloys by means of high-dimensional feature selection and artificial neural networks [C]. Instrumentation & Measurement Technology Conference. IEEE,2015.

[85] GRIFONI E,LEGNAIOLI S, LORENZETTI G, et al. Application of graph theory to unsupervised classification of materials by laser-induced breakdown spectroscopy[J]. Spectrochimica Acta Part B,2016,118: 40-44.

[86] CAMPANELLA B, GRIFONI E, LEGNAIOLI S, et al. Classification of wrought aluminum alloys by artificial neural networks evaluation of laser induced breakdown spectroscopy spectra from aluminum scrap samples[J]. Spectrochimica Acta Part B,2017, 134: 52-57.

[87] GRASSI R,GRIFONI E,GUFONI S,et al. Three-dimensional compositional mapping using double-pulse micro-laser-induced breakdown spectroscopy technique [J]. Spectrochimica Acta Part B,2017,127: 1-6.

[88] BREDICE F, MARTINEZ P P, MERCADO R S, et al. Determination of electron temperature temporal evolution in laser-induced plasmas through independent component analysis and 3D Boltzmann plot[J]. Spectrochimica Acta Part B,2017,135: 48-53.

[89] PALLESCHI A,PALLESCHI V. An extended Kalman filter approach to non-linear multivariate analysis of laser-induced breakdown spectroscopy spectra[J]. Spectrochimica Acta Part B,2018,149: 271-275.

[90] POGGIALINI F,CAMPANELLA B,GIANNARELLI S,et al. Green-synthetized silver nanoparticles for nanoparticle-enhanced laser induced breakdown spectroscopy (NELIBS) using a mobile instrument[J]. Spectrochimica Acta Part B,2018,141: 53-58.

[91] CAMPANELLA B,DEGANO I,GRIFONI E,et al. Identification of inorganic dyeing mordant in textiles by surfaceenhanced laser-induced breakdown spectroscopy[J]. Microchemical Journal,2018,139: 230-235.

[92] SHAKEEL H,HAQ S U,ABBAS Q,et al. Quantitative analysis of Ge/Si alloys using double-pulse calibration-free laser-induced breakdown spectroscopy[J]. Spectrochimica Acta Part B,2018,146: 101-105.

[93] SAFI A,TAVASSOLI S H,CRISTOFORETTI G,et al. Determination of excitation temperature in laser-induced plasmas using columnar density Saha-Boltzmann plot[J]. Journal of Advanced Research,2019,18: 1-7.

[94] SENESI G S,CAMPANELLA B,GRIFONI E,et al. Elemental and mineralogical imaging of a weathered limestone rock by double-pulse micro-laser-induced breakdown spectroscopy[J].

Spectrochimica Acta Part B,2018,143: 91-97.
[95] PAGNOTTA S,LEGNAIOLI S,CAMPANELLA B,et al. Micro-chemical evaluation of ancient potsherds by μ-LIBS scanning on thin section negatives [J]. Mediterranean Archaeology and Archaeometry,2018,18: 171-178.
[96] RANERI S,PAGNOTTA S,LEZZERINI M,et al. Examining the reactivity of volcanic ash in ancient mortars by using a micro-chemical approach[J]. Mediterranean Archaeology and Archaeometry,2018,18: 147-157.
[97] COLUMBU S,CARBONI S,PAGNOTTA S,et al. Laser-induced breakdown spectroscopy analysis of the limestone nuragic statues from mont'e prama site (Sardinia,Italy) [J]. Spectrochimica Acta Part B,2018,149: 62-70.
[98] BOTTO A, CAMPANELLA B, LEGNAIOLI S, et al. Applications of laser-induced breakdown spectroscopy in cultural heritage and archaeology: a critical review[J]. Journal of Analytical Atomic Spectrometry,2019,34: 81-103.
[99] CASTELLÓN E, MARTÍNEZ P P, ÁLVAREZA J,et al. Elemental analysis of dental amalgams by laser-induced breakdown spectroscopy technique[J]. Spectrochimica Acta Part B,2018,149: 229-235.
[100] GAUDIUSO R,MELIKECHI N,ABDEL-SALAM Z A,et al. Laser-induced breakdown spectroscopy for human and animal health: A review[J]. Spectrochimica Acta Part B, 152 (2019),123-148.
[101] ALVAREZ-TRUJILLO L A, FERRERO A, LASERNA J J. Preliminary studies on stand-off laser induced breakdown spectroscopy detection of aerosols [J]. Journal of Analytical Atomic Spectrometry,2008,23: 885-888.
[102] FORTES F J,FERNÁNDEZ-BRAVO A,LASERNA J J. Chemical characterization of single micro-and nano-particles by optical catapulting-optical trapping-laser-induced breakdown spectroscopy[J]. Spectrochimica Acta Part B,2014,100: 78-85.
[103] RUIZ J,GONZALEZ A,CABALIN L M,et al. On-line laser-induced breakdown spectroscopy determination of magnesium coating thickness on electrolytically galvanized steel in motion[J]. Applied Spectroscopy,2010,64: 1342-1349.
[104] CABALIN L M,GONZALEZ A,LAZIC V,et al. Deep ablation and depth profiling by laser-induced breakdown spectroscopy (LIBS) employing multi-pulse laser excitation: application to galvanized steel[J]. Applied Spectroscopy,2011,65: 797-805.
[105] MOROS J,LASERNA J J. New Raman-laser-induced breakdown spectroscopy identity of explosives using parametric data fusion on an integrated sensing platform[J]. Analytical Chemistry,2011,83: 6275-6285.
[106] MOROS J,LASERNA J J. Unveiling the identity of distant targets through advanced Raman-laser-induced breakdown spectroscopy data fusion strategies[J]. Talanta,2015, 134: 627-639.
[107] FORTES F J,PEREZ-CARCELES M D,SIBON A,et al. Spatial distribution analysis of strontium in human teeth by laser-induced breakdown spectroscopy: application to diagnosis of seawater drowning[J]. International Journal of Legal Medicine,2015,129:

807-813.

[108] GUIRADO S, FORTES F J, CABALIN L M, et al. Effect of Pulse duration in multi-pulse excitation of silicon in laser-induced breakdown spectroscopy (LIBS) [J]. Applied Spectroscopy, 2014, 68: 1060-1066.

[109] FERNÁNDEZ-BRAVO Á, DELGADO T, LUCENA P, et al. Vibrational emission analysis of the CN molecules in laser-induced breakdown spectroscopy of organic compounds[J]. Spectrochimica Acta Part B, 2013, 89: 77-83.

[110] DELGADO T, VADILLO J M, LASERNA J J. Primary and recombined emitting species in laser-induced plasmas of organic explosives in controlled atmospheres[J]. Journal of Analytical Atomic Spectrometry, 2014, 29: 1675-1685.

[111] SERRANO J, MOROS J, LASERNA J J. Molecular signatures in femtosecond laser-induced organic plasmas: comparison with nanosecond laser ablation [J]. Physical Chemistry Chemical Physics, 2016, 18: 2398-2408.

[112] PUROHIT P, FORTES F J, LASERNA J J. Atomization efficiency and photon yield in laser-induced breakdown spectroscopy analysis of single nanoparticles in an optical trap [J]. Spectrochimica Acta Part B, 2017, 130: 75-81.

[113] DOUCET F R, FAUSTINO P J, SABSABI M, et al. Quantitative molecular analysis with molecular bands emission using laser-induced breakdown spectroscopy and chemometrics [J]. Journal of Analytical Atomic Spectrometry, 2008, 23: 694-701.

[114] ELNASHARTY I Y, KASSEM A K, SABSABI M, et al. Diagnosis of lubricating oil by evaluating cyanide and carbon molecular emission lines in laser induced breakdown spectra[J]. Spectrochimica Acta Part B, 2011, 66: 588-593.

[115] LOUDYI H, RIFAI K, LAVILLE S, et al. Improving laser-induced breakdown spectroscopy (LIBS) performance for iron and lead determination in aqueous solutions with laser-inducedfluorescence (LIF) [J]. Journal of Analytical Atomic Spectrometry, 2009, 24: 1421-1428.

[116] LAVILLE S, GOUEGUEL C, LOUDYI H, et al. Laser-induced fluorescence detection of lead atoms in a laser-induced plasma: An experimental analytical optimization study[J]. Spectrochimica Acta Part B, 2009, 64: 347-353.

[117] GOUEGUEL C, LAVILLE S, VIDAL F, et al. Investigation of resonance-enhanced laser-induced breakdown spectroscopy for analysis of aluminium alloys [J]. Journal of Analytical Atomic Spectrometry, 2010, 25: 635-644.

[118] GOUEGUEL C, LAVILLE S, VIDAL F, et al. Resonant laser-induced breakdown spectroscopy for analysis of lead traces in copper alloys[J]. Journal of Analytical Atomic Spectrometry, 2011, 26: 2452-2460.

[119] RIFAI K, VIDAL F, CHAKER M, et al. Resonant laser-induced breakdown spectroscopy (RLIBS) analysis of traces through selective excitation of aluminum in aluminum alloys [J]. Journal of Analytical Atomic Spectrometry, 2013, 28: 388-395.

[120] KOUJELEV A, SABSABI M, MOTTO-ROS V, et al. Laser-induced breakdown spectroscopy with artificial neural network processing for material identification[J]. Planetary and Space

Science,2010,58: 682-690.

[121] GAGNON D, LESSARD S, VERHAEGEN M, et al. Multiband sensor using thick holographic gratings for sulfur detection by laser-induced breakdown spectroscopy[J]. Applied Optics,2012,51: B7-B12.

[122] RIFAI K,LAVILLE S,VIDAL F,et al. Quantitative analysis of metallic traces in water-based liquids by UV-IR double-pulse laser-induced breakdown spectroscopy[J]. Journal of Analytical Atomic Spectrometry,2012,27: 276-283.

[123] ELNASHARTY I Y,DOUCET F R,GRAVEL J Y,et al. Double-pulse LIBS combining short and long nanosecond pulses in the microjoule range[J]. Journal of Analytical Atomic Spectrometry,2014,29: 1660-1666.

[124] GRAVEL J Y,DOUCET F R,BOUCHARD P,et al. Evaluation of a compact high power pulsed fiber laser source for laser-induced breakdown spectroscopy[J]. Journal of Analytical Atomic Spectrometry,2011,26: 1354-1361.

[125] RIFAI K,LAFLAMME M,CONSTANTIN M,et al. Analysis of gold in rock samples using laser-induced breakdown spectroscopy: Matrix and heterogeneity effects[J]. Spectrochimica Acta Part B,2017,134: 33-41.

[126] HARHIRA A,HADDAD J E,BLOUIN A,et al. Rapid determination of bitumen content in athabasca oil sands by laser-induced breakdown spectroscopy[J]. Energy Fuels,2018, 32: 3189-3193.

[127] 吴戈,陆继东,余亮英,等.激光感生击穿光谱技术测量飞灰含碳量[J].热能动力工程,2005,20(4): 365-368.

[128] 姚顺春,陆继东,谢承利,等.强度比定标法定量分析激光诱导击穿碳谱线的研究[J].强激光与粒子束,2008,20(7): 1089-1093.

[129] YAO S,LU J,DONG M,et al. Extracting coal ash content from laser-induced breakdown spectroscopy spectra by multivariate analysis[J]. Applied Spectroscopy, 2011, 65: 1197-1201.

[130] DONG M,MAO X,GONZALEZ J J,et al. Time-resolved LIBS of atomic and molecular carbon from coal in air, argon and helium[J]. J. Anal. At. Spectrom., 2012, 27 (12): 2066-2075.

[131] YIN W B,ZHANG L,DONG L,et al. Design of a laser-induced breakdown spectroscopy system for on-line quality analysis of pulverized coal in power plants[J]. Applied Spectroscopy,2009,63(8): 865.

[132] ZHANG L, DONG L, DOU H P, et al. Laser-induced breakdown spectroscopy for determination of the organic oxygen content in anthracite coal under atmospheric conditions[J]. Applied Spectroscopy,2008,62(4): 458-463.

[133] ZHANG L,MA W G,DONG L,et al. Development of an apparatus for on-line analysis of unburned carbon in fly ash using laser-induced breakdown spectroscopy (LIBS) [J]. Applied Spectroscopy,2011,65(7) : 790-796.

[134] ZHANG L, HU Z Y, YIN W B, et al. Recent progress on laser-induced breakdown spectroscopy for the monitoring of coal quality and unburned carbon in fly ash[J].

Frontiers of Physics in China,2012,7(6):690-700.
[135] FENG J, WANG Z, WEST L, et al. A PLS model based on dominant factor for coal analysis using laser-induced breakdown spectroscopy[J]. Analytical and Bioanalytical Chemistry,2011,400(10):3261-3271.
[136] 李郁芳,张雷,弓瑶,等.水泥生料品质激光在线检测设备研制[J].光谱学与光谱分析,2016,36(5):1494-1499.
[137] 李郁芳.基于激光诱导击穿光谱的水泥品质在线检测研究[D].太原:山西大学,2016.
[138] 孙兰香,于海斌,辛勇,等.基于激光诱导击穿光谱的钢液成分在线监视[J].中国激光,2011,38(9):0915002.
[139] SUN L, YU H, CONG Z, et al. In situ analysis of steel melt by double-pulse laser-induced breakdown spectroscopy with a Cassegrain telescope[J]. Spectrochimica Acta Part B: Atomic Spectroscopy,2015,112:40-48.
[140] HOU H M, TIAN Y, LI Y, et al. Study of pressure effects on laser induced plasma in bulk seawater[J]. J. Anal. At. Spectrom.,2014,29(1):169-175.
[141] LI J, TANG Y, HAO Z, et al. Evaluation of the self-absorption reduction of minor elements in laser-induced breakdown spectroscopy assisted with laser-stimulated absorption[J]. JAAS,2017,32:2189-2193.
[142] 廖文龙,林庆宇,段忆翔.激光诱导击穿——拉曼光谱联用技术对危化品的非接触快速检测及装备研发[J].现代科学仪器,2018,1:30-35.
[143] YAN L, CONG L, DING W, et al. Characterization on deuterium retention in tungsten target using spatially resolved laser induced desorption-quadrupole mass spectroscopy[J]. Physica Scripta.,2021,96(12):124040.
[144] YIN Y, YU Z, SUN D, et al. A potential method to determine pigment particle size on ancient murals using laser induced breakdown spectroscopy and chemometric analysis[J]. Analytical Methods,2021,13(11):1381-1391.
[145] WEI K, CUI X, TENG G, et al. Distinguish Fritillaria cirrhosa and non-Fritillaria cirrhosa using laser-induced breakdown spectroscopy[J]. Plasma Science and Technology,2021,23(8):085507.
[146] CHEN T, ZHANG L, HUANG L, et al. Quantitative analysis of chromium in pork by PSO-SVM chemometrics based on laser induced breakdown spectroscopy[J]. Journal of Analytical Atomic Spectrometry,2019,34(5):884-890.
[147] WANG Q, QI H, ZENG X, et al. Time-resolved spectroscopy of collinear femtosecond and nanosecond dual-pulse laser-induced Cu plasmas[J]. Plasma Science and Technology,2021,23(11):115504.
[148] BEBB H B, Gold A. Multiphoton ionization of rare gas and hydrogen atoms[M]// Physics of Quantum Electronics. KELLEY P L, LAX B, TANNENWALD P E. New York: McGraw-Hill,1966.
[149] KELDYSH L V. Inization in the field of a strong electromagnetic wave[J]. Sov. Phys. JETP,1965,20:1307-1314.
[150] TOZER B A. Theory of the ionization of gases by laser beams[J]. Phys. Rev. A,1965,

137：1665-1667.

[151] ANDERSON D R, MCLEOD C W, SMITH T A. Rapid survey analysis of polymeric material by laser-induced plasma emission spectrometry[J]. J. Anal. At. Spectrom., 1994, 9: 67-72.

[152] VARIER G K, ISSAC R C, HARILAL S S, et al. Investigations on nanosecond laser produced plasma in air from the multi-component material $YBa_2Cu_3O_7$[J]. Spectrochim. Acta B, 1997, 52: 657-666.

[153] 胡海燕. 等离子体喷涂射流的数值模拟[D]. 杭州：浙江理工大学，2010.

[154] YU J, MA Q L, MOTTO-ROS V, et al. Generation and expansion of laser-induced plasma as a spectroscopic emission source[J]. Front. Phys., 2012, 7(6): 649-669.

[155] ANDERSON D R, MCLEOD C W, SMITH T A. Rapid survey analysis of polymeric material by laser-induced plasma emission spectrometry[J]. J. Anal. At. Spectrom., 1994, 9: 67-72.

[156] MAN B Y, DONG Q L, LIU A H, et al. Line-broadening analysis of plasma emission produced by laser ablation of metal Cu[J]. J. Opt. A-Pure Appl. Op., 2004, 6(1): 17-21.

[157] GORNUSHKIN I B, ANZANO J M, KING L A, et al. Curve of growth methodology applied to laser-induced plasma emission spectroscopy[J]. Spectrochim. Acta B, 1999, 54(3-4): 491-503.

[158] WHITING E E. An empirical approximation to the Voigt profile[J]. J Quant Spectrosc Radiat Transf, 1968, 8(6): 1379-1384.

[159] KEPPLE P, GRIEM H R. Improved Stark profile calculations for hydrogen lines: Hα, Hβ, Hγ and Hδ[J]. Physical Review, 1968, 173: 317-325.

第 2 章

自吸收效应

2.1 概述

在 LIBS 定量分析中，元素组成、相对丰度信息和等离子体特征参数的测定都取决于光学薄的谱线。但是在激光诱导等离子体中存在自吸收效应，即等离子体内部粒子自发辐射产生的光在向外传播时，被传输路径中处于低能级的同类原子或离子重新吸收的现象。该效应不仅降低了被测样品谱线的真实强度，增加了谱线宽度，也会影响等离子体的表征参数。同时，由于激光与被测样品相互作用机制的复杂性以及等离子体演化的快速性和不均匀性，使得自吸收效应随着时间空间而复杂变化，最终影响到定量分析的准确度、重复性和检测限。当等离子体内外存在较大温度梯度时，辐射谱线中心的吸收程度可能比边缘的吸收更强烈，甚至出现凹陷，这种自吸收的极端情况被称为自蚀现象[1]。图 2.1[2] 原理性地表明了等离子体中谱线的自吸收及自蚀过程。

为了更好地理解自吸收效应产生和演化的基本物理机理，校正其对谱线的不利影响，提高 LIBS 的定量分析性能，目前，已有大量工作和文献对自吸收效应进行了实验观察和理论研究。

早在 20 世纪 30 年代，研究学者们就已经在各种物理实验中观察到了发射光谱中的自吸收现象。Kimura 和 Nakamura[3] 首次观察到 Hα 和 Hβ 线的自吸收及自蚀现象。之后 Wood[4] 反复观察到由中等亮度光谱管发射的 Hα 线存在的自蚀现象，并指出谱线自蚀是由于发光气体在分光镜和辐射源之间存在较冷或较低功率的激发层。Sibaiya[5] 也在实验中观测到自吸收谱线，并且表明自吸收效应影响了对铜、钼、金、银等元素的谱线超精细结构的研究，他在经典色散理论的基础上对

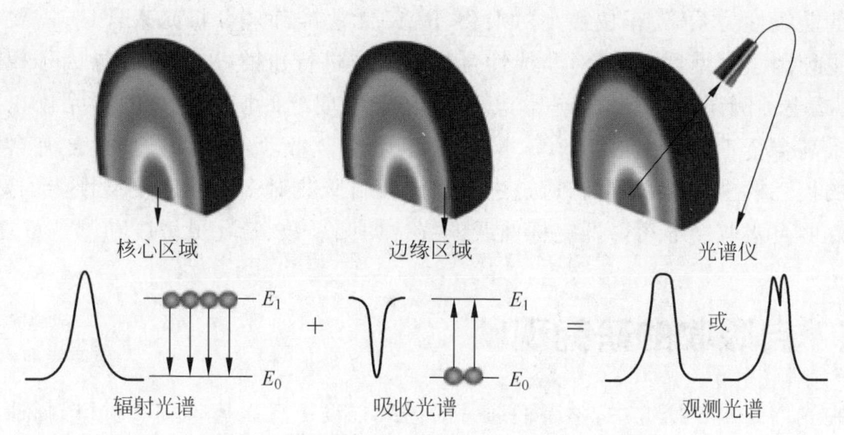

图2.1 等离子体中谱线的自吸收及自蚀过程
(请扫X页二维码看彩图)

这一现象作了初步解释。

自从20世纪60年代LIBS技术诞生之后,激光诱导等离子体光谱中也观察到了自吸收现象,它对谱线强度、形状、等离子体特征参数(如电子温度、粒子数密度等)、LIBS校准模型等研究都有不利的影响。

首先,自吸收效应会影响谱线的强度和形状,导致谱线强度降低,线型扭曲变形,甚至出现自蚀现象。Konjevic[6]研究表明自吸收会使谱线形状产生扭曲,特别是使谱线加宽,并且如果自吸收主要来源于等离子体较低电子密度的较冷边界层,则谱线中心还容易出现自蚀。但通常情况下,自吸收(特别是在均匀等离子体内)仅会轻微地扭曲谱线的形状,因此,即使存在自吸收,想要从观察到的谱线形状来判断其自吸收程度是非常困难的。El Sherbini等[7]测量了Zn Ⅰ 636.2 nm谱线的斯塔克展宽参数,并通过理论分析表明,受到一定程度自吸收影响的谱线,其强度会有所降低。

其次,自吸收会影响到评估等离子体特征参数的准确性。Leis等[8]测量了钢样品等离子体在不同气压下的时间分辨发射光谱以及电子温度的时间演化。结果表明,不同基质组成的等离子体存在强烈的温度变化差异,并且铁原子线存在自吸收效应的影响,这会导致测量到的电子温度被过高评估。Surmick和Parigger[9]测量了铝等离子体随时间和空间分辨的电子数密度,结果表明,由存在自吸收的铝原子线和无自吸收的氮离子线的斯塔克展宽和位移计算得到的电子密度并不一致。

另外,自吸收还会对LIBS校准方法和模型产生不利影响。Grant等[10]对铁矿石中元素进行LIBS定量分析时,发现由于铝共振线存在自吸收,使得铝的定标曲线在高含量时趋于平缓,并建议不要使用更容易受到自吸收的影响共振谱线进行主量元素的定量分析。Wang等[11]指出,由于自吸收引起谱线强度与元素含量之间的非线性关系，使得偏最小二乘法(PLS)无法准确地分析元素含量，需要额外引入主导因子模型，并建议对非线性自吸收效应进行建模，以提高主导因子模型的精度，减小预测误差。Zaytsev 等[12]采用基于主成分回归(PCR)的多元校正方法测定了高合金钢样品中的 Ni、Cr、Mn、Si 等元素含量，实验结果表明，含有自吸收谱线的校正模型是不稳定的，通过进一步评估自吸收对多元校正模型性能的影响，作者表明自吸收会显著降低定标曲线的线性回归系数、量化灵敏度和测量重复性。

2.2 自吸收的研究现状

在光谱学早期研究中，学者们通常对谱线强度更感兴趣，他们通过选择适当的实验条件来避免自吸收效应对谱线的影响，而较少对自吸收的理论进行详细研究。直到 20 世纪中叶，人们逐渐认识到了自吸收效应的物理机理的重要性，开始对其进行大量详细的研究，并在理论和实验上都取得了一些重要进展。

在 LIBS 技术出现之前，Cowan[1]等已经对自吸收机理进行了较为全面的研究。从辐射源的辐射传输和吸收角度出发，提出了描述光谱辐射强度自吸收的模型：

$$I(\nu)=I_0P_a(\nu)\times\exp\left[-p\frac{P_a(\nu)}{P_a(\nu_0)}\right] \tag{2.1}$$

式中，ν 是辐射频率，$P_a(\nu)$是谱线的线型，$I_0P_a(\nu)$是谱线无吸收时的强度分布，p 是表示吸收程度的系数。

在此基础上又评估了自吸收对电弧和火花辐射谱线强度和线型的影响。图 2.2 显示了对应不同吸收系数 p 时的谱线线型，当 $p>1$ 时，谱线中心的凹陷表示谱线自蚀；当 $p=1$ 时，中心谱线强度减小到 $p=0$ 时谱线峰值强度的 e^{-1}。

在 LIBS 技术问世后的几十年里，有关 LIBS 中自吸收的理论也有大量的研究报道。Hermann 等[13]在低压氮气环境气氛中，对钛靶进行了紫外准分子激光烧蚀的时空分辨等离子体诊断，分析了金属蒸气离子在等离子体早期($t<200$ ns)发射的谱线，并与在局部热平衡态下计算的谱线进行对比，由此构造出一个考虑到自吸收效应的非均匀等离子体模型，该模型把等离子体区分成两个具有不同电子数密度和温度的均匀区域。Su 等[14]由基本辐射传输方程和常规流体动力学方程出发，推导建立了一个简化的辐射流体力学模型，再结合稳态碰撞辐射模型，研究了等离子体的动态演化过程和光谱发射特性，成功地模拟了高价锡离子光谱的自吸收特性。

除了理论上的研究，为了更好地理解激光诱导等离子体中自吸收效应的变化，学者们也进行了一些等离子体时空分布和演化的实验研究。Aguilera 和 Aragón[15]研

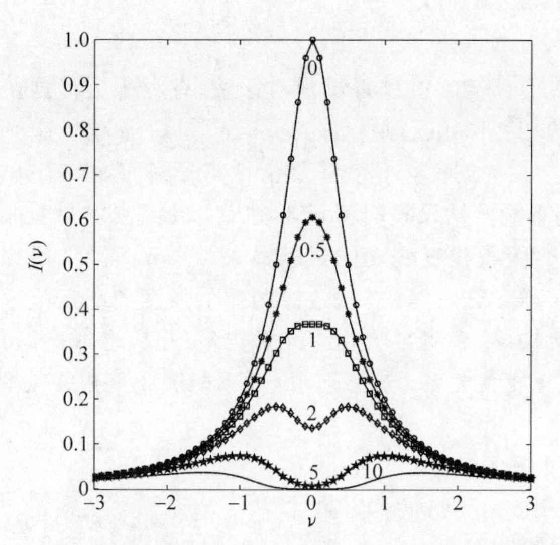

图 2.2　不同吸收系数 p 所对应的不同自吸收程度下的谱线线型

究了等离子体演化过程中谱线自吸收程度随时间的变化，测量了在光学薄极限和存在自吸收的情况下谱线强度随时间的变化，对比并解释了中性原子及一价离子谱线之间的行为差异。他们建议采用生长曲线(curve-of-growth，COG)的高光学深度和低光学深度的两条渐近线相交处所对应的测量元素含量(交叉含量)来表征自吸收。图 2.3 显示了原子线和离子线交叉含量的典型时间演化曲线，可以看出，虽然中性原子线的强度在等离子体演化的后期有所降低，但自吸收程度却显著增加；相反，离子线的强度衰减很快，但其自吸收随时间的变化相对较小。

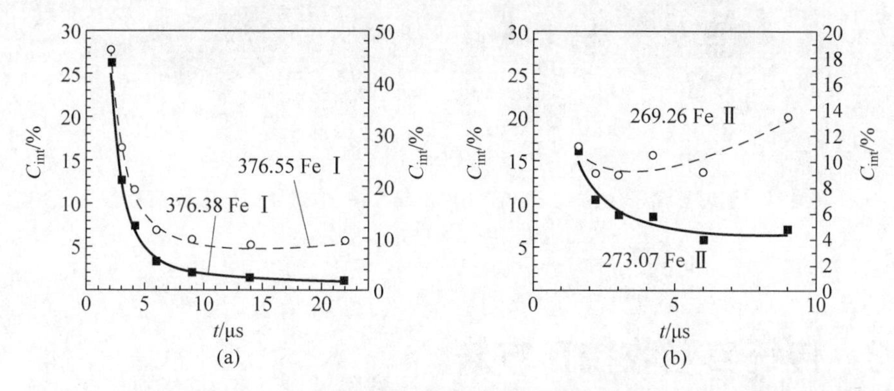

图 2.3　用于表征原子(a)和离子(b)发射谱线自吸收特性的交叉含量的随时间变化图

Yi 等[16]利用空间分辨 LIBS 技术绘制了土壤等离子体中谱线强度和自吸收系数的二维分布(图 2.4)，并研究了自吸收效应的影响因素。实验结果表明，选择合适的等离子体辐射收集区域，或采用高能量的激光和较短的采集延迟时间，可以在很大程度上减小自吸收效应。

对影响自吸收的环境因素进行识别与评估，有利于更好地了解其物理机理以及自吸收与环境的相互作用机制。Gudimenko 等[17]通过改变一系列实验参数（激光功率、环境气压、气体流速等）研究了在活性离子刻蚀等离子体反应器中，自吸收对 Ar 原子谱线的影响。结果表明不同环境及实验因素对自吸收影响的程度有所差异，其中气流对自吸收程度变动的贡献最大。Tang 等[18]研究了自吸收与谱线参数及等离子体特征参数之间的关系，根据振子强度和跃迁概率关系以及结合玻尔兹曼方程的计算推导，表明自吸收与元素含量、相应谱线的跃迁概率、上能级简并度、跃迁波长成正相关关系，与谱线的跃迁下能级成负相关关系。

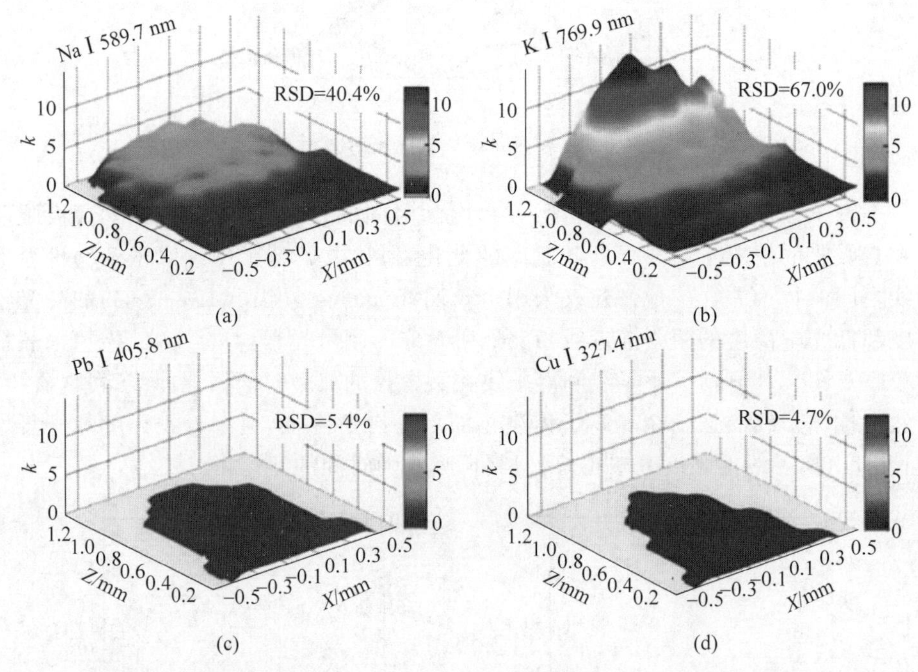

图 2.4　土壤等离子体中钠(a)、钾(b)、铅(c)、铜(d)谱线的自吸收系数分布

（请扫Ⅹ页二维码看彩图）

2.3　传统自吸收校正方法

如前所述，自吸收效应会对谱线强度、线型、等离子体特征参数的表征以及定量分析的结果造成影响。为了减弱甚至消除其不良影响，学者们研究出了很多校正或消除自吸收的方法，包括 COG 法、自吸收系数法、谱线拟合和等离子体建模法、倍程镜法、激光/微波辅助激发法等。下面具体介绍这些方法的基本原理和特点。

2.3.1 生长曲线法

根据经典辐射理论的推导，谱线的积分强度可以写作

$$I=F\frac{8\pi hc}{\lambda^{3}}\frac{n_{1}}{n_{0}}\frac{g_{1}}{g_{0}}\int(1-\mathrm{e}^{-k(\nu)l})\,\mathrm{d}\nu \tag{2.2}$$

式中，F 是一个取决于实验系统的常量参数，n_1、n_0、g_1、g_0 分别是上能级和下能级的原子数密度和简并度，$k(\nu)$是与频率相关的吸收系数。

同理，上述辐射情况所推导出的关系式也适用于描述等离子体中辐射的吸收过程。在均匀等离子体中，定义总吸收 A_t 为

$$A_{t}=2\pi\frac{\Delta\lambda_{D}}{\sqrt{\ln 2}}\int(1-\mathrm{e}^{-k(\nu)l})\,\mathrm{d}\nu \tag{2.3}$$

我们注意到式(2.2)描述的发射谱线强度与 A_t 成正比。在对等离子体内部吸收的研究中，$A_t/2b$ 与 n_0fl/b（其中 f 是跃迁振子强度，$b=\pi\Delta\lambda_D/\sqrt{\ln 2}$）的对数图通常称为理论 COG 曲线，它有两个分析区域，线性区的斜率为 1，强自吸收区的斜率为 1/2。类似地，积分发射谱线 $I=f(n_0)$可以由相同的 COG 曲线表示，通常实验上的 COG 是通过测量相对积分谱线强度作为分析物含量的函数来构建的。假设等离子体内的原子数密度与样品内相应元素的含量是正比关系，则定标函数与理论 COG 直接相关。

由以上理论模型可知，通过比较实验上的定标曲线和理论 COG 曲线，可以得到谱线定标曲线呈线性的元素含量范围，根据参数的比较可以知道谱线的吸收系数，从而校正谱线强度。另外，其他的等离子体基本特征参数，如电子温度、碰撞截面、基态原子数密度等也可以从 COG 曲线中得到。

很多学者将 COG 方法引入 LIBS 的实际分析中。例如，Gornushkin 等[19]在 1999 年首次报道了将 COG 方法应用于 LIBS 对钢样品中 Cr 元素的分析测量，他们先介绍了 COG 模型理论的推导过程，之后通过实验数据拟合的曲线与理论 COG 曲线进行对比获得了 Cr 谱线的阻尼常数，结果表明，在定标曲线中光学薄和光学厚等离子体之间的拐点所对应的 Cr 含量为 0.1%。Aguilera 等[20]使用 COG 方法探索了等离子体的空间不均匀性和时间演化特性，并在等离子体的各个区域消除了不同程度的自吸收过程所引起的 COG 曲线饱和的现象。随后，同组的 Aragón 等[21]利用 COG 方法的优点，提出了一种利用低含量极限下 COG 曲线的斜率所构造的改进玻尔兹曼平面法，使得对等离子体表观温度的测量不存在由自吸收的影响而造成的系统误差。Alfarraj 等[22]在不同实验条件下，利用 COG 估算了 LIBS 光谱中 Sr 和 Al 谱线的光学深度和自吸收程度。虽然使用基于 COG 曲线的辐射光谱模型来研究激光诱导等离子体及定标函数的基本性质时非常复杂，

但是此方法对于提高 LIBS 光谱化学分析的性能是十分有益的，至少该模型可用于确定光谱线性极限范围，并可用于筛选适合定量分析的谱线。

2.3.2 自吸收系数法

自吸收系数(SA)可以反映激光诱导等离子体的自吸收程度，被广泛应用于谱线强度和宽度的校正。它可以通过实际测量的发射谱线峰值强度与预期的无自吸收谱线峰值强度(将光学薄条件下的 COG 曲线有效地外推到与实际测量的辐射粒子数密度相同的情况下而获得的谱线强度)的比值来表示[23,24]：

$$\mathrm{SA}=\frac{I(\lambda_0)}{I_0(\lambda_0)}=\frac{1-\mathrm{e}^{-k(\lambda_0)l}}{k(\lambda_0)l}=\Delta\lambda_0\frac{1-\mathrm{e}^{-K/\Delta\lambda_0}}{K} \tag{2.4}$$

式中，$I(\lambda_0)$是实际的谱线峰值强度，$I_0(\lambda_0)$光学薄条件下无自吸收的谱线峰值强度，$\Delta\lambda_0$ 是光学薄等离子体发射谱线的预期半宽，并且

$$k(\lambda_0)l=K/\Delta\lambda_0=2\frac{\mathrm{e}^2}{mc^2\cdot\Delta\lambda_0}n_{\mathrm{i}}f\lambda_0^2 l \tag{2.5}$$

除了上述定义式，自吸收系数还可表示为

$$\mathrm{SA}=\left(\frac{\Delta\lambda}{\Delta\lambda_0}\right)^{1/\alpha}=\left(\frac{\Delta\lambda}{2w_{\mathrm{S}}}\frac{1}{n_{\mathrm{e}}}\right)^{1/\alpha} \tag{2.6}$$

式中：$\alpha=-0.54$；$\Delta\lambda$ 是谱线半宽；w_{S} 是斯塔克展宽参数[25]；n_{e} 是光学薄等离子体中的电子数密度，通常可以根据如下关系式从 Hα 线的半宽得到此电子数密度：

$$n_{\mathrm{e}}=N_{\mathrm{e}}(\mathrm{H}\alpha)=8.02\times10^{12}\left(\frac{\Delta\lambda_{\mathrm{H}}}{\alpha_{1/2}}\right)^{3/2}\ \mathrm{cm}^{-3} \tag{2.7}$$

式中，$\Delta\lambda_{\mathrm{H}}$ 是 Hα 线固有的半峰全宽，$\alpha_{1/2}$ 是以埃(Å)为单位的 Hα 线斯塔克线型的半峰半宽。

由于这种方法仅需要实验上很容易测量的电子数密度和谱线宽度两个参数就可以得到反映谱线自吸收程度的自吸收系数，进而校正谱线的强度和宽度，所以要比其他需要估算不可直接获得的参数(如光学深度或原子数密度等)的方法更可取。Mansour[26]利用这种自吸收系数法研究了自吸收效应对电子温度测量的影响，通过分析谱线与光学薄 Hα 线的电子数密度比，量化并校正了铝原子谱线的自吸收效应，将电子温度值从 1.407～1.255 eV 校正至更准确的 1.283～0.896 eV。

然而，上述方法需要已知的等离子体电子数密度和谱线的斯塔克展宽系数，在某些情况下或对于某些分析谱线，这两个参数是无法获取的。为了得到更通用的方法，Bredice 等[27]提出了一种当斯塔克展宽系数不可用时，通过获取谱线强度比值、半宽比值及电子温度来评估自吸收系数的方法。之后，他们又提出了另一种只需要谱线强度计算自吸收系数的方法[28]，由于该方法仅涉及谱线强度的测量，可

被用于低光谱分辨率的实验，尤其适用于开发低成本的 LIBS 仪器。此外，Pace 等[29,30]提出了另一种获得自吸收系数的方法，该方法通过推导均匀等离子体中的辐射传递函数来计算谱线的光学深度参数，他们用这种方法研究并修正了不同脉冲能量诱导下氢氧化钙基质中的镁原子谱线的自吸收。

另一个常用的自吸收系数校正法是内标参考线自吸收校正法(IRSAC)。该方法的过程为：首先，为每种辐射粒子选择一条可以忽略自吸收的谱线作内标参考线，然后将相同粒子的其他谱线与相应内标参考线的强度进行比较来评估自吸收程度，最后利用回归算法完成谱线强度的最优校正。其中，内标参考线应选取上能级很高的谱线，这样它的自吸收效应就会很小，进而可以认为该参考线不受自吸收影响。Sun 和 Yu[31]采用 IRSAC 法对自由定标 LIBS(calibration free-LIBS, CF-LIBS)中的自吸收效应进行了校正，使玻尔兹曼平面图的线性度有所增强，定量分析结果的准确性也得到明显的提高。Ramezanian 等[32]应用 IRSAC 预测了 Fe-Cr-Ni 金属合金的表面硬度，将铬离子线和原子线的强度比与合金表面硬度间的相关系数由未校正前的 47%显著地提高到了 90%。Shakeel 等[33]将该方法应用于铝硅合金的 CF-LIBS 分析中，发现自吸收校正后的定量分析偏差由 0.6%～6.7%降低到了 0.3%～2.2%。

2.3.3　光谱拟合与等离子体建模法

对光谱线的拟合与对等离子体演化及发射过程的建模也是校正自吸收效应的有效工具。对于前者，最常用的非线性定标曲线拟合函数是[34]

$$y = a + bc(1 - e^{-x/c}) \tag{2.8}$$

式中，x 表示元素含量；y 是谱线强度，式(2.8)直观地描述了定标曲线的饱和趋势。另一种评估自吸收的拟合方法是拟合谱线线型[35]，通过将实验观测到的自吸收线型拟合到基于一维辐射传输理论基础的模型上，再由拟合参数推导出谱线的自吸收程度。Li 等[36]提出了一种可校正 CF-LIBS 中自吸收的黑体辐射参考自吸收校正法(BRR-SAC)，通过迭代运算，将实测光谱与相应的理论黑体辐射进行直接比较，计算电子温度和光学系统的采集效率，从而进行自吸收校正。与 COG 曲线校正自吸收法相比，该方法具有编程简单、计算效率高、无需斯塔克展宽系数等优点。基于钛合金样品的实验结果表明，经 BRR-SAC 校正后，玻尔兹曼平面的线性度和元素含量的测量精度都有显著提升。

除了拟合方法外，研究学者们还提出了各种理论模型来减小 LIBS 中的自吸收效应。Gornushkin 等[37]建立了一种光学厚非均匀等离子体的理论模型，通过考虑吸收过程、吸收系数和连续辐射，模拟了激光脉冲消失后等离子体的连续辐射和原子辐射谱线的时间演化，以确定谱线的自吸收或自蚀程度。Lazic 等[38]提出了一个考虑到谱线强度和元素含量之间非线性关系的模型，该模型考虑了重吸收过程和不同电子数密度空间区域的贡献，通过对不同来源土壤和南极海洋沉积物中元素组成在15%～40%的样品进行定量分析，计算出测量不确定度并验证了该模型的可行性。考虑到等离子体内部空间分布，Amamou等[39]构建了一个由热核心和冷外层区域组成的等离子体模型，用以拟合由自吸收而引起严重变形的发射谱线，应用该模型测量394.40 nm和396.15 nm两条铝共振双峰线，其能级跃迁概率比值与理论值接近。Bulajic等[40]提出了一种主动校正CF-LIBS中的自吸收谱线的模型，通过评估初始电子温度、电子数密度以及不同粒子的绝对数密度，根据模型计算出谱线自吸收系数，再使用递归算法求得准确的无自吸收的谱线强度。为了验证模型的有效性，他们使用了三种钢样品和三种三元合金对模型进行了测试，图2.5给出了该合金样品自吸收校正前后的玻尔兹曼平面图的对比。定量结果表明，该模型算法将测量精度提升了近一个数量级。

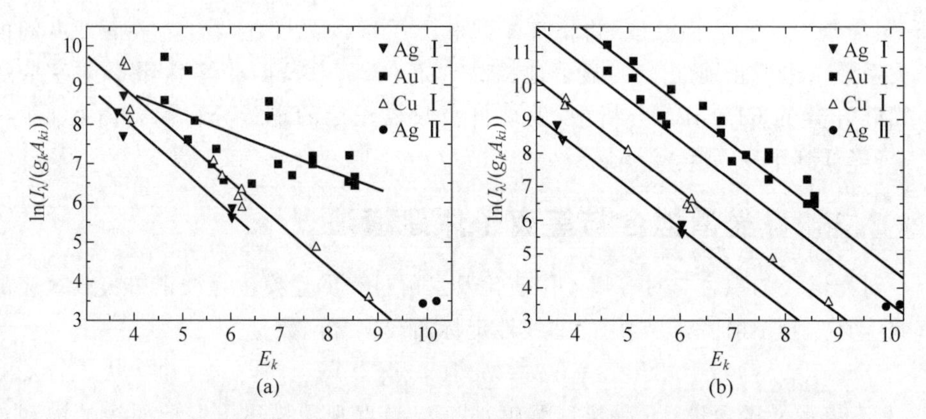

图2.5 自吸收校正前(a)和自吸收校正后(b)Au合金的玻尔兹曼平面图

2.3.4 倍程镜法

该方法通过放置一面凹面镜在等离子体后的两倍焦距位置处，将光程长度加倍，以检查和纠正自吸收(图2.6(a))，理论上如果不考虑传输损耗和反射，测量信号强度加倍，则没有自吸收[41]。之后，有学者提出了一种利用轴向均匀脉冲源的改进倍程镜法[42]，在传统的线性脉冲电极之间引入了辅助移动电极(图2.6(b))，通过移动其位置，可以在保持等离子体阻抗的情况下变化等离子体长度。通过控制光快门的开关，记录下光程加倍前后的两条线的线型(图2.6(c))，即可确定校正系数。

Burger等[43]给出了倍程镜法对于光谱自吸收校正的解析表达式，分别将有反射镜和无反射镜记录的光谱表示为F_2和F_1，则校正后无自吸收的光谱F_0可以表示为

$$F_0 = \frac{2F_1}{1 + (F_2 - F_1)/GF_1} \tag{2.9}$$

式中,$G<1$,它是考虑到了透镜的透射率、凹面镜的反射率、收集的立体角等因素的反射率。

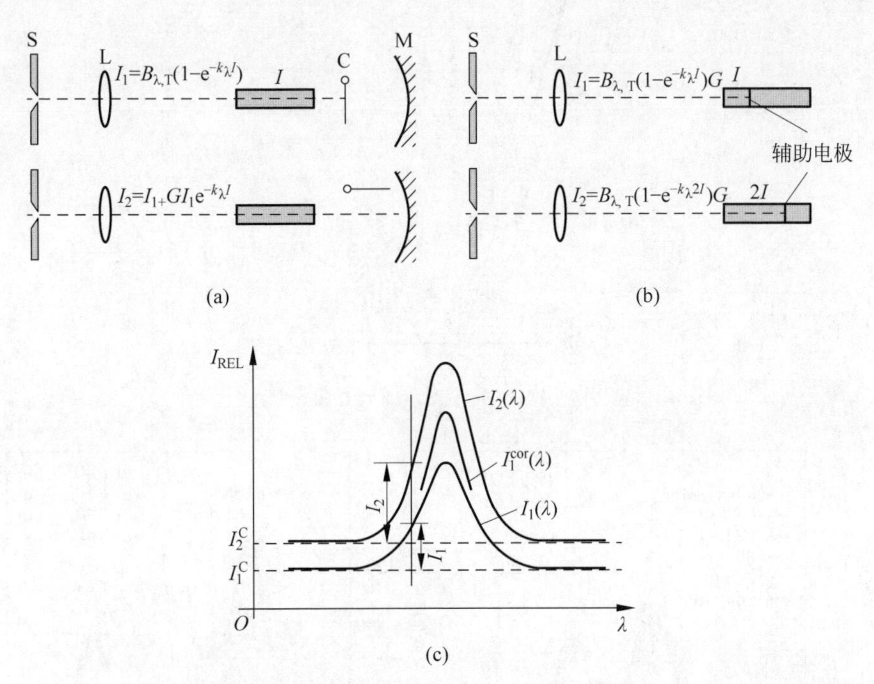

图2.6 (a)基于倍程镜技术的自吸收测定装置,(b)通过移动放电过程中辅助电极的位置使等离子体长度加倍的装置,以及(c)记录的单程和双程等离子体长度的线型

2.3.5 激光/微波辅助激发法

除上述校正自吸收效应的方法和技术外,还有一些方法可以主动消除自吸收,最常见的有大气压力控制、激光受激吸收(LSA)、微波辅助激发(MAE)等。

通过大气压力控制的方法可以使等离子体密度变低,进而使得自吸收效应变得十分微弱。Horňáčková 等[44]将其应用于沸石样品的 CF-LIBS 分析,他们在真空室中进行了减压测量,有效消除了谱线的自吸收效应。Hao 等[45]在对钢样品进行 LIBS 定量分析时发现,如果将大气压力降低至 1 kPa 时,自吸收引起的 Mg、Cu 等元素定标曲线的非线性得到了很大的改善。

Li 等[2]提出了 LSA 辅助 LIBS 法(LSA-LIBS)。通过使用连续波长可调谐的激光器照射等离子体外围,对其进行再次激发,使得等离子体周围的基态原子吸收光子并跃迁到另一高能态,不再吸收等离子体内部辐射(图 2.7),进而有效地减少自吸收效应。图 2.8 展示了有严重自吸收的 LIBS 光谱和使用 LSA-LIBS 后无自吸收的光谱，其中 K、Mn 和 Al 元素辐射谱线的 FWHM 分别减少了 58%、25%和 52%，自吸收现象得到了明显抑制。

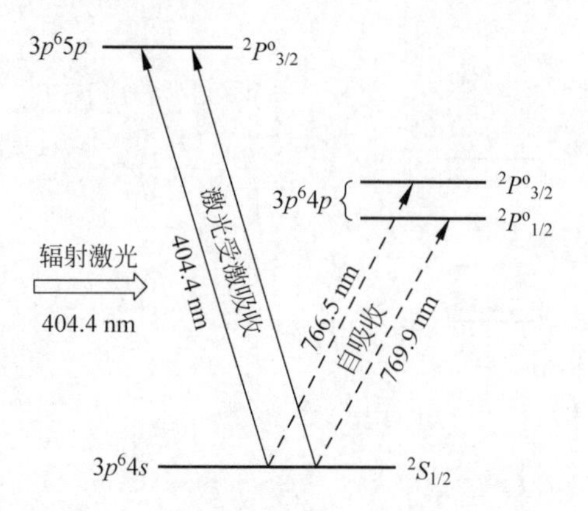

图 2.7 钾原子的 LSA 辅助 LIBS 机制

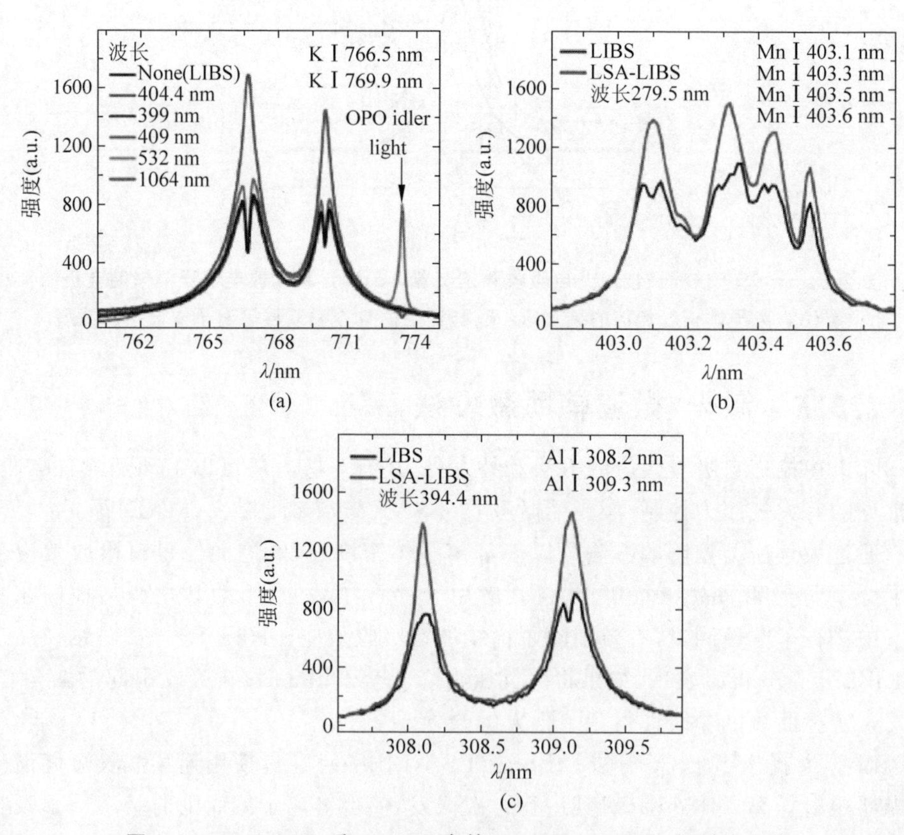

图 2.8 K(a)、Mn(b)和 Al(c)元素的 LIBS 及 LSA-LIBS 辐射线比较

（请扫Ⅹ页二维码看彩图）

Tang 等[18]提出了 MAE 辅助 LIBS 法(MAE-LIBS),在 200～900 nm 光谱范围内有效消除了激光诱导钾长石等离子体的自吸收效应。MAE-LIBS 的机制(图 2.9)与 LAS-LIBS 相似,它通过使等离子体周围处于基态的原子吸收由近场辐射耦合的微波能量,并向更高的能级跃迁以减少自吸收效应。分析结果表明,MAE-LIBS 使得与自吸收程度密切相关的基态原子数密度急剧下降。图 2.10 展示了有严重

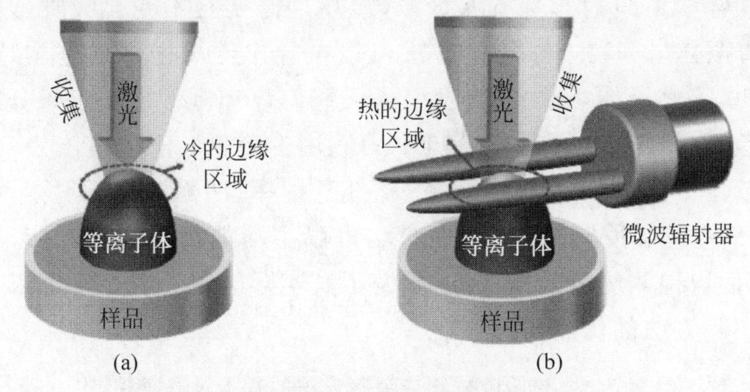

图 2.9　MAE-LIBS 减小自吸收的机制

(请扫Ⅹ页二维码看彩图)

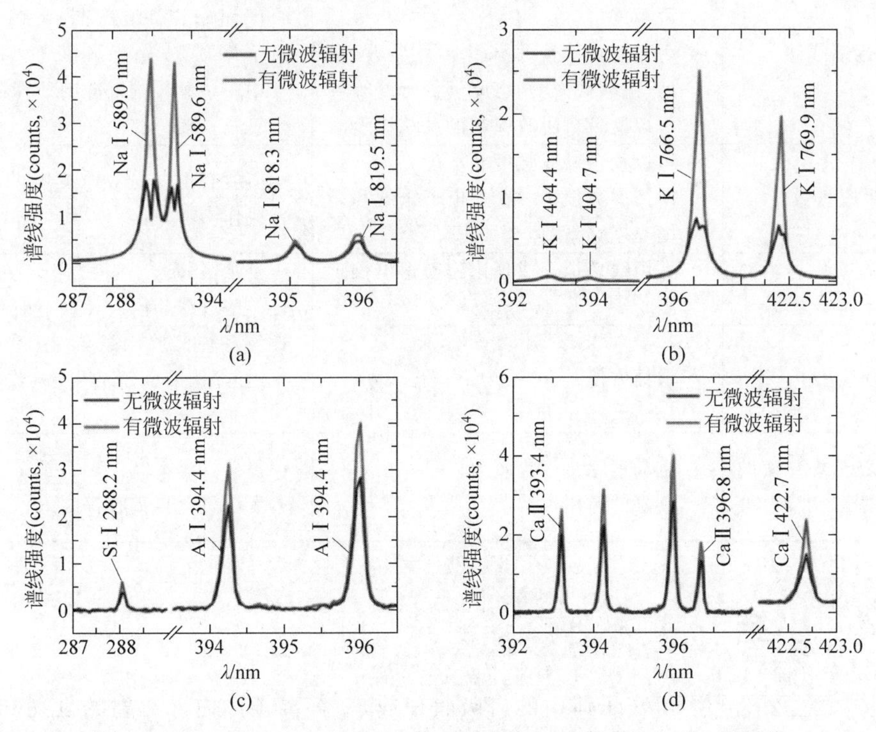

图 2.10　Na(a),K(b),Al、Si(c)和 Ca(d)的 LIBS 及 MAE-LIBS 辐射线

(请扫Ⅹ页二维码看彩图)

自吸收的 LIBS 光谱和使用 MAE-LIBS 后无自吸收的光谱，可见 Na、K、Al、Si 和 Ca 辐射谱线中原有的严重自吸收效应被消除了，并且 Na、K、Al、Si 和 Ca 谱线的半峰全宽也分别减少了 43%、53%、8%、7%和 18%。

上述各种自吸收的校正或消除方法都在一定程度上提升了 LIBS 的定量分析性能，且各有其特殊的优势和应用条件，但是这些方法也有各自的局限性。例如，自吸收系数法需要谱线的斯塔克展宽系数，并且需要有不受自吸收影响的谱线作为参考；光谱拟合与等离子体建模方法可以推导出等离子体的基本特性，但计算复杂，需要很多等离子体参数，并且会引入一些假设和近似导致定量分析结果与实际值产生偏差，在 LIBS 实际测量分析中的适用性降低；倍程镜法是一种快速、方便的自吸收校正方法，但易受实验因素(透镜透射率、凹面镜的反射率、收集立体角等)的影响；激光或微波辅助激发 LIBS 法可以主动消除自吸收效应，但需要附加额外的装置，使得检测复杂且成本高，限制了其实际应用。表 2.1 详细列出了上述各种自吸收消除方法的优点和局限性。

表 2.1　自吸收校正或消除方法的优点及局限性

方　法	优　点	局　限　性
COG 曲线法	• 可以确定光谱线性极限范围和自吸收程度； • 可以获得等离子体的特征参数(温度、碰撞截面、基态原子数密度等)； • 可以避免自吸收引起的系统误差	• 需要许多特征参数(预期温度、电子密度、高斯展宽、洛伦兹展宽、光程长度等)，其中一些参数难以准确计算； • 复杂且耗时
自吸收系数法	• 可以校正谱线强度和宽度； • 所需参数很少(线宽、电子密度和斯塔克展宽系数)	• 需要有不受自吸收影响的谱线作参考
光谱拟合与等离子体建模法	• 可由线型拟合或理论建模得出校正因子	• 复杂，耗时； • 一些近似和假设导致不准确
倍程镜法	• 快捷方便	• 受多种实验因素影响(透镜透射率、凹面镜的射率、收集立体角等)
激光或微波辅助激发法	• 主动消除自吸收效应； • 良好的通用性	• 复杂且成本高； • 无法量化自吸收程度

2.4　小结

本章主要介绍了等离子体中的自吸收效应，对等离子体内部辐射的发射和吸收过程、自吸收产生和演化的物理机理、自吸收的实验观察、自吸收对谱线及定量分析的影响、自吸收效应的理论研究和校正消除方法等方面进行了全面的阐述。

参考文献

[1] COWAN R D, DIEKE G H. Self-absorption of spectrum lines[J]. Rev. Modern Phys., 1948, 20(2): 418.

[2] LI J M, GUO L B, LI C M, et al. Self-absorption reduction in laser-induced breakdown spectroscopy using laser-stimulated absorption[J]. Opt. Lett., 2015, 40(22): 5224.

[3] KIMURA M, NAKAMURA G. Self-reversal of the lines Hα and Hβ of hydrogen[J]. Jap. J. Phys., 1923, 2: 53.

[4] Wood R W. Self-reversal of the red hydrogen line. The London, Edinburgh, and Dublin Philosophical Magazine and Journal of Science, 1926, 2(10): 876-880.

[5] SIBAIYA L. On the self-reversal of spectral lines[J]. P. Indian AS: Sect. A, 1939, 9(3): 219-223.

[6] KONJEVIĆ N. Plasma broadening and shifting of non-hydrogenic spectral lines: Present status and applications[J]. Phys. Rep., 1999, 316: 339-401.

[7] SHERBINI A M E., ABOULFOTOUH A N, RASHID F, et al. Spectroscopic measurement of Stark broadening parameter of the 636.2 nm Zn I-line[J]. Nat. Sci., 2013, 5(4): 501-507.

[8] LEIS F, SDORRA W, KO J B, et al. Basic investigations for laser microanalysis: I. Optical emission spectrometry of laser-produced sample plumes[J]. Microchim. Acta, 1989, 98(4-6): 185-199.

[9] SURMICK D M, PARIGGER C G. Electron density determination of aluminium laser-induced plasma[J]. J. Phys. B: At. Mol. Opt. Phys., 2015, 48(11): 1156701.

[10] GRANT K J, PAUL G L, O'NEILL J A. Quantitative elemental analysis of iron ore by laser-induced breakdown spectroscopy[J]. Appl. Spectrosc., 1991, 45(4): 701.

[11] WANG Z, FENG J, LI L Z, et al. A multivariate model based on dominant factor for laser-induced breakdown spectroscopy measurements[J]. J. Anal. At. Spectrom., 2011, 26: 2289-2299.

[12] ZAYTSEV S M, POPOV A M, CHERNYKH E V, et al. Comparison of single-and multivariate calibration for determination of Si, Mn, Cr and Ni in highalloyed stainless steels by laser-induced breakdown spectrometry[J]. J. Anal. At. Spectrom., 2014, 29: 1417-1424.

[13] HERMANN J, LEBORGNE C B, HONG D. Diagnostics of the early phase of an ultraviolet laser induced plasma by spectral line analysis considering self-absorption[J]. J. Appl. Phys., 1998, 83(2): 691.

[14] SU M G, MIN Q, CAO S Q, et al. Evolution analysis of EUV radiation from laser-produced tin plasmas based on a radiation hydrodynamics model[J]. Sci. Rep., 2017, 7: 45212.

[15] AGUILERA J A, ARAGÓN C. Characterization of laser-induced plasmas by emission spectroscopy with curve-of-growth measurements. Part I: Temporal evolution of plasma

parameters and self-absorption[J]. Spectrochim. Acta B,2008,63(7): 784-792.

[16] YI R X,GUO L B,LI C M,et al. Investigation of the self-absorption effect using spatially resolved laser-induced breakdown spectroscopy [J]. J. Anal. At. Spectrom., 2016, 31: 961-967.

[17] GUDIMENKO E, MILOSAVLJEVIC V, DANIELS S. Influence of self-absorption on plasma diagnostics by emission spectral lines[J]. Opt. Express,2012,20(12): 12699.

[18] TANG Y,LI J,HAO Z,et al. Multielemental self-absorption reduction in laser-induced breakdown spectroscopy by using microwave-assisted excitation[J]. Opt. Express,2018, 26(9): 12121.

[19] GORNUSHKIN I B, ANZANO J M, KING L A, et al. Curve of growth methodology applied to laser-induced plasma emission spectroscopy[J]. Spectrochim. Acta B, 1999, 54(3-4): 491-503.

[20] AGUILERA J A, BENGOECHEA J, ARAGÓN C. Curves of growth of spectral lines emitted by a laser-induced plasma: influence of the temporal evolution and spatial inhomogeneity of the plasma[J]. Spectrochim. Acta B,2003,58: 221.

[21] ARAGÓN C,PENALBA F,AGUILERA J A. Curves of growth of neutral atom and ion lines emitted by a laser induced plasma[J]. Spectrochim. Acta B,2005,60: 879.

[22] ALFARRAJ B A,BHATTET C R. YUEHAL F Y,et al. Evaluation of optical depths and self-absorption of strontium and aluminum emission lines in laser-induced breakdown spectroscopy (LIBS) [J]. Appl. Spectrosc.,2017,71: 640.

[23] SHERBINI A M E,SHERBINIET T M E,HEGAZY H,et al. Evaluation of self-absorption coefficients of aluminum emission lines in laser-induced breakdown spectroscopy measurements [J]. Spectrochim. Acta B,2005,60: 1573.

[24] MAHDAVI H S,SHOURSHEINI S Z,GHOLAMI H,et al. Calibration-free laser-induced plasma analysis of a metallic alloy with self-absorption correction[J]. Appl. Phys. B,2014, 117: 823.

[25] GRIEM H R. Plasma spectroscopy[M]. New York: McGraw-Hill,1964.

[26] MANSOUR S A M. Self-absorption effects on electron temperature-measurements utilizing laser induced breakdown spectroscopy (LIBS)-techniques[J]. Opt. Photonics J.,2015,5: 54857.

[27] BREDICE F,BORGES F O,SOBRAL H,et al. Evaluation of self-absorption of manganese emission lines in laser induced breakdown spectroscopy measurements[J]. Spectrochim. Acta B,2006,61: 1294.

[28] BREDICE F O,ROCCO H O D,SOBRAL H M,et al. A new method for determination of self-absorption coefficients of emission lines in laser-induced breakdown spectroscopy experiments[J]. Appl. Spectrosc.,2010,64: 320.

[29] PACE D M D,ANGELO C A D,BERTUCCELLI G. Calculation of optical thicknesses of magnesium emission spectral lines for diagnostics of laser-induced plasmas[J]. Appl. Spectrosc.,2011,65: 1202.

[30] PACE D M D,ANGELO C A D,BERTUCCELLI G. Study of self-absorption of emission magnesium lines in laser-induced plasmas on calcium hydroxide matrix[J]. IEEE Trans. Plasma Sci.,2012,40: 898.

[31] SUN L,YU H. Effect of self-absorption correction on surface hardness estimation of Fe-

Cr-Ni alloys via LIBS[J]. Talanta,2009,79: 388.

[32] RAMEZANIAN Z, DARBANI S, MAJD A E. Effect of self-absorption correction on surface hardness estimation of Fe-Cr-Ni alloys via LIBS[J]. Appl. Optics,2017,56: 6917.

[33] SHAKEEL H, HAQ S U, AISHA G, et al. Quantitative analysis of Al-Si alloy using calibration free laser induced breakdown spectroscopy (CF-LIBS) [J]. Phys. Plasmas, 2017,24: 301.

[34] ARAGON C, AGUILERA J A, PENALBA F. Improvements in quantitative analysis of steel composition by laser-induced breakdown spectroscopy at atmospheric pressure using an infrared Nd: YAG laser[J]. Appl. Spectrosc. ,1999,53: 1259.

[35] SAKKA T, NAKAJIMA T, OGATA Y H. Spatial population distribution of laser ablation species determined by self-reversed emission line profile [J]. J. Appl. Phys. , 2002, 92: 2296.

[36] LI T Q, HOU Z Y, FU Y T, et al. Correction of self-absorption effect in calibration-free laser-induced breakdown spectroscopy (CF-LIBS) with blackbody radiation reference[J]. Anal. Chim. Acta,2019,1058: 39-47.

[37] GORNUSHKIN I B, STEVENSON C L, SMITH B W, et al. Modeling an inhomogeneous optically thick laser induced plasma: a simplified theoretical approach[J]. Spctrochim. Acta Part B,2001,56(9): 1769-1785.

[38] LAZIC V, BARBINI R, COLAO F, et al. Self-absorption model in quantitative laser induced breakdown spectroscopy measurements on soils and sediments[J]. Spectrochim. Acta B,2001,56: 807.

[39] AMAMOU H, BOIS A, FERHAT B, et al. Correction of the self-absorption for reversed spectral lines: application to two resonance lines of neutral aluminium. J. Quant[J]. Spectrosc. Radiat. Transfer,2003,77: 365.

[40] BULAJIC D, CORSI M, CRISTOFORETTI G, et al. A procedure for correcting self-absorption in calibration free-laser induced breakdown spectroscopy[J]. Spectrochim. Acta B,2002,57: 339.

[41] WIESE W L, HUDDLESTON R H, LEONARD S L. Plasma diagnostic techniques[M]. New York: Academic Press,1965.

[42] KOBILAROV R, KONJEVIC N, POPOVIC M V. Influence of ion dynamics on the width and shift of isolated He I lines in plasmas[J]. Phys. Rev. A,1989,40: 3871.

[43] BURGER M, SKOČČIĆ M, BUKVIĆ S. Study of self-absorption in laser induced breakdown spectroscopy[J]. Spectrochim. Acta B,2014,101: 51.

[44] HORŇÁČKOVÁM, GROLMUSOVÁZ, PLAVČAN J, et al. Pre-study of silicon and aluminum containing materials for further zeolites CF-LIBS analysis [J]. WDS'12 Proceedings of Contributed Papers Part II,2012: 134-139.

[45] HAO Z Q, LIU L, SHEN M, et al. Investigation on self-absorption at reduced air pressure in quantitative analysis using laserinduced breakdown spectroscopy[J]. Opt. Express, 2016,24: 26521.

第3章

激光诱导击穿光谱自吸收机理

在第2章中，我们对激光诱导等离子体中的自吸收效应进行了介绍，并对传统自吸收校正和消除方法的原理和局限进行了详细的描述和对比。这些方法都能够减少自吸收对谱线及定量分析的影响，但是它们需要依赖于等离子体特征参数（包括尺寸、温度、粒子数密度等）建模来评估自吸收对发射谱线的影响，或是需要使用复杂的仪器来消除特定谱线的自吸收。在实际分析工作中，激光-靶相互作用机制的复杂性和等离子体演化的快速性均降低了这些方法在LIBS定量分析应用中的适用性和实用性。相较于对自吸收效应的观察和校正，目前对自吸收机理的理论和实验研究仍然较少。因此，通过对自吸收效应的特性研究，得到自吸收的物理机理模型，探究等离子体内部辐射的吸收和发射过程，提出消除自吸收的宽动态元素测量范围的定量分析方法，这对于提高LIBS的精度，改善其分析性能，进一步促进其在工业分析及环境检测等领域中的作用意义重大。

本章主要对LIBS中自吸收效应的机理研究进行介绍。首先介绍激光诱导等离子体中的自吸收效应在物理意义层面上的量化表征，自吸收与辐射谱线参数、辐射跃迁类型、等离子体特征参数之间的定量关系，以及评估自吸收程度的技术方法，使得对于任意分析条件下的谱线自吸收有明确的量化表征；其次，介绍在LIBS实验中基于不同表征方法的等离子中自吸收效应随时间空间演化的规律，以及通过分析谱线所含有的自吸收信息提出一种通过量化谱线自吸收程度来表征等离子体特征参数的方法。本章中如有前述章节出现过的参数，其定义如前，此章仅对新出现参数作出说明。

3.1 自吸收机理

3.1.1 谱线属性与自吸收关系

在使用 LIBS 进行元素定量分析时，因为不同的谱线对应不同的自吸收程度，所以选择不同的分析谱线将会得到不同的结果。如在第2章中所述，对于均匀并处于 LTE 态的等离子体，其发射谱线的自吸收系数 SA 可以表示为[1,2]

$$\mathrm{SA}=\frac{I(\lambda_0)}{I_0(\lambda_0)}=\frac{1-\mathrm{e}^{-\tau}}{\tau}=\frac{1-\mathrm{e}^{-K/\Delta\lambda_0}}{K/\Delta\lambda_0} \tag{3.1}$$

式中，τ 是光学深度（无量纲）。由上式可知，SA 随着光学深度 τ 的增加而减小，这意味着随着参数 K 越大、$\Delta\lambda_0$ 越小，发射谱线的自吸收越严重。

那么参数 K 受哪些因素决定呢？

当谱线展宽时，高斯展宽相比于洛伦兹展宽可以忽略不计时，有

$$\tau \approx K/\Delta\lambda_0=2\frac{\mathrm{e}^2}{mc^2\cdot\Delta\lambda_0}n_i f\lambda_0^2 l \tag{3.2}$$

通过结合玻尔兹曼分布定律：

$$\frac{n_i}{N}=\frac{g_i}{Z(T)}\exp(-E_i/k_\mathrm{B}T) \tag{3.3}$$

及反应振子强度与跃迁概率关系的 Ladenburg 公式：

$$f=\frac{mc}{8\pi^2\mathrm{e}^2}\frac{g_k}{g_i}\lambda_0^2 A_{ki} \tag{3.4}$$

K 参数可以表示为

$$K=\frac{1}{4\pi^2 c}\frac{A_{ki}g_k}{Z(T)}\mathrm{e}^{-\frac{E_i}{k_\mathrm{B}}}\lambda_0^4\times Nl \tag{3.5}$$

由上式可以看出，K 参数与 A_{ki}、g_k、E_i、T、λ_0、N、l 等相关。

结合自吸收与 K 的关系可知，自吸收与谱线的跃迁概率（A_{ki}）、上能级简并度（g_k）、中心波长（λ_0），等离子体的粒子数密度（N）及吸收路径长度（l）成正相关，而与谱线的跃迁下能级（E_i）成负相关。另外值得注意的是，自吸收和电子温度（T）之间的关系随谱线跃迁下能级能量（E_i）水平的变化而变化，其具体相互影响关系将在3.1.2节进行详细介绍。

由上述分析可知，激光诱导等离子体谱线属性与自吸收程度密切相关，谱线跃迁概率越大、上能级简并度越大、中心波长越长、跃迁下能级越小，则对应的自吸收程度越大。

3.1.2 等离子体特征属性与自吸收关系

由3.1.1节式(3.5)分析可知，等离子体特征属性与自吸收程度也密切相关，等离子体中原子或离子数密度越大、吸收路径长度越长，所对应的自吸收也越严重。另外，等离子体的温度对自吸收程度的影响也十分重要，将式(3.5)中的配分函数展开，可以得到

$$
\begin{aligned}
K &= \frac{Nl}{4\pi^2 c} A_{ki} g_k \lambda_0^4 \frac{\mathrm{e}^{-\frac{E_i}{k_B T}}}{g_1 \mathrm{e}^{-\frac{E_1}{k_B T}} + g_2 \mathrm{e}^{-\frac{E_2}{k_B T}} + \cdots + g_j \mathrm{e}^{-\frac{E_j}{k_B T}} + \cdots} \\
&= \frac{Nl}{4\pi^2 c} A_{ki} g_k \lambda_0^4 \frac{1}{g_1 \mathrm{e}^{\frac{E_i - E_1}{k_B T}} + g_2 \mathrm{e}^{\frac{E_i - E_2}{k_B T}} + \cdots + g_j \mathrm{e}^{\frac{E_i - E_j}{k_B T}} + \cdots}
\end{aligned} \tag{3.6}
$$

由式(3.6)可知，当 $E_i - E_j$ 大于0时，即 E_i 很大时，T 越大，自吸收越严重；当 $E_i - E_j$ 小于0时，即 E_i 越小时，T 越大，自吸收越微弱。也就是说，自吸收和电子温度之间的关系随谱线的跃迁下能级能量的变化而变化。当谱线的跃迁下能级很低或者是基态时，自吸收与电子温度成负相关；反之，当谱线的跃迁下能级是一个相对很高的能级时，自吸收与电子温度成正相关。

3.1.3 自吸收量化评估

通过3.1.1节及3.1.2节的分析可知，除了使用自吸收系数法等典型表征自吸收的方法外，还可以由等离子体及所选谱线的特征参数，通过评估 K 参数来表征量化自吸收程度，式(3.5)即可作为自吸收量化表征的解析式。其中，谱线参数可以由美国国家标准与技术研究院(NIST)数据库[3]查到准确值，电子温度可以由玻尔兹曼或萨哈-玻尔兹曼平面图获得，而对于辐射物质粒子数密度 N 及吸收路径长度 l，可以利用双波长差分成像技术[4,5]获得。

双波长差分成像技术使用一对光轴垂直于激光入射方向的透镜收集来自等离子体的发射光，并将其导入像增强型电荷耦合器件(ICCD)中，在两个透镜之间插入以某条发射谱线为中心的窄带滤波片，用以采集对应这条发射谱线的等离子体图像。然后，使用中心波长偏移、位于发射谱线附近背景处的第二个滤光片对连续辐射背景的等离子体成像。这两个图像之间的差分对应于所研究的辐射物质相应发射谱线的等离子体发射图像。之后对原始发射图像进行阿贝尔(Abel)反演处理[6]，反演后的图像对应于所研究的辐射物质相应发射谱线的发射率图像，假设等离子体处于LTE态时，则发射率可以代表辐射粒子在等离子体内的数密度。

在得到不同元素辐射粒子的数密度 N 和吸收路径长度 l 后，就可以求得 K，进而得以表征等离子体自吸收程度。

3.2　自吸收表征及演化

3.2.1　自吸收系数法

基于上述自吸收与谱线属性及等离子体特征属性等参数之间的关系，以及量化评估自吸收程度的方法，我们可以通过对含铝压片样品和含铜压片样品等离子体中的自吸收效应演化进行研究，进而分析获得对于一般等离子体发射谱线自吸收效应随时间演化的规律。

首先，使用自吸收系数法表征自吸收程度，对铝等离子体中自吸收效应的演化进行研究。用于 LIBS 分析物质元素、采集等离子体图像的典型实验装置如图 3.1 所示。其中，采用波长 532 nm、重复频率 20 Hz、脉冲宽度 7 ns、脉冲能量 50 mJ 的 Nd：YAG 激光器(Spectra Physics，INDI-HG-20S)作为等离子体烧蚀光源。激光束先由反射镜反射，通过半波片后被偏振分光棱镜 PBS 分成两束，其反射激光束的能量通过绝对校准的能量计(Newport，2936-R)进行能量检测，用以监控激光器输出能量漂移；透射激光束通过 200 mm 焦距的石英透镜聚焦于样品表面以下 1 mm 处，且样品表面聚焦光斑直径约 700 μm。在垂直于激光入射的方向，用一个焦距为 75 mm 的透镜对准激光诱导产生的等离子体以产生一个 4 倍放大的等离子体羽图像，然后通过 200 μm 芯径的光纤采集等离子体荧光后送入光栅光谱仪(Princeton Instruments，SP-2750)中分光，再由 ICCD1(Princeton Instruments，PI-MAX4-1024i)探测。其中，样品固定于可升降的旋转台，以确保每发脉冲作用于新的样品表面。另一台 ICCD2(Andor，iStar DH334T)被用作相机，通过双波长差分成像技术记录等离子体的发射率图像。

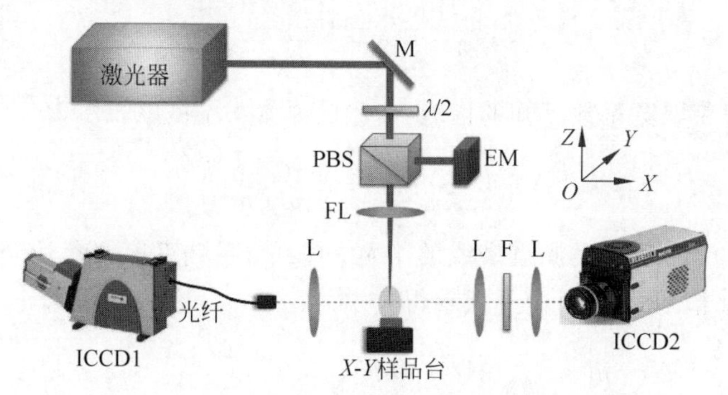

M—反射镜；PBS—偏振分光棱镜；FL—聚焦透镜；L—透镜；EM—能量计；F—滤光片。

图 3.1　LIBS 实验分析装置图

(请扫Ⅹ页二维码看彩图)

在该实验中，使用由纯溴化钾和氧化铝粉末压制成的铝含量约13%的压片作为样品，光谱采集的积分时间为400 ns，延迟时间200～2000 ns，等间隔为200 ns，光谱仪光栅刻度为150 g/mm，入射狭缝为50 μm，波长分辨力约0.1 nm。为了使等离子体辐射光谱有足够的可重复性，并补偿样品点的不均匀性，在相同的实验条件下，平均了60个扣除连续背景的等离子体光谱作为分析光谱。其含铝压片样品典型的LIBS光谱如图3.2所示。

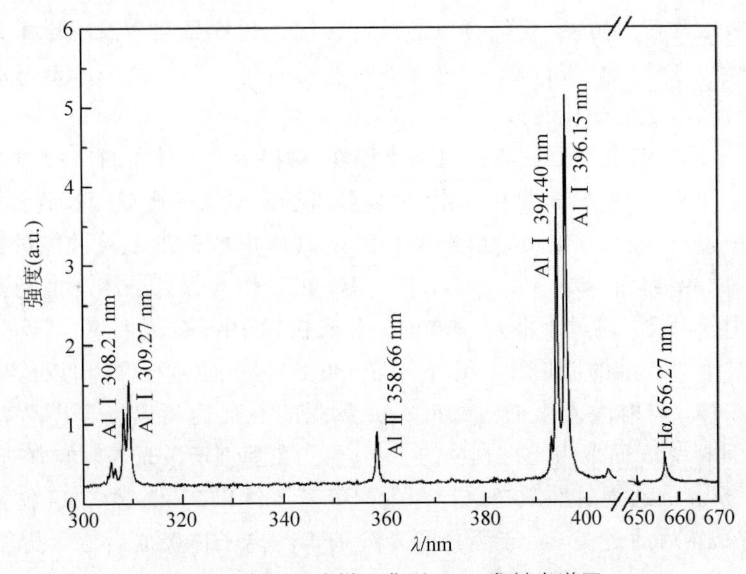

图3.2　含铝压片样品典型LIBS发射光谱图

假设均匀等离子体在光谱采集期间处于LTE态，则发射谱线的自吸收系数SA可以表示为[1, 2]

$$\mathrm{SA}=\frac{I(\lambda_0)}{I_0(\lambda_0)}=\frac{1-\mathrm{e}^{-k(\lambda_0)l}}{k(\lambda_0)l} \tag{3.7}$$

对于斯塔克展宽系数已知的谱线，自吸收系数SA可以表示为[7]

$$\mathrm{SA}=\left(\frac{\Delta\lambda}{\Delta\lambda_0}\right)^{1/\alpha}=\left(\frac{\Delta\lambda}{2w_\mathrm{S}}\frac{1}{n_\mathrm{e}}\right)^{1/\alpha} \tag{3.8}$$

式中，$\alpha=-0.54$；$\Delta\lambda$ 是测量谱线的半宽；w_S 是斯塔克展宽参数[8]；n_e 是光学薄等离子体的电子密度，可由下式求得：

$$n_\mathrm{e}=N_\mathrm{e}(\mathrm{H\alpha})=8.02\times10^{12}\left(\frac{\Delta\lambda_\mathrm{H}}{\alpha_{1/2}}\right)^{3/2} \tag{3.9}$$

式中：$\Delta\lambda_\mathrm{H}$ 是Hα线固有的半峰全宽；$\alpha_{1/2}$ 是以Å为单位的Hα线斯塔克线型的半峰半宽，巴尔末线系的精确 $\alpha_{1/2}$ 值可在文献[9]中找到。

由式(3.8)计算的铝原子谱线 Al Ⅰ 396.15 nm 的 SA 系数随时间的演化展示于图 3.3。其中，Al Ⅰ 396.15 nm 线的相关参数如下：跃迁概率 A_{ki} 为 $9.85\times10^7\ \mathrm{s}^{-1}$，上能级简并度 g_k 为 2，斯塔克展宽参数为 1.20×10^{-2} Å。Hα 线的相关参数如下：其跃迁概率 A_{ki} 为 $5.39\times10^7\ \mathrm{s}^{-1}$，上能级简并度 g_k 为 4，斯塔克展宽参数为 3.15×10^{-2} Å。由图 3.3 可以看出，SA 系数在等离子体初期上升，在 400 ns 时达到最大值，此后开始逐渐下降。这表明自吸收效应先随着时间变弱，达到最弱之后，又越来越严重。这主要是因为，等离子体产生后，经过电离和碰撞导致温度升高，随着时间开始向外膨胀导致粒子密度降低，使得其中的自吸收效应变小；在自吸收效应达到最小之后，等离子体的进一步膨胀导致温度下降，变得更"冷"，导致基态原子的数量变得更多，使得等离子体中的自吸收效应变得严重。

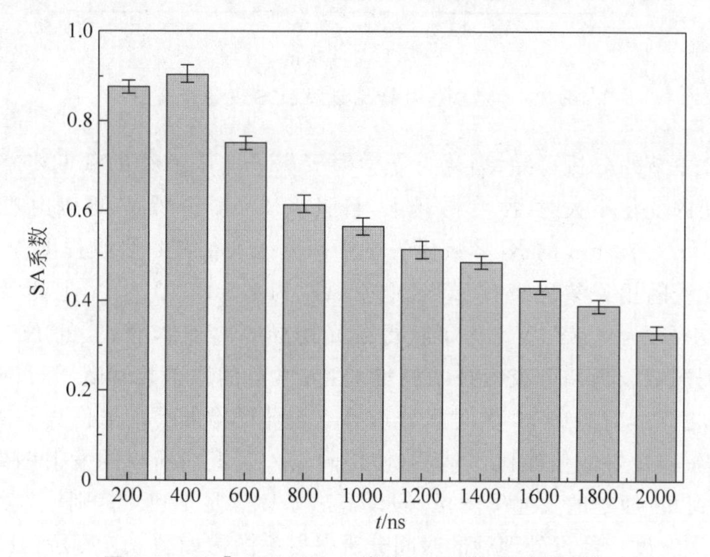

图 3.3　Al Ⅰ 396.15 nm 线的 SA 系数的时间演变

3.2.2　光学深度系数法

使用光学深度系数法表征自吸收程度，对铜等离子体中自吸收效应的演化进行研究，可以进一步了解不同元素自吸收效应随时间的演化规律。其实验装置与图 3.1 相似，这里为避免激光危险，提升测量重复性和精度，改进调节了实验装置。激光器波长采用 1064 nm，透镜替换为 75 mm 焦距的聚焦透镜，样品表面光斑直径约为 600 μm。使用由纯溴化钾和氧化铜粉末压制成的 Cu 含量为 0.01%、0.05%、0.60%的压片为样品，光谱采集的积分时间为 100 ns，延迟时间为 200～800 ns，等间隔为 100 ns。其含铜压片样品典型的 LIBS 光谱如图 3.4 所示。

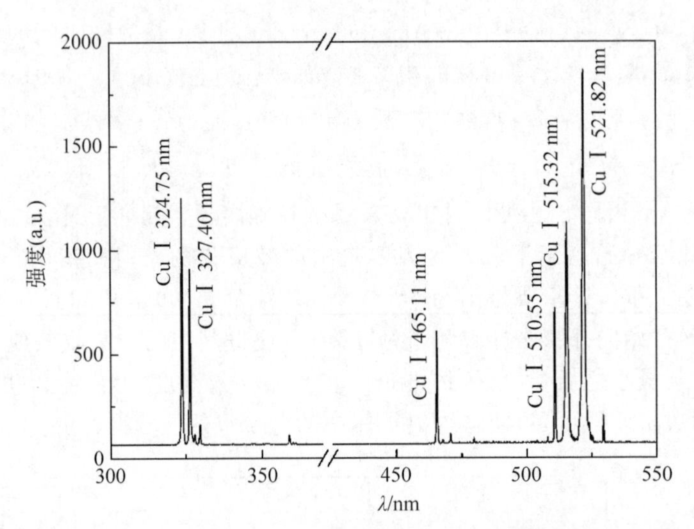

图 3.4　含铜压片样品典型 LIBS 发射光谱图

由 3.2.1 节的分析可知，当认为光学薄等离子体中谱线的预期半宽 $\Delta\lambda_0$ 在光谱采集期间内变化不大时，K 参数越大，自吸收越严重。所以，可以由式(3.5)计算谱线 Cu Ⅰ 521.82 nm 的 K 参数代表光学深度以表征其自吸收程度。其中 Cu Ⅰ 521.82 nm 线的相关参数如下：跃迁概率 A_{ki} 为 $7.50\times10^7\ \mathrm{s}^{-1}$，上能级简并度 g_k 为 6，下能级 E_i 为 3.82 eV。为了获得激光诱导等离子体中 Cu 的 Nl 参数，采用了上述提到的双波长差分成像技术测量 Cu 元素总的原子数密度 N 和吸收路径长度 l。将减去连续背景的 60 次时间分辨等离子体图像的平均值作为等离子体原始发射图，以获得良好的信噪比。然后，使用阿贝尔反演对所得的发射图像进行进一步处理，得到 Cu 原子的发射率图像，假设等离子体满足 LTE 态，则该发射率可以表示 Cu 原子数密度。经过处理后的时间分辨发射率图像如图 3.5 所示，其中(a)～(c)分别代表 Cu 含量为 0.01%、0.05%和 0.60%的压片样品。每个图中的上标 a～f 分别表示 200 ns、300 ns、400 ns、600 ns、700 ns 和 800 ns 的延迟时间，水平的白色箭头线表示采集光谱的视线。表 3.1 中列出了可以代表 Nl 值的发射率沿路径的积分值。此外，通过使用由 5 条 Cu Ⅰ线(324.75 nm，327.40 nm，510.55 nm，515.32 nm，521.82 nm)创建的玻尔兹曼平面图计算了等离子体的温度，并列在表 3.1 中。

表 3.1　不同 Cu 含量的压片样品中 Cu Ⅰ 521.82 nm 线不同时间的 Nl 参数

含量/%	参数	时间/ns					
		200	300	400	600	700	800
0.01	T/K	10890	10020	9188	8770	8610	8450
	Nl/a.u.	3932	4500	5408	5700	4810	3200

续表

含量/%	参数	时间/ns					
		200	300	400	600	700	800
0.05	T/K	11032	10310	9316	8824	8705	8513
	Nl/a. u.	3091	5178	6772	6212	5123	3869
0.60	T/K	11103	10143	9843	9653	9363	9010
	Nl/a. u.	6890	7160	6548	5615	4438	3026

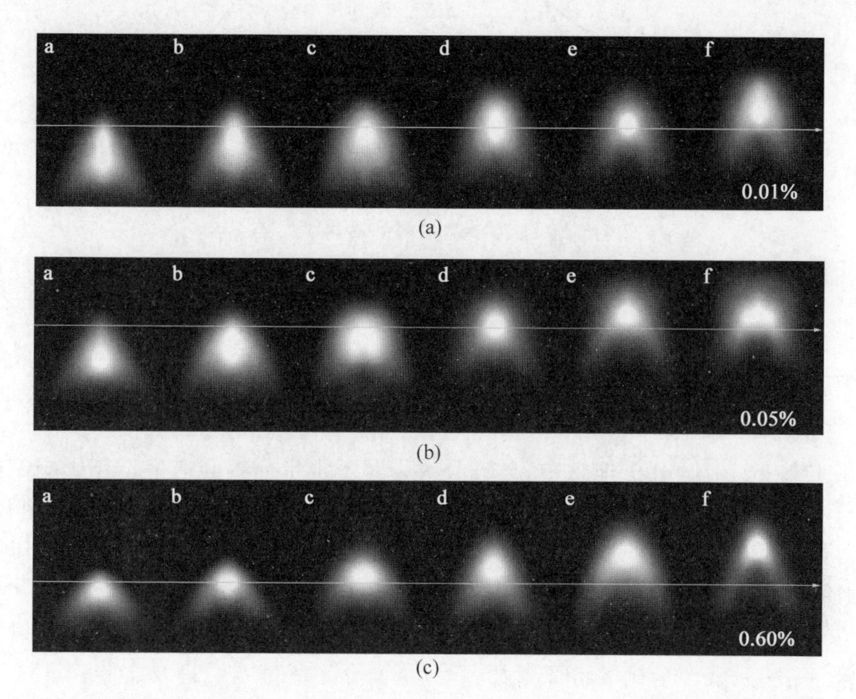

图 3.5　Cu 含量为 0.01%(a)，0.05%(b)和 0.60%(c)的压片样品中 Cu Ⅰ 521.82 nm 线的时间分辨发射率图像

根据式(3.5)以及谱线和表 3.1 中列出的光谱参数，可以计算出三个样品中 Cu Ⅰ 521.82 nm 线的 K 参数值随时间的变化，如图 3.6 所示。由图可以看出，Cu 含量为 0.01%压片样品谱线的 K 值随时间最初增加然后又减小，这表明，由于在等离子体演化的初期体积很小，以及演化末期的快速膨胀，使其自吸收作用相对较弱；Cu 含量为 0.05%压片样品谱线的 K 值随时间最初迅速增加，然后缓慢降低，这表明在离子体演化的初期，其自吸收较弱；而 Cu 含量为 0.60%压片样品的 K 值随时间略有升高，然后迅速下降，表明在离子体演化的末期，其自吸收较弱。上述结果表明，对于固定的光谱观察位置，在等离子体演化的某些时刻，其内部自吸

收效应很小，可以合理地忽略，此时的等离子体可以看作光学薄等离子体。

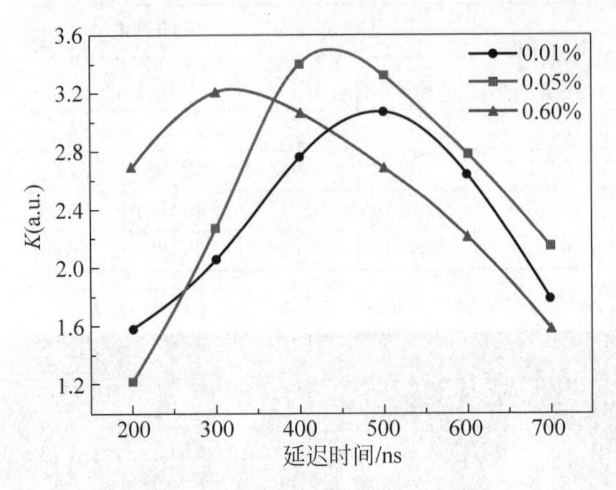

图 3.6 Cu 含量为 0.01%、0.05% 和 0.60% 的压片样品中 Cu Ⅰ 521.82 nm 线 K 参数的时间演化

（请扫Ⅹ页二维码看彩图）

3.3 自吸收量化表征等离子体参数

在传统的 LIBS 分析理念中，自吸收效应对于定量分析会产生不良影响。但是等离子体发生自吸收后，强度和线型受到影响的谱线携带有等离子体的特征信息（如电子温度、粒子数密度、元素含量比、斯塔克展宽等），所以自吸收也可以作为辅助 LIBS 定量分析的有效工具。因此我们提出一种自吸收量化表征激光诱导等离子体参数的方法，由分析发射谱线的自吸收程度推导出等离子体的温度、辐射粒子绝对数密度、元素含量比等特征参数[10]。下面介绍其基本原理及实验验证过程。

3.3.1 理论分析

如式(3.8)所述，我们可以通过谱线的半宽及其斯塔克展宽参数获得其自吸收系数 SA，之后光学深度 $k(\lambda_0)l$ 可以通过式(3.7)数值求解得到。光学深度可以表示为

$$k(\lambda_0)l = 2\frac{e^2}{mc^2 \cdot \Delta\lambda_0} n_i f \lambda_0^2 l \tag{3.10}$$

式中，参数 $n_i l$ 称为面密度，即沿采集视线的辐射粒子数密度和吸收路径长度的乘积。因此，通过简单地将式(3.10)重写，面密度可以表示为

$$n_i l = \frac{mc^2}{2e^2}\frac{\Delta\lambda_0}{f\lambda_0^2}k(\lambda_0)l = 1.775\times10^4\frac{\Delta\lambda_0}{f\lambda_0^2}k(\lambda_0)l \tag{3.11}$$

式中,$\Delta\lambda$ 和 $\Delta\lambda_0$ 的单位为 Å,$k(\lambda_0)$单位为 cm^{-1},l 的单位为 cm,n_i 的单位为 cm^{-3},e 的单位为静库仑(statC),m 的单位为 g。

通过上述面密度,可以进一步对电子温度进行测定。Saha-Eggert 方程描述了热平衡态下等离子体的电离程度[11],通过结合玻尔兹曼分布函数可以表示为

$$\frac{n_i^{\mathrm{I}}}{g_i^{\mathrm{I}}}=\frac{N^{\mathrm{I}}}{Z^{\mathrm{I}}(T)}\exp\left(-\frac{E_i^{\mathrm{I}}}{k_{\mathrm{B}}T}\right) \tag{3.12a}$$

$$\frac{n_i^{\mathrm{II}}}{g_i^{\mathrm{II}}}=\frac{2(2\pi m k_{\mathrm{B}}T)^{\frac{3}{2}}}{n_{\mathrm{e}}h^3}\frac{N^{\mathrm{I}}}{Z^{\mathrm{I}}(T)}\exp\left[-\frac{(E_i^{\mathrm{II}}+E_{\mathrm{ion}}-\Delta E_{\mathrm{ion}})}{k_{\mathrm{B}}T}\right] \tag{3.12b}$$

式中:上标Ⅰ和Ⅱ分别表示中性原子和一价离子;N 是原子或离子状态下辐射粒子的总密度;E_{ion} 是第一电离能,ΔE_{ion} 是由实验条件引起的减少的电离能,它们的单位是 eV;此式中 k_{B} 的单位为 erg/K。由于在通常的 LIBS 实验中,ΔE_{ion} 比 $E_i^{\mathrm{II}}+E_{\mathrm{ion}}$ 之和低 1~2 个数量级,所以在下面的方程中可以忽略它。

上式两侧乘以 l,再取对数运算,可以得到一种改进的萨哈-玻尔兹曼平面法:

$$\ln\frac{n_i^{\mathrm{I}}l}{g_i^{\mathrm{I}}}=-\frac{E_i^{\mathrm{I}}}{k_{\mathrm{B}}T}+\ln\left(\frac{N^{\mathrm{I}}l}{Z^{\mathrm{I}}(T)}\right) \tag{3.13a}$$

$$\left[\ln\left(\frac{n_i^{\mathrm{II}}l}{g_i^{\mathrm{II}}}\right)-\frac{1}{k_{\mathrm{B}}T}\ln\left(\frac{2(2\pi m k_{\mathrm{B}}T)^{\frac{3}{2}}}{n_{\mathrm{e}}h^3}\right)\right]=-\frac{(E_i^{\mathrm{II}}+E_{\mathrm{ion}})}{k_{\mathrm{B}}T}+\ln\left(\frac{N^{\mathrm{I}}l}{Z^{\mathrm{I}}(T)}\right) \tag{3.13b}$$

式中,式(3.13a)用于原子谱线,式(3.13b)用于离子谱线。与传统的玻尔兹曼平面图或萨哈-玻尔兹曼平面图相似,由上式的关系可以推导出一个面密度的对数值与 E_i 的线性曲线,从其斜率中可以推导出电子温度。由于该式中不涉及谱线强度信息,所以改进的萨哈-玻尔兹曼平面法使用不同元素均可得到不受自吸收的影响的准确电子温度。

在此基础上,如果电子温度已精确求得,则可以根据玻尔兹曼分布得到辐射粒子的总面密度:

$$\frac{n_i l}{Nl}=\frac{g_i\cdot\exp(-E_i/k_{\mathrm{B}}T)}{Z(T)} \tag{3.14}$$

考虑到对同种元素不同电离态的粒子求和,就可以获得分析元素的总面密度 $N_{\mathrm{total}}l$,更进一步,考虑到不同元素的相对原子质量,则能够分析得出不同元素之间的相对含量比。例如,考虑到 a、b 两种元素的相对原子质量分别为 M_a、M_b,则这两种元素的含量比为

$$w_a/w_b=N_{\mathrm{total},a}l\times M_a/(N_{\mathrm{total},b}l\times M_b) \tag{3.15}$$

若能获得吸收路径长度 l,则可以根据面密度得到等离子体中原子和离子的绝

对数密度。

为了更直观地描述此方法的原理与步骤，图 3.7 展示了本自吸收量化表征等离子体特征参数方法的流程图，电子温度、元素含量比和绝对粒子数密度可分别由步骤 4、步骤 6 和步骤 7 推导获得。

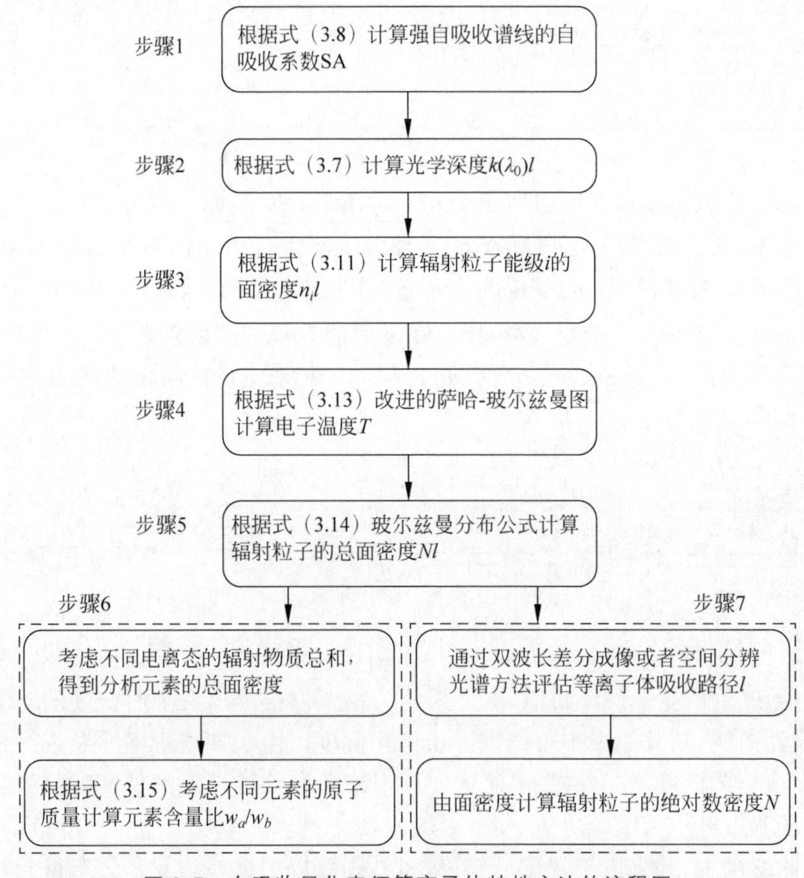

图 3.7　自吸收量化表征等离子体特性方法的流程图

3.3.2　实验验证

进行上述理论验证的 LIBS 实验装置与图 3.1 类似，但所用仪器略有不同。激光光源为 Nd：YAG 脉冲激光器（Innolas，SL-100，波长 1064 nm，重复频率 10 Hz，脉冲能量 10mJ），用以产生激光诱导等离子体。光谱仪为中阶梯光栅光谱仪（Lasertechnik Berlin GmbH LTB，ARYELLE Butterfly，光谱分辨力＞15000），配备 ICCD（Andor，iStar DH334T），用以采集等离子体辐射光谱。另有一个同样的 ICCD 用以采集等离子体图像，两者门宽和延时均设置为 1 μs。激光被 200 mm 焦距的平凸透镜聚焦，在样品表面产生直径 700 μm 的焦斑。在高于靶表面 1.3 mm 处，沿垂直于激光束的视线方向收集等离子体的发射光谱，然后使用全硅光纤引导至光谱仪。通过平均 120 个减去连续背景的光谱，得到每个分析所用的光谱。

实验用标准铝锂合金（标称质量成分：Al 95.0%，Mg 1.6%，Li 0.8%，Cu 2.39%，Mn 0.21%）作为分析样品，计算了电子温度、Mg 和 Al 元素含量比及元素粒子数密度等参数。

在 LIBS 研究中，通常认为金属样品的等离子体是满足 LTE 条件的[11,12]，这里假设本实验中也满足该条件。首先，选取自吸收较大的 Al Ⅰ 308.21 nm、Al Ⅱ 281.62 nm、Mg Ⅰ 285.21 nm 和 Mg Ⅱ 280.27 nm 四条谱线作为元素的待分析谱线，图 3.8 展示了该样品典型的 LIBS 光谱图。第一步，可以根据上述理论计算这四条谱线的自吸收系数 SA。此处需要注意，n_e 是通过测量 Hα 线的斯塔克展宽得到的电子密度[7]，式(3.8)中的半宽为谱线的斯塔克展宽需要消除仪器展宽的影响，具体方法见 3.1.2 节式(3.2)～式(3.5)。在该实验中，仪器展宽 $\Delta\lambda_I$ 在 254 nm 处为 0.01 nm(对应于四条自吸收谱线)，在 546 nm 处为 0.03 nm(对应于 Hα 线)，这是通过测量标准低压 Hg-Ar 灯发出的 Hg 线的半峰全宽来确定的。之后结合第二步和第三步，计算获得了四条谱线的 SA 系数、光学深度以及 Al 和 Mg 的原子、离子在低能级的面密度，其结果及相应光谱参数列于表 3.2。较小的 SA 系数值表明了分析谱线存在严重的自吸收。

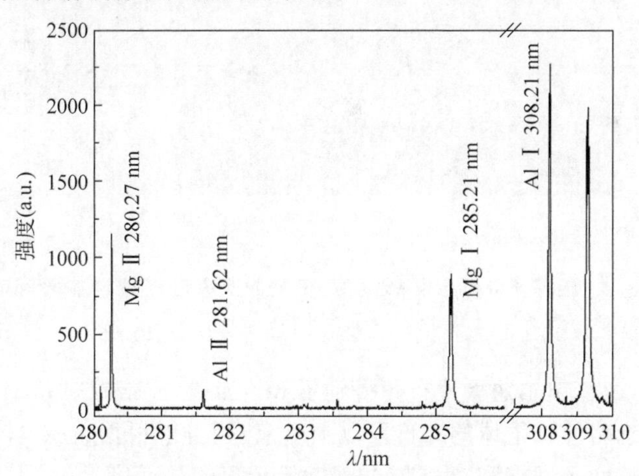

图 3.8　铝锂合金典型 LIBS 发射光谱图

按照步骤 4，利用改进的萨哈-玻尔兹曼平面图计算出的电子温度如图 3.9 中的红色部分所示，由 Mg 和 Al 元素测定的温度分别为 0.96 eV 和 0.97 eV。为了验证改进的萨哈-玻尔兹曼平面图性能，其结果与使用六条 Al 原子线经过自吸收校正前后[7]的传统玻尔兹曼平面图求得的温度（图 3.9 中左上与右下对角线右上部分)进行了对比。可以看到,自吸收校正前,玻尔兹曼平面图获得的电子温度偏高,而自吸收校正后的电子温度为 0.99 eV,与改进的萨哈-玻尔兹曼平面图的结果吻合较好。

表 3.2　Al 和 Mg 元素辐射谱线的光谱参数及等离子体特征参数

Species	波长 λ/nm	半宽斯塔克参数 ω/Å	SA	Kl	$n_i l$/cm^{-2}	Nl/cm^{-2}	N/cm^{-3}
Al Ⅰ	308.21	2.81×10^{-2}	0.2930	3.28	2.74×10^{14}	1.10×10^{15}	5.01×10^{15}
Al Ⅱ	281.62	4.29×10^{-3}	0.3540	2.62	4.71×10^{13}	3.64×10^{16}	1.65×10^{17}
Mg Ⅰ	285.21	4.13×10^{-3}	0.1560	6.41	8.54×10^{12}	1.79×10^{13}	8.11×10^{13}
Mg Ⅱ	280.27	7.92×10^{-4}	0.0023	434.8	6.83×10^{14}	7.03×10^{14}	3.20×10^{15}

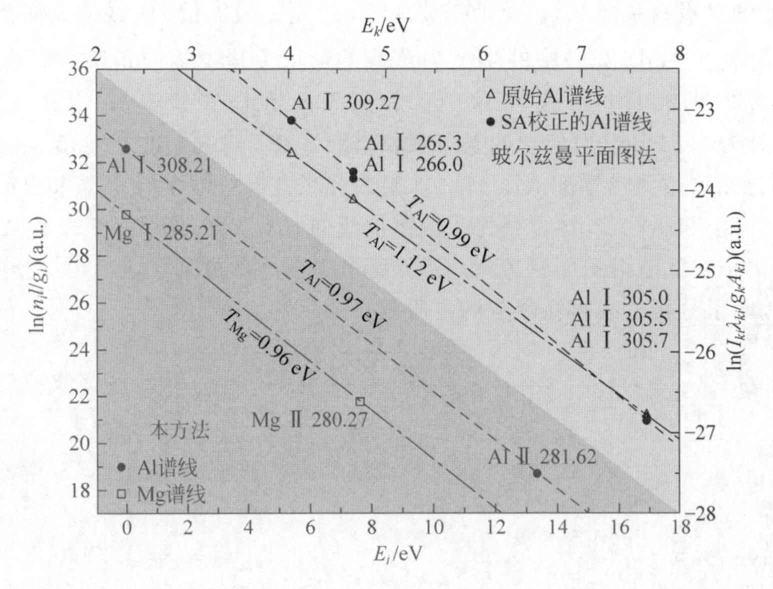

图 3.9　铝锂合金样品中 Mg 和 Al 元素的改进萨哈-玻尔兹曼平面图
(请扫Ⅹ页二维码看彩图)

步骤 5 中,通过玻尔兹曼分布律得到了 Mg 和 Al 元素发射粒子的面密度。如果在本研究中忽略等离子体的二价及以上电离,则可以根据步骤 6,将中性原子和一价离子相应的面密度求和,得到 Mg 和 Al 元素的总面密度 $N_{\text{total}}l$,此参数也列在表 3.2 中。考虑到元素各自的相对原子质量,计算出等离子体中 Mg 和 Al 元素的含量比 $w_{\text{Mg}}/w_{\text{Al}}$ 为 0.0171,与标称值 0.0168 基本一致。

因为在等离子体内,不同元素粒子可能具有不同的空间分布,所以在步骤 7 中,使用双波长差分成像技术测量了不同粒子对应的精确吸收路径长度。等离子体中 Al 元素的典型二维分布如图 3.10 所示,其中红色代表 Al 原子,绿色代表 Al

离子,并且由此评估得到 Al 原子和离子对应的吸收路径长度分别为 2.0 mm 和 2.2 mm。遗憾的是,由于 Mg 元素相邻谱线间的强烈干扰,本实验中很难获得不同种类 Mg 粒子的发射率图像,但由于镁和铝具有相似的物理和化学性质(如熔点、原子质量、化学活性等),我们近似地认为,在这项工作中 Mg 元素的吸收路径长度与 Al 元素的吸收路径长度相同。

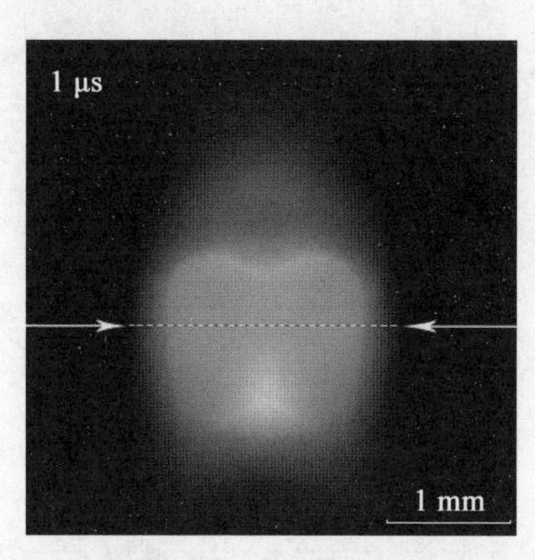

图 3.10　Al 原子和 A1 离子在 1 μs 延迟时间下的双波长差分发射图像

(请扫 X 页二维码看彩图)

将面密度除以这些路径长度,则得到不同粒子的绝对数密度,也列在表 3.2 中。在本实验中,由 Hα 线半宽计算得到的电子密度为 1.72×10^{17} cm^{-3},与 Al 离子绝对数密度(1.65×10^{17} cm^{-3})相当,这表明等离子体中的自由电子主要是由单电离的 Al 元素(标称含量:95%)贡献的,占 95.9%以上,也就是说,合金中其他元素和空气中的电子贡献可以忽略不计。

3.3.3　适用性及误差分析

由以上原理及实验分析可知,基于自吸收量化的激光诱导等离子体表征方法能够准确便捷地获得等离子体的定量特征参数,结果基本不受自吸收效应的影响,并且计算过程与谱线强度弱相关,因此可以省略光谱效率校正环节,从而有效延长 LIBS 实际应用中在线检测设备的校正周期。

然而,由式(3.7)中 $k(\lambda_0)l$ 与 SA 之间的关系可知,当 SA 远小于 1 时,该方法是准确的。在这种情况下,谱线受到强烈的自吸收影响,$k(\lambda_0)l$ 值趋于 1/SA 值。本实验中谱线的 SA 值皆小于 0.354,使用 1/SA 近似的 $k(\lambda_0)l$ 值与数值求解的真实值之间的误差小于 7.8%。因此,这里 $k(\lambda_0)l$ 可以用 1/SA 近似计算。然而,当 SA 趋近 1 时,使用 1/SA 近似计算出的 $k(\lambda_0)l$ 的不确定度会显著增加,如图 3.11 中的虚线所示,此方法获得的 $k(\lambda_0)l$ 相对误差(relative error, RE)随 SA 单调增加,结果表明该近似方法在自吸收较小时将不再适合于计算。

另外，在本实验中，SA 的相对标准偏差(relative standard deviation, RSD)约为 5%，通过式(3.7)数值求解的 $k(\lambda_0)l$ 的 RSD 如图 3.11 中的实线所示，其随 SA 单调增加。假设使用式(3.7)计算 $k(\lambda_0)l$ 时，$k(\lambda_0)l$ 允许的最大 RSD 为 10%，则所选谱线的 SA 系数应限制在 SA<0.56。此外，如果使用 1/SA 近似计算 $k(\lambda_0)l$，$k(\lambda_0)l$ 允许的最大 RSD 为 10%时，则 SA 系数应限制于 SA<0.38。

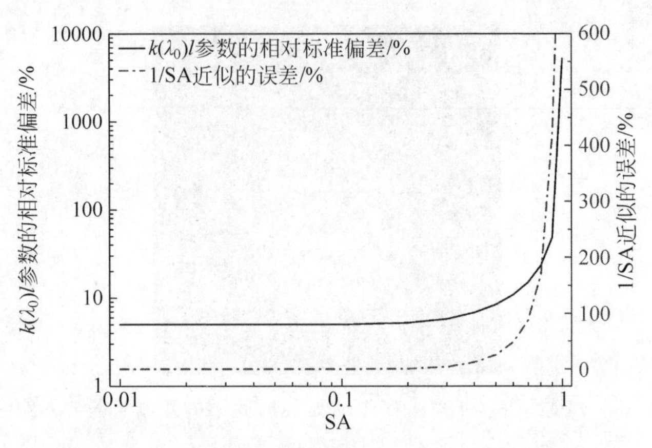

图 3.11 $k(\lambda_0)l$ 的 RSD 和"1/SA 近似"的 RE

(请扫Ⅹ页二维码看彩图)

这种自吸收量化的方法包括两个假设：等离子体是均匀的，即其中温度和电子密度的梯度对谱线轮廓没有影响；等离子体处于 LTE 态，即其中辐射粒子的能级分布遵循玻尔兹曼分布规律[7,13]。在这些假设下，我们可以把等离子体看作是一个位于中心，被厚度为 l、吸收系数为 $k(\lambda)$ 的均匀介质所包围的点发射源。此外，这个方法包括了三个近似：辐射谱线具有洛伦兹线型，即谱线展宽中斯塔克效应占主导，忽略了其他展宽机制；光学深度的计算中，忽略了受激辐射对等离子体吸收的影响[1,2]；忽略了辐射物质中二价及高价电离态的存在。由于该方法采用了大量的理论来计算等离子体特征参数，而每一种理论都有其适用的模型和相应的近似，所以对于此方法的误差分析十分必要。

可以利用经典误差传递理论对该方法的分析精度进行评估。

首先，SA 误差可以由式(3.8)表示为

$$\frac{\Delta \mathrm{SA}}{\mathrm{SA}} = \left|\frac{1}{\alpha}\right| \sqrt{\left(\frac{\Delta w_{\mathrm{S}}}{w_{\mathrm{S}}}\right)^2 + \left(\frac{\Delta n_{\mathrm{e}}}{n_{\mathrm{e}}}\right)^2} = \left|\frac{1}{\alpha}\right| \sqrt{\left(\frac{\Delta w_{\mathrm{S}}}{w_{\mathrm{S}}}\right)^2 + \frac{9}{4}\left(\frac{\Delta w_{\mathrm{H}}}{w_{\mathrm{H}}}\right)^2} \tag{3.16}$$

这里，四条谱线 Al Ⅰ 308.21 nm、Al Ⅱ 281.62 nm、Mg Ⅰ 285.21 nm 和 Mg Ⅱ 280.27 nm 的 w_{S} 误差分别为 15%、8%、20%和 20%[14-16]，而 Hα 的 w_{H} 误差为 10%[9]。因此，四条分析谱线的 SA 误差分别为 39%、31%、46%和 46%。

其次，由于式(3.7)的表达式是隐函数，所以由SA引起的$k(\lambda_0)l$误差只能用数值方法求解。在本实验中，四条谱线的SA系数分别为0.293、0.354、0.156和0.0023，对应的$k(\lambda_0)l$误差分别为52%、42%、59%和58%。这样，n_il的误差可由式(3.11)表示为

$$\frac{\Delta n_i l}{n_i l}=\frac{\Delta k(\lambda_0)l}{k(\lambda_0)l} \tag{3.17}$$

因此，n_il的误差等于$k(\lambda_0)l$的误差。

之后，通过改进的萨哈-玻尔兹曼曲线斜率的相对误差估计T的测量误差约为2%。Nl误差可由式(3.14)表示为

$$\frac{\Delta Nl}{Nl}=\sqrt{\left(\frac{\Delta n_i l}{n_i l}\right)^2+\left(\frac{\Delta Z}{Z}\right)^2+\left(\frac{E_i}{k_B T}\right)^2\left(\frac{\Delta T}{T}\right)^2} \tag{3.18}$$

式中，配分函数的误差相比于其他两个更高的误差源可以忽略[17]。因此，Al Ⅰ、Al Ⅱ、Mg Ⅰ和Mg Ⅱ四种粒子的Nl误差分别为52%、44%、59%和58%。

某种元素总面密度$N_{total}l$的误差可以表示为

$$\frac{\Delta N_{total}l}{N_{total}l}=\frac{\Delta N^{\mathrm{I}}l+\Delta N^{\mathrm{II}}l}{N_{total}l} \tag{3.19}$$

式中，$N_{total}l=N^{\mathrm{I}}l+N^{\mathrm{II}}l$，Al和Mg元素的$N_{total}l$误差分别为44%和58%。

最后，w_{Mg}/w_{Al}误差可以表示为

$$\frac{\Delta(w_{Mg}/w_{Al})}{w_{Mg}/w_{Al}}=\sqrt{\left(\frac{\Delta N_{total,Mg}l}{N_{total,Mg}l}\right)^2+\left(\frac{\Delta N_{total,Al}l}{N_{total,Al}l}\right)^2} \tag{3.20}$$

式中，$N_{total,Mg}l$和$N_{total,Al}l$分别表示Mg和Al元素的总面密度，w_{Mg}/w_{Al}误差为73%。

从以上分析可知，误差最主要来源于所选谱线的斯塔克展宽参数，选择斯塔克展宽参数误差小的谱线会进一步降低该方法的分析误差。

3.4 小结

本章对LIBS中自吸收效应的机理进行了研究，分析了自吸收与谱线、等离子体特征属性之间的关系，提出了用于量化评估自吸收的方法。之后在实验上研究了基于不同自吸收表征方法的等离子中自吸收效应的演化规律。提出了自吸收量化表征激光诱导等离子体参数的方法，通过谱线宽度获得自吸收程度、电子温度、元素含量比及辐射粒子绝对数密度等。基于铝锂合金的LIBS定量实验结果显示，

等离子体的平均温度为 0.965 eV，Mg 和 Al 元素的相对含量比为 0.0171，与样品给定的标称值 0.0168 吻合较好。由于不涉及谱线强度，该自吸收量化表征激光诱导等离子体参数法的定量结果基本不受自吸收效应的影响，且无须校正光谱效率，对于 LIBS 实际应用中定量分析具有重要意义。

参考文献

[1] BREDICE F，BORGES F O，SOBRA H，et al. Evaluation of self-absorption of manganese emission lines in laser induced breakdown spectroscopy measurements[J]. Spectrochim. Acta B，2006，61：1294-1303.

[2] BULAJIC D，CORSI M，CRISTOFORETTI G，et al. A procedure for correcting self-absorption in calibration free-laser induced breakdown spectroscopy[J]. Spectrochim. Acta B，2002，57(2)：339-353.

[3] KRAMIDA A，RALCHENKO Y，READER J，et al. NIST atomic spectra database (ver. 5. 4) [DB]. http://physics. nist. gov/asd . 2017.

[4] MA Q L，MOTTO-ROS V，BAI X S，et al. Experimental investigation of the structure and the dynamics of nanosecond laser-induced plasma in one-atmosphere argon ambient gas[J]. Appl Phys Lett.，2013，103：204101.

[5] BAI X S，MA Q L，PERRIER M，et al. Experimental study of laser-induced plasma：influence of laser fluence and pulse duration[J]. Spectrochim. Acta B，2013，87：27-35.

[6] GORNUSHKIN I B，SHABANOV S V，PANNE U. Abel inversion applied to a transient laser induced plasma：implications from plasma modeling[J]. J. Anal. At. Spectrom.，2011，26：1457.

[7] SHERBINI A M E，SHERBINI TH. M E，Hegazy H，et al. Evaluation of self-absorption coefficients of aluminum emission lines in laser-induced breakdown spectroscopy measurements[J]. Spectrochim. Acta B，2005，60(12)：1573-1579.

[8] GRIEM H R. Plasma spectroscopy[M]. New York：McGraw-Hill，1964.

[9] KEPPLE P，GRIEM H R. Improved Stark profile calculations for hydrogen lines：Hα，Hβ，Hγ and Hδ[J]. Physical Review，1968，173：317-325.

[10] ZHAO F G，ZHANG Y，ZHANG L，et al. Laser-induced plasma characterization using self-absorption quantification method[J]. Acta Phys. Sin-CH ED，2018，67(16)：165201.

[11] CRISTOFORETTI G，DE GIACOMO A，DELL'AGLIO M，et al. Local thermodynamic equilibrium in laser-induced break-down spectroscopy：beyond the McWhirter criterion [J]. Spectrochim. Acta B，2010，65：86-95.

[12] CRISTOFORETTI G，LORENZETTI G，LEGNAIOLI S，et al. Investigation on the role of air in the dynamical evolution and thermodynamic state of a laser-induced aluminium plasma by spatial-and time-resolved spectroscopy[J]. Spectrochim. Acta B，2010，65：787-796.

[13] HOLTGREVEN W L. Plasma diagnostics [M]. New York：American Institute of

Physics, AIP Press, 1995.

[14] KONJEVIĆ N, DIMITRIJEVIC M S, WIESE W L. Experimental stark widths and shifts for spectral lines of positive ions (A critical review and tabulation of selected data for the period 1976 to 1982) [J]. J. Phys. Chem. Ref. Data, 1984, 13(3): 619-647.

[15] COLÓN C, HATEM G, VERDUGO E, et al. Measurement of the Stark broadening and shift parameters for several ultraviolet lines of singly ionized aluminum[J]. J. Appl. Phys., 1993, 73: 4752-4758.

[16] C Goldbach, G Nollez, P Plomdeur, et al. Stark-width measurements of neutral and singly ionized magnesium resonance lines in a wall-stabilized arc[J]. Phys. Rev. A, 1982, 25: 2596-2605.

[17] ARAGÓN C, PEÑLBA F, AGUILERA J A. Spatial distributions of the number densities of neutral atoms and ions for the different elements in a laser induced plasma generated with a Ni-Fe-Al alloy[J]. Anal. Bioanal. Chem., 2006, 385: 295-302.

第4章

自吸收免疫激光诱导击穿光谱理论

激光诱导击穿光谱(LIBS)自提出以来一直在发展完善中。长期以来基于LIBS的定量分析研究主要形成了两个主要分析流派：一是基于最大信背比的光谱获取技术，结合数据处理技术[1-3]进行浓度反演，二是基于自由定标激光诱导击穿光谱(CF-LIBS)分析技术[4-6]。第一种分析技术的主要不足在于最大信背比条件未必是最佳光谱获取时刻，谱线受到自吸收的影响，导致采集的光谱数据不能反映样品元素含量的实际情况，第二种方法严重依赖理想的光谱仪器获得全波段高分辨光谱(需要波长遍历且分辨率优于0.02 nm)，并且需要精确求解电子温度、总粒子数和各元素粒子数密度，这在实际应用中很难实现。这两种方法最终使分析结果重复性较差或精度达不到要求。而传统消除自吸收的方法需要依赖于等离子体参数和假设去建模以评估自吸收对谱线的影响，或者需要与其他技术联用或引入复杂的仪器以消除特定谱线的自吸收，其各自的局限性限制了它们在LIBS实际应用中的使用。

在研究了LIBS中自吸收效应的机理，了解了自吸收与谱线、等离子体特征属性间的关系，建立了激光诱导等离子体自吸收量化表征和评估方法后，为了利用物理原理减少自吸收效应的影响，我们提出了自吸收免疫激光诱导击穿光谱(SAF-LIBS)理论与技术。本章主要对SAF-LIBS理论进行论述，首先建立光学薄等离子体理论判据，对准光学薄等离子体时间窗口如何选取进行介绍，并从辐射传输理论出发，对SAF-LIBS理论进行推导以验证其正确性，之后从理论上对双线强度比值演化进行分析。

4.1 自吸收免疫激光诱导击穿光谱理论

4.1.1 光学薄等离子体判据

为了直接获得不受自吸收影响的辐射光谱，首先需要判断等离子体处于光学薄态的条件，即给出光学薄等离子体的判据。

假设均匀等离子体在光谱采集期间处于光学薄，并且满足LTE态条件，且考虑到实验光学系统收集效率为F时，则理论上测到的沿视线积分的谱线强度可以表示为

$$I_{\lambda}^{ki}=\frac{Fhc}{4\pi\lambda_{ki}}A_{ki}Nl\,\frac{g_k}{U_{\mathrm{S}}(T)}\exp\left(-\frac{E_k}{k_{\mathrm{B}}T}\right) \tag{4.1}$$

式中，I_{λ}^{ki}是元素从能级k到i跃迁时辐射光谱线强度，N是原子或离子数密度，$U_{\mathrm{S}}(T)$是配分函数。

根据式(4.1)，处于同一电离态Z的同种元素的理论双线强度比值可以表示为

$$\frac{I_{1,0}}{I_{2,0}}=\frac{\lambda_{nm,Z}}{\lambda_{ki,Z}}\frac{A_{ki,Z}}{A_{nm,Z}}\frac{g_{k,Z}}{g_{n,Z}}\exp\left(-\frac{E_{k,Z}-E_{n,Z}}{k_{\mathrm{B}}T}\right) \tag{4.2}$$

式中，$I_{1,0}$和$I_{2,0}$分别为元素从能级k到i和n到m跃迁时的理论辐射光谱线强度。

如果进一步选择两条上能级相同或十分接近的同元素谱线，则式(4.2)等式右侧中与温度相关的指数项的值将等于或趋近于1，式(4.2)可简化为

$$\frac{I_{1,0}}{I_{2,0}}=\frac{\lambda_{nm,Z}}{\lambda_{ki,Z}}\frac{A_{ki,Z}}{A_{nm,Z}}\frac{g_{k,Z}}{g_{n,Z}}=C_{\mathrm{const}} \tag{4.3}$$

式中，C_{const}表示常数。由该式可知，某一元素处于同一电离态Z且具有相同(或接近)跃迁上能级的两条光学薄谱线，其强度比值是一个不随实验装置、条件和时间变化的常数，这个常数只与谱线的物理特征参数相关。所以，我们可以将这个理论常数比值作为判断等离子体处于光学薄的判据。

4.1.2 准光学薄时间窗口选取

在得到光学薄等离子体判据后，通过比较实验上不同延时下测量的两条原子或离子谱线的强度比值与理论值，就可以确定等离子体处于准光学薄态的最佳时刻，从而获得可以忽略自吸收影响的准光学薄辐射谱线强度。

准光学薄等离子体时间窗口的选取过程如下所述。

测量同种元素具有相同(或接近)跃迁上能级的两条谱线在不同延迟时间下的强度比值：

$$C_{n\Delta t,\mathrm{meas}}=\frac{I^1_{n\Delta t,\mathrm{meas}}}{I^2_{n\Delta t,\mathrm{meas}}}\quad(n=1,2,3,\cdots)\tag{4.4}$$

其中，Δt 是固定时间间隔，I^1 和 I^2 表示实验所测谱线 1 和谱线 2 的强度值。

这样获得一个以延时排序的光谱测量数组后，以式(4.3)计算出的两条谱线在光学薄下的理论值为标准值，在实验获得的光谱测量数组中找到与理论值匹配的光谱：

$$C_{n\Delta t,\mathrm{meas}|n=INT}\approx C_{\mathrm{const}}\tag{4.5}$$

最终得到准光学薄等离子体的延时测量时间窗口(含积分时间)为

$$n_{\mathrm{win}}=INT\times\Delta t\tag{4.6}$$

该延迟时刻即等离子体准光学薄时刻，此时的光谱被认为不受自吸收效应的影响，可用于 LIBS 精确定量分析。

上述通过匹配等离子体光谱中同元素跃迁上能级相等的双线强度比值与理论值来确定等离子体处于光学薄的最佳时间窗口，合理设置曝光延时，从而直接获得准光学薄的元素发射谱线的理论即自吸收免疫激光诱导激光光谱(SAF-LIBS)理论。

4.1.3 自吸收激光诱导击穿光谱理论推导

在物理思想上提出 SAF-LIBS 后，结合经典辐射传输及自吸收理论，可以从物理理论上对 SAF-LIBS 理论进行推导证明。

如在第 2 章中所述，对于均匀并处于 LTE 态的等离子体，其发射谱线的自吸收系数 SA 可以表示如下[7, 8]：

$$\mathrm{SA}=\frac{I(\lambda_0)}{I_0(\lambda_0)}=\frac{1-\mathrm{e}^{-K/\Delta\lambda_0}}{K/\Delta\lambda_0}\tag{4.7}$$

式中，K 参数可以表示为

$$K=\frac{1}{4\pi^2 c}\frac{A_{ki}g_k}{Z(T)}\mathrm{e}^{-\frac{E_i}{kT}}\lambda_0^4\times Nl\tag{4.8}$$

在式(4.7)中，$\Delta\lambda_0$ 是光学薄等离子体发射谱线的固有半宽，由于谱线的洛伦兹宽度主要受斯塔克展宽效应支配，所以对于多重谱线中具有相同上能级的谱线，其宽度是相同的[9]，所以 $\Delta\lambda_{1,0}=\Delta\lambda_{2,0}=\Delta\lambda_0$。此外，由式(4.8)可知，对于同种元素且具有相同跃迁能级的两条谱线，有 $K_2=C_2K_1$。结合式(4.3)，可将同种元素跃迁上能级相等的双线强度比值表示为

$$\frac{I_1}{I_2}=\frac{I_{1,0}\mathrm{SA}_1}{I_{2,0}\mathrm{SA}_2}=C_{\mathrm{const}}\frac{(1-\mathrm{e}^{-K_1/\Delta\lambda_0})K_2}{(1-\mathrm{e}^{-K_2/\Delta\lambda_0})K_1}=C_{\mathrm{const}}\frac{C_2(1-\mathrm{e}^{-K_1/\Delta\lambda_0})}{(1-\mathrm{e}^{-C_2K_1/\Delta\lambda_0})}\tag{4.9}$$

在自吸收非常弱的情况下，有 $K_1/\Delta\lambda_0 \ll 1$，SA 系数近似于 1，则上式可近似简化为

$$\frac{I_1}{I_2}=C_{\text{const}}\frac{C_2(1-\mathrm{e}^{-K_1/\Delta\lambda_0})}{(1-\mathrm{e}^{-C_2K_1/\Delta\lambda_0})}\approx C_{\text{const}}\frac{C_2K_1/\Delta\lambda_0}{C_2K_1/\Delta\lambda_0}=C_{\text{const}} \tag{4.10}$$

以上理论推导结果表明，只有在自吸收非常弱的情况下，实验中测量的同种元素跃迁上能级相等的双线强度比值等于理论值。所以，当测量到一定延迟时间下的双线强度比值等于理论值时，可以认为 λ_0 处的谱线是光学薄的，这也证明了 SAF-LIBS 理论的正确性。

4.2　自吸收激光诱导击穿光谱双线强度比值演化

由 4.1 节分析可知，同种元素跃迁上能级相等的双线强度比值与自吸收密切相关，它既可以反映自吸收的程度大小，也是用于构建 SAF-LIBS 定量分析的基础。本节对谱线双线比值随时间的演化趋势进行理论研究，为 SAF-LIBS 在实际分析应用中谱线选择提供理论依据。

谱线峰值强度与自吸收系数的关系如式(4.7)，这里需要注意的是，本理论中的光谱强度是积分强度，自吸收对测得的谱线积分强度 $\bar{I}(\lambda)$ 的影响也可根据 SA 系数和无自吸收的谱线积分强度 $\bar{I}_0(\lambda)$ 进行数值评估[7]，表示如下：

$$\frac{\bar{I}(\lambda)}{\bar{I}_0(\lambda)}=\frac{\int_{-\infty}^{+\infty}(1-\mathrm{e}^{-k(\lambda_0)l})\,\mathrm{d}\lambda}{\int_{-\infty}^{+\infty}k(\lambda_0)l\,\mathrm{d}\lambda}=(\mathrm{SA})^{\beta} \tag{4.11}$$

式中，$\beta=0.46$。

结合式(4.3)和式(4.11)，实验测得的同种元素跃迁上能级相等的双线积分强度比值为

$$\frac{\bar{I}_1}{\bar{I}_2}=\frac{\bar{I}_{1,0}\mathrm{SA}_1^{\beta}}{\bar{I}_{2,0}\mathrm{SA}_2^{\beta}}=C_{\text{const}}\left(\frac{\mathrm{SA}_1}{\mathrm{SA}_2}\right)^{\beta} \tag{4.12}$$

双线强度比值的变化趋势与选择的谱线和光谱采集条件有关。假设 K 参数是时间 t 的函数，即 $K=f(t)$，则 SA 参数也是时间 t 的函数。根据式(4.12)，双线强度比值的趋势可由其关于时间的一阶导数预测为

$$(\bar{I}_1/\bar{I}_2)'=C_{\text{const}}\frac{\mathrm{d}(\mathrm{SA}_1^{\beta}/\mathrm{SA}_2^{\beta})}{\mathrm{d}t}=C_{\text{const}}\beta\left(\frac{\mathrm{SA}_1}{\mathrm{SA}_2}\right)^{\beta-1}\left(\frac{(\mathrm{SA}_1)'\mathrm{SA}_2-\mathrm{SA}_1(\mathrm{SA}_2)'}{\mathrm{SA}_2^2}\right) \tag{4.13}$$

可以看出，双线强度比值的趋势取决于 $(\mathrm{SA}_1)'\mathrm{SA}_2-\mathrm{SA}_1(\mathrm{SA}_2)'$ 的值是大于

还是小于零。并且如上节所述，对于同种元素且具有相同跃迁能级的两条谱线，有$K_2=C_2K_1$，另外设$x=K_1/\Delta\lambda_0$，它可以反映自吸收的程度，则可以得到以下导数公式：

$$(\mathrm{SA}_1)'=\frac{(K_1+\Delta\lambda_0)\mathrm{e}^{-K_1/\Delta\lambda_0}-\Delta\lambda_0}{K_1^2}\times K_1'=\frac{(x+1)\mathrm{e}^{-x}-1}{\Delta\lambda_0 x^2}\times K_1' \tag{4.14}$$

$$(\mathrm{SA}_2)'=\frac{(K_2+\Delta\lambda_0)\mathrm{e}^{-K_2/\Delta\lambda_0}-\Delta\lambda_0}{K_2^2}\times K_2'=\frac{(C_2x+1)\mathrm{e}^{-C_2x}-1}{\Delta\lambda_0 C_2 x^2}\times K_1' \tag{4.15}$$

$$(\mathrm{SA}_1)'\mathrm{SA}_2-\mathrm{SA}_1(\mathrm{SA}_2)'=\frac{[\mathrm{e}^{-x}(1-\mathrm{e}^{-C_2x})-C_2\mathrm{e}^{-C_2x}(1-\mathrm{e}^{-x})]}{C_2K_1^2}\times\Delta\lambda_0K_1' \tag{4.16}$$

由上式可以看出，$(\mathrm{SA}_1)'\mathrm{SA}_2-\mathrm{SA}_1(\mathrm{SA}_2)'$的值取决于$x$值和$K'$值。

根据式(4.8)，可以通过简单的数据曲线拟合方法获得K与T的关系，并且在LIBS实验中，通常电子温度T随时间而降低。所以，如果K随T的减小而减小，即K随时间而减小，则$K'<0$；相反，如果K随着T的减小而增加，则$K'>0$。

在评估出K'值以后，即可根据不同谱线的特征参数，通过拟合不同x值以判断双线强度比值一阶导数的正负，进而判断其随时间的演化趋势，其应用实例详见第5章5.3节内容。

4.3 小结

本章主要介绍了自吸收免疫激光诱导击穿光谱(SAF-LIBS)理论，通过匹配等离子体光谱中同种元素上能级相等的双线强度比值与理论值来确定等离子体处于准光学薄态的最佳时间窗口；通过合理设置曝光延时，从而直接捕获准光学薄的元素发射谱线，减少自吸收对定量分析的影响。从物理思想出发，提出了光学薄等离子体判据并给出确定最佳时间窗口的方法，从理论上论证了SAF-LIBS确定光学薄等离子体的正确性。之后研究了双线强度比值的演化趋势，为进一步在实际应用中选择合适的分析谱线奠定了理论基础。

参考文献

[1] GOUEGUEL C, SINGH J P, MCINTYRE D L, et al. Effect of sodium chloride concentration on elemental analysis of brines by laser-induced breakdown spectroscopy (LIBS) [J]. Appl. Spectrosc., 2014, 68(2): 213-221.

[2] ELNASHARTY I Y,DOUCET F R,GRAVEL J F Y,et al. Double-pulse LIBS combining short and long nanosecond pulses in the microjoule range[J]. J. Anal. At. Spectrom.,2014,29(9):1660.

[3] BHATT B,ANGEYO K H,DEHAYEM-KAMADJEU A. LIBS development methodology for forensic nuclear materials analysis[J]. Anal. Methods-UK,2018,10:791-798.

[4] CIUCCI A,CORSI M,PALLESCHI V,et al. New procedure for quantitative elemental analysis by laser-induced plasma spectroscopy[J]. Appl. Spectrosc.,1999,53(8):960-964.

[5] TOGNONI E,CRISTOFORETTI G,LEGNAIOLI S,et al. A numerical study of expected accuracy and precision in calibration-free laser-induced breakdown spectroscopy in the assumption of ideal analytical plasma[J]. Spectrochim. Acta B,2007,62 (12):1287-1302.

[6] TOGNONI E,CRISTOFORETTI G,LEGNAIOLI S,et al. Calibration-free laser-induced breakdown spectroscopy:state of the art[J]. Spectrochim. Acta B,2010,65(1):1-14.

[7] SHERBINI A M E,SHERBINI T M E,HEGAZY H,et al. Evaluation of self-absorption coefficients of aluminum emission lines in laser-induced breakdown spectroscopy measurements [J]. Spectrochim. Acta B,2005,60(12):1573-1579.

[8] BULAJIC D,CORSI M,CRISTOFORETTI G,et al. A procedure for correcting self-absorption in calibration free-laser induced breakdown spectroscopy[J]. Spectrochim. Acta B,2002,57(2):339-353.

[9] BREDICE F,BORGES F O,SOBRAL H,et al. Evaluation of self-absorption of manganese emission lines in laser induced breakdown spectroscopy measurements[J]. Spectrochim. Acta B,2006,61(12):1294-1303.

第5章

自吸收免疫激光诱导击穿光谱技术

第4章通过研究光学薄等离子体理论判据、准光学薄等离子体时间窗口选取、理论推导以及对双线强度比值演化理论的研究，形成了完整的自吸收免疫激光诱导击穿光谱(SAF-LIBS)理论体系。在该理论思想的指导下，结合对自吸收效应机理的研究结论，形成了能精确检测微量及主量元素且具有较低检测限的SAF-LIBS分析技术，进一步推进LIBS技术对于现代工业分析的指导作用。

本章主要介绍SAF-LIBS技术方面的研究。在理论指导下，首先检验SAF-LIBS技术的实际检测效果并评估其定量分析性能；之后结合共振和非共振双线扩展SAF-LIBS的元素可检测含量范围，最后理论推导得出适用于SAF-LIBS技术的谱线快速选择准则。

5.1 自吸收免疫激光诱导击穿光谱定量分析技术

5.1.1 SAF-LIBS实验

SAF-LIBS技术用于研究Al元素的定量分析实验装置与图3.1给出的相同。将纯KBr和Al_2O_3干燥粉末均匀混合后，在30 MPa压力下制备成Al含量为5(±0.11)%、6(±0.09)%、7(±0.08)%、8(±0.07)%、9(±0.06)%、10(±0.05)%、11(±0.05)%、13(±0.04)%、19(±0.03)%的9个压片样品用于实验研究。其中，样品中Al元素含量的相对标准偏差主要来源于压制过程中混合物的称量误差，所用电子分析天平称量的重复性误差为0.001 g，且单个压片样品粉末原料质量为10 g。实验中光谱采集的积分时间为400 ns，延迟时间为200～2000 ns，等间隔为200 ns，光谱仪的光栅刻度为150 g/mm，入射狭缝为50 μm，波长分辨率约为

0.1 nm。为了提高光谱重复性，补偿样品点的不均匀性，平均了 60 个相同的实验条件下扣除连续背景的等离子体光谱作为分析光谱。其 Al 元素典型的 LIBS 光谱如图 3.2 所示，覆盖了 300～670 nm 的光谱区域，其中 Al Ⅰ 308.21 nm、Al Ⅰ 309.27 nm、Al Ⅰ 394.40 nm 和 Al Ⅰ 396.15 nm 四条原子谱线用以测定电子温度 T，且在 656.27 nm 处出现的光学薄 Hα 线用于测定等离子体的电子密度 n_e，以进一步校正 Al 原子谱线的强度。这四条 Al Ⅰ线和 Hα 线的详细光谱参数见表 5.1[1]。

根据第 4 章 SAF-LIBS 理论体系的指导，本实验通过匹配铝等离子体光谱中 Al 元素上能级相同的双线强度比值与理论值来确定等离子体处于光学薄态的最佳时刻，此后将最佳时刻记为 t_{ot}，从而直接获得准光学薄的 Al 原子发射谱线以减少自吸收对定量分析的影响。选择 Al Ⅰ 394.40 nm 和 Al Ⅰ 396.15 nm 双线作为研究谱线，根据式(4.2)及表 5.1 中的参数，可以计算出其理论强度比值为 1.97。

表 5.1　含铝压片样品中 Al 原子线和 Hα 线的光谱参数

粒子	波长 λ/nm	跃迁概率 $A/(\times10^7\ s^{-1})$	统计权重/g	上能级能量 E_k/eV	下能级能量 E_i/eV	斯塔克展宽参数 $\omega/(\times10^{-2}\ Å)$
Al Ⅰ	308.21	5.87	4	4.021	0.00	2.88
Al Ⅰ	309.27	7.29	6	4.022	0.01	2.88
Al Ⅰ	394.40	4.99	2	3.143	0.00	1.20
Al Ⅰ	396.15	9.85	2	3.143	0.01	1.20
Hα	656.27	5.39	4	12.088	10.20	2.15

为了实现 SAF-LIBS，并研究不同实验条件下双线强度比值随时间的演化规律，首先对光谱积分时间及采集角度进行优化，之后分析不同 Al 含量的样品。图 5.1(a)给出了 Al 原子双线强度比值在 200～1000 ns 内不同积分时间下的时间演化及其理论值，使用 Al 含量为 13%的压片作为样品，其中 x 轴上的时间是光谱采集的延迟时间，图例中的时间是积分时间；图 5.1(b)展示了对应准光学薄等离子体的最佳时刻 t_{ot}，以及信噪比(SNR)和积分时间之间的关系。从图中可以看出，双线强度比值 $I_{\text{Al}\,396.15\text{ nm}}/I_{\text{Al}\,394.40\text{ nm}}$ 随着时间的增加而下降，且对比实验测量的比值和理论值，可以得出不同积分时间下准光学薄等离子体对应的延迟时间在 200～400 ns。t_{ot} 随积分时间的增加而降低，该现象可以解释为：由于双线强度比值随时间呈下降趋势，表明 Al Ⅰ 396.15 nm 谱线强度的下降速度快于 Al Ⅰ 394.40 nm 线，所以对于某一延迟时间，随着积分时间的增加，Al Ⅰ 396.15 nm 的谱线强度比 Al Ⅰ 394.40 nm 的谱线强度增加得慢，从而导致光谱强度比值随着积分时间而降低，使得 t_{ot} 随积分时间的增加而降低。考虑到等离子体的快速膨胀特性以及内部温度和密度随时间的快速变化，最好用最小的积分时间进行时间分辨研究。然而，

较小的积分时间会明显降低光谱的 SNR,因此确定适当的积分时间是非常必要的。从图(b)中可以看到,SNR 随着积分时间的增加先增大后减小,在 400 ns 时达到最大值。

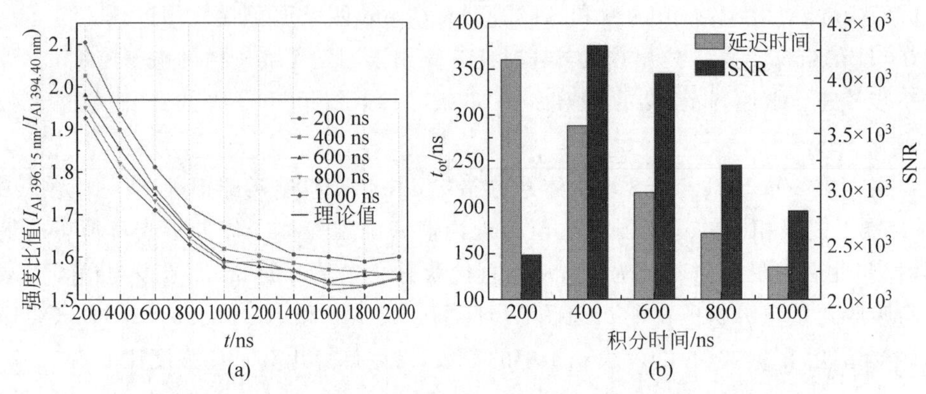

图 5.1　不同积分时间下 Al 原子双线强度比值的时间演化(a),以及最佳时刻 t_{ot} 及光谱的 SNR(b)

(请扫 X 页二维码看彩图)

图 5.2(a)给出了 Al 原子双线强度比值在与激光束方向成 10°～80°的不同光纤收集角度下的时间演化(积分时间为 400 ns)及其理论值,同样使用 Al 含量为 13%的压片作为样品,图中插图为 240～360 ns 范围内的放大部分;图 5.2(b)展示了对应光学薄等离子体的最佳时刻,以及光谱信噪比和收集角度之间的关系。从图中可以看出,t_{ot} 随光纤收集角度的增大先增大后减小。这是因为自吸收效应与等离子体的温度、电子密度、原子和离子数密度、吸收路径长度、元素组成等特征参数有关[2],因此,对于特定的等离子体径向部分,其独特的参数导致沿不同收集角度积分光谱的 t_{ot} 值不同。另外,SNR 随着光纤收集角的增大,先增加后减小,在 45°时达到最大值。

图 5.3(a)给出了 Al 含量为 5%～19%样品的 Al 原子双线强度比值的时间演化(积分时间为 400 ns,收集角度为 45°)及其理论值。可见,除 19%的样品外,其余样品的 t_{ot} 值为(400±70)ns,由于本实验的光谱采集延迟时间以 200 ns 为间隔,所以将对应于该批样品中 Al 元素谱线的准光学薄时刻 t_{ot} 认定为 400 ns。图 5.3(b)给出了准光学薄等离子体的最佳时刻和不同 Al 元素含量之间的关系。从图中可知,t_{ot} 随 Al 含量的增加而降低,关于这一点将在 5.1.4 节进一步讨论。

由以上实验结论可知,对于本实验而言(装置、样品及采集条件),当积分时间、光纤收集角度和延迟时间分别设置为 400 ns、45°和 400 ns 时,就可以实现对 Al 元素的 SAF-LIBS 分析。

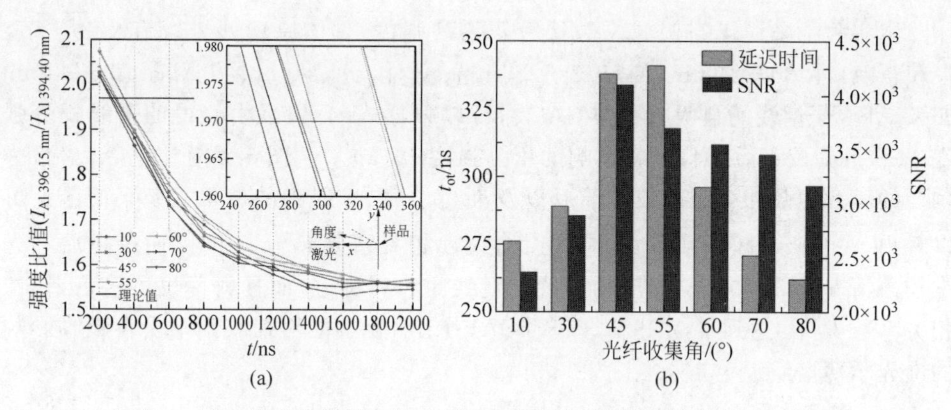

图5.2　不同光纤收集角度下Al原子双线强度比值的时间演化(a),以及最佳时刻 t_{ot} 值及光谱的SNR(b)

(请扫Ⅹ页二维码看彩图)

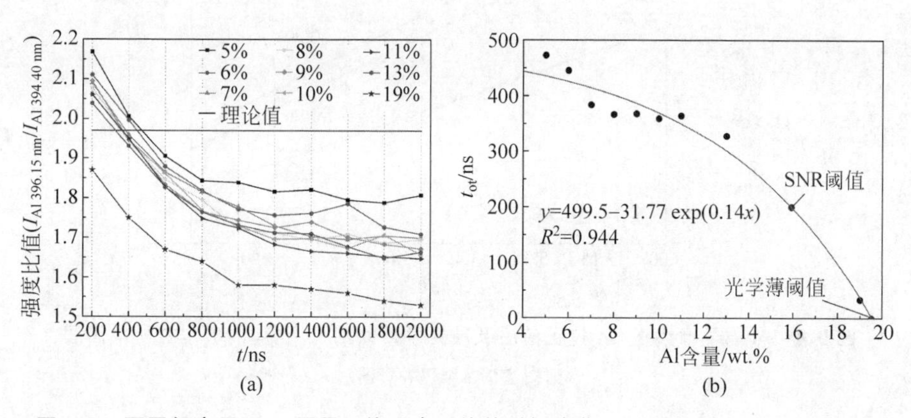

图5.3　不同铝含量下Al原子双线强度比值的时间演化(a),以及最佳时刻 t_{ot} 值(b)

(请扫Ⅹ页二维码看彩图)

此外,为了验证等离子体是否处于LTE态,使用McWhirter准则计算等离子体处于LTE所需的电子密度最低极限值[3]:

$$n_e(\text{cm}^{-3}) \geqslant n_e^* = 1.6 \times 10^{12} T^{1/2} (\Delta E_{ki})^3 \tag{5.1}$$

式中,ΔE_{ki} 是所有谱线中的最大跃迁能量,在本实验最高电子温度8274 K的条件下,测得的 n_e 为 $10^{17}\ \text{cm}^{-3}$,远大于计算的极限值 $n_e^* = 9.4 \times 10^{15}\ \text{cm}^{-3}$,因此本实验中的激光诱导等离子体满足LTE条件。

5.1.2　SAF-LIBS理论验证

为了验证SAF-LIBS理论中得到的光学薄条件,需要评估准光学薄时刻的玻尔兹曼平面图的线性度,并与传统自吸收校正后的结果进行比较。

本实验中采用了自吸收系数法校正谱线强度，具体原理见2.3节及3.1节。在获得Al Ⅰ 308.21 nm、Al Ⅰ 309.27 nm、Al Ⅰ 394.40 nm和Al Ⅰ 396.15 nm四条Al原子谱线的自吸收系数SA后，可以根据式(4.11)，由测得的谱线积分强度$I(\lambda)$得到校正后无自吸收影响的积分强度$I_0(\lambda)$[4]。图5.4对比了Al含量为13%的压片样品在自吸收校正前后以及准光学薄t_{ot}时刻的玻尔兹曼平面图。可以看出，在自吸收校正前各点非常分散，线性相关系数$R^2=0.95$。而校正后和光学较薄情况下，这些点与相应的直线拟合线重合得更好，而且斜率也更接近，线性相关系数R^2均达到了0.99。这表明SAF-LIBS确实能够捕获到不受自吸收影响的准光学薄谱线。

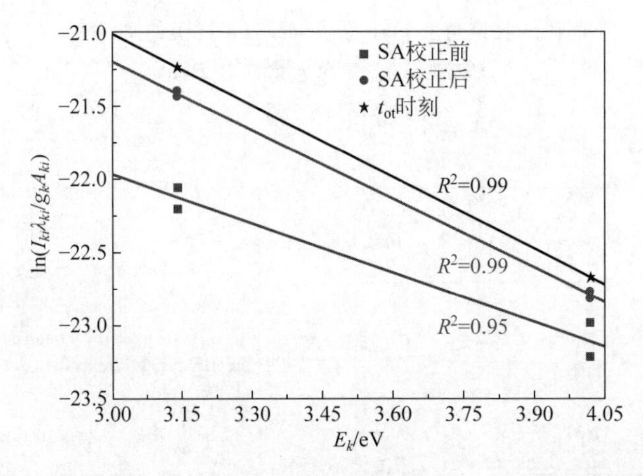

图5.4 Al原子谱线在SA校正前后及准光学薄时刻t_{ot}构建的玻尔兹曼平面图

(请扫Ⅹ页二维码看彩图)

5.1.3 SAF-LIBS定量分析实验

为了评估SAF-LIBS技术的定量分析准确度，对自制的标准压片样品中的Al元素进行单变量定量分析。以Al含量为5%、6%、8%、10%和13%的压片为标准样品，以Al含量为7%和9%的两个压片(标记为#1和#2)为预测样品。图5.5(a)展示了不同延迟时间下基于Al Ⅰ 396.15nm线的定标曲线，图中紫色图形符号表示预测样本。由图可知，对于200 ns、800 ns和1200 ns的延迟时间，定标曲线的线性度很差，R^2低于0.86。然而在准光学薄时刻t_{ot}，即延迟时间为400 ns时，定标曲线显示出令人满意的线性度($R^2=0.98$)。图5.5(b)展示了SAF-LIBS和普通LIBS(在其他三个不同的延迟时间)对于Al元素定量分析结果的比较。实验中每个预测样本分析6次取平均，使用SAF-LIBS技术方法的绝对测量误差分别为0.06%和0.20%，均值为0.13%，而使用普通LIBS技术方法的绝对测量误差为 0.32%～2.52%，均值为 1.20%。显然，SAF-LIBS 技术可以更加精确地测定材料的元素组成。此外，定量分析的 RSD 在较短的延迟时间内似乎优于延迟时间较长的偏差，且 200 ns 和 400 ns 延时下的 RSD 具有可比性，该结论表明 SAF-LIBS 技术并没有提高测量的重复性。

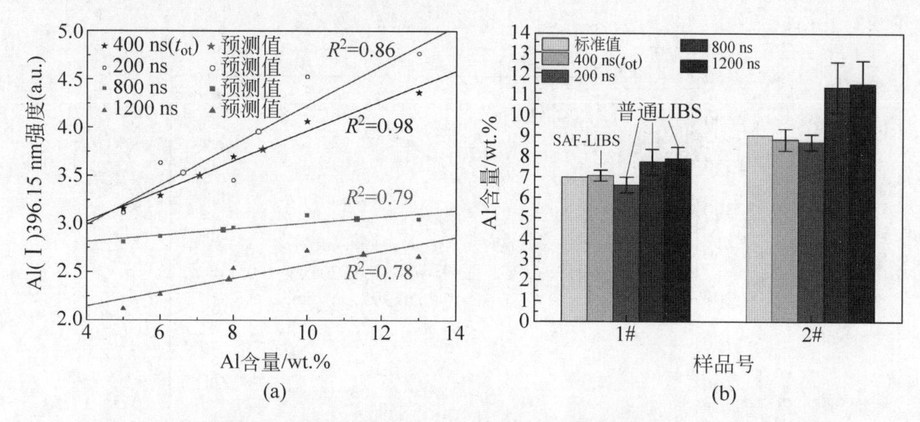

图 5.5　不同延时下铝元素的定标曲线(a)，以及 SAF-LIBS 与普通 LIBS 对铝元素定量分析结果的比较(b)

(请扫Ⅹ页二维码看彩图)

5.1.4　适用性及局限性

由上述分析可知，SAF-LIBS 技术对 Al 元素进行定量分析时，对于 Al 含量为 19%的样品在整个等离子体演化期间达不到准光学薄。为了进一步了解 SAF-LIBS 技术的性能，需要研究该技术对元素含量和激光能量的适用性及局限性[5]。

光学薄最佳时刻 t_{ot} 与元素含量之间的关系如图 5.3(b)所示，其中红色曲线为指数拟合曲线，其 R^2 为 0.944。从图中可以看到，t_{ot} 随 Al 含量的增加而降低。在 $t_{ot}=0$ 时，对应的 Al 元素含量为 19.5%，此含量即 Al 元素的光学薄含量阈值，如果 Al 含量超过这个值，则在等离子体整个演化期间均无法获得准光学薄谱线。因此，SAF-LIBS 技术应用于 Al 元素定量分析时，样品中 Al 含量应低于 19.5%。此外，由于延迟时间小于 200 ns 时，检测到的辐射光谱 SNR 很差，所以对应于 $t_{ot}=200$ ns 时可检测的 Al 元素含量 15.9%被定义为 SNR 含量阈值。基于此考虑，认为 SAF-LIBS 技术适用的 Al 元素含量范围为 0～15.9%，也表明常规 LIBS 方法在大于 15.9%的 Al 元素含量测量中是不可靠的。

图 5.6 展示了 t_{ot} 与激光能量之间的关系，其中红色曲线为指数拟合曲线，其 R^2 为 0.997。在最佳实验条件下(积分时间为 400 ns，收集角度为 45°)，测量了激光能量在 30 mJ、40 mJ、50 mJ、60 mJ、70 mJ、80 mJ、90 mJ 和 100 mJ(脉冲激光的

最大输出能量)时的 t_{ot} 值。结果表明,t_{ot} 随着激光能量的增加而增加。与元素含量适用性分析的定义类似,等离子体的点火阈值、光学薄能量阈值和 SNR 阈值所对应的激光能量分别为 3 mJ、21 mJ 和 33.1 mJ。因此,SAF-LIBS 技术检测 Al 元素时,激光能量必须大于 21 mJ,若再考虑到需要有足够的 SNR 时,则激光能量应大于 33.1 mJ。

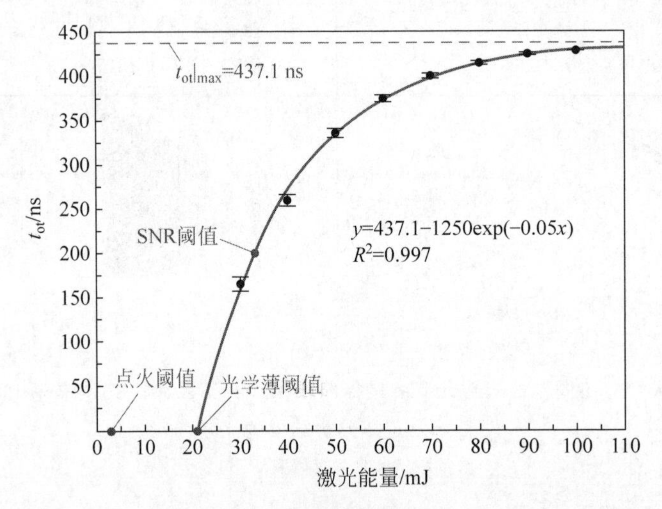

图 5.6　不同激光能量下的 t_{ot} 值

(请扫Ⅹ页二维码看彩图)

此外,图 5.6 中还显示了对于±2%激光能量波动而引起的 t_{ot} 的波动。可以看到,随着激光能量的增加,t_{ot} 的最大值趋近于 437.1 ns,且更加稳定。例如,30 mJ 和 100 mJ 激光能量所对应的 t_{ot} 波动分别为±8 ns 和±1 ns。一般来说,在某一延迟时间下,t_{ot} 波动越小说明激光能量波动引起的误差越小,而且 t_{ot} 越准确,则对应的准光学薄等离子体受自吸收的影响越小[6],因此,在实际的 SAF-LIBS 技术应用中,可以适当增大激光能量以便获得相对稳定的光学薄等离子体。

5.2 共振/非共振双线 SAF-LIBS 定量分析技术

5.2.1 共振及非共振谱线原理

在 5.1 节中介绍了 SAF-LIBS 技术用于 Al 元素的定量分析方法。然而,其适用性分析结果表明,SAF-LIBS 技术对于元素含量可适用的范围相对较窄(例如 Al 元素的适用范围为 0~15.9%),严重限制了其进一步的应用。因此,如何进一步扩宽 SAF-LIBS 对于元素含量的测量范围就显得非常必要。

由3.1.1节自吸收与谱线属性的关系可知，自吸收与谱线的跃迁下能级成负相关，而根据谱线跃迁下能级，可以将谱线分为共振谱线和非共振谱线两类。其中，共振谱线对应跃迁的下能级是基态，而非共振谱线跃迁的下能级是高于基态的某个激发态，其不同类型谱线的原理示意见图5.7。因为等离子体中粒子的基态布居数通常要大于激发态，所以共振谱线强度高、易激发、灵敏度高，但受自吸收影响严重；相反，非共振谱线受自吸收影响较小，但是由于谱线强度弱，所以灵敏度低、检测起来较难[6-8]。由此可见，共振谱线适用于微量及痕量元素的检测，而非共振谱线其定标曲线的元素检测范围宽，适用于主量元素的分析[9]。因此，可以在SAF-LIBS技术中引入共振和非共振双线，在保证检测灵敏度和精度的同时，进一步扩展元素含量的可测量范围。

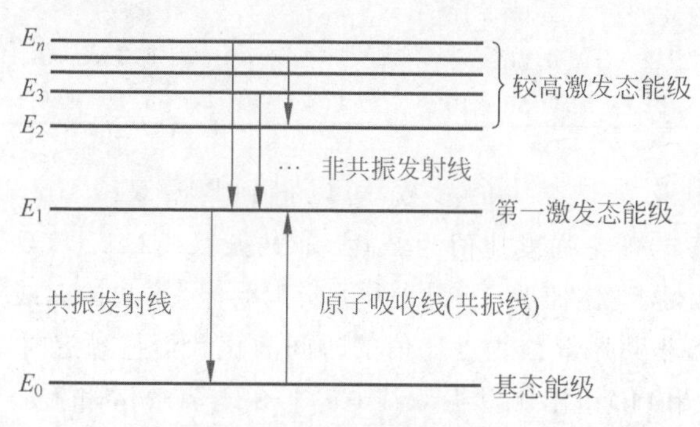

图5.7　原子光谱的发射和吸收
(请扫Ⅹ页二维码看彩图)

5.2.2　共振/非共振双线SAF-LIBS实验

为了验证共振/非共振双线SAF-LIBS技术的性能，将纯KBr和CuO干燥粉末均匀混合后，在30 MPa压力下制备了Cu含量为0.01(±16.7)%、0.05(±3.3)%、0.1(±4)%、0.3(±1.3)%、0.6(±1.3)%、1(±0.8)%、3(±0.27)%、9(±0.09)%、12(±0.07)%、15(±0.05)%、30(±0.03)%、60(±0.01)%的12个压片样品以进行实验研究。同含铝压片相似，样品中Cu元素含量的相对标准偏差主要来源于压制过程中混合物的称量误差，实验所使用的电子分析天平称量的重复性误差为0.001 g，Cu含量大于0.6%的每个压片样品粉末原料总质量为10 g，含量为0.1%和0.3%的每个压片样品粉末原料总质量为20 g，含量为0.01%和0.05%的每个压片样品粉末原料总质量为50 g。其实验分析装置与3.2.2节描述的实验装置类似。其Cu元素典型的LIBS光谱图如图3.4所示，覆盖了300～550 nm的光谱区域。其中双线Cu Ⅰ 324.75 nm和Cu Ⅰ 327.40 nm($3d^{10}4p-3d^{10}4s$)为共振线，双线Cu Ⅰ 515.32 nm和Cu Ⅰ 521.82 nm($3d^{10}4d-3d^{10}4p$)为非共振线，由于这两组双线的上能级十分接近，它们被用来结合 SAF-LIBS 技术，获得准光学薄的发射谱线并进行定量分析。而位于 465.11 nm 和 510.55 nm 处的两条非共振谱线也被用于计算等离子体的温度。表 5.2 详细列出了由 NIST 原子数据库[1]查得的 Cu 线光谱参数。

表 5.2　含铜压片样品中 Cu 原子线的光谱参数

跃迁类型	波长/nm	跃迁概率/s^{-1}	统计权重	上能级能量/eV	下能级能量/eV
共振	324.75	1.40×10^{8}	4	3.82	0.00
	327.40	1.38×10^{8}	2	3.79	0.00
非共振	465.11	3.80×10^{7}	8	7.74	5.07
	510.55	2.00×10^{6}	4	3.82	1.39
	515.32	6.00×10^{7}	4	6.19	3.79
	521.82	7.50×10^{7}	6	6.19	3.82

根据式(4.2)及表 5.2 中的参数，可以得到共振双线 Cu Ⅰ 324.75 nm 和 Cu Ⅰ 327.40 nm 的理论强度比值为 2.04，非共振双线 Cu Ⅰ 521.82 nm 和 Cu Ⅰ 515.32 nm 的理论强度比值为 1.85。为了实现共振/非共振双线 SAF-LIBS，下面对 Cu 元素共振和非共振双线强度比值的时间演化和最佳延迟时间进行研究。

图 5.8 的(a)和(b)给出了共振双线 Cu Ⅰ 324.75 nm 和 Cu Ⅰ 327.40 nm 在 200～800 ns 内的强度比值的时间演化(注意：本实验 Cu 元素发射谱线的观察寿命即 800 ns)。其中直线代表此共振双线的理论比值 2.04。图 5.9 给出了对应于光学薄等离子体的最佳时刻 t_{ot} 与 Cu 元素含量之间的关系，其中，Cu 含量大于 0.01%时所对应的光学薄时刻 t_{ot} 是通过对图 5.8 中的数据点进行线性拟合而推

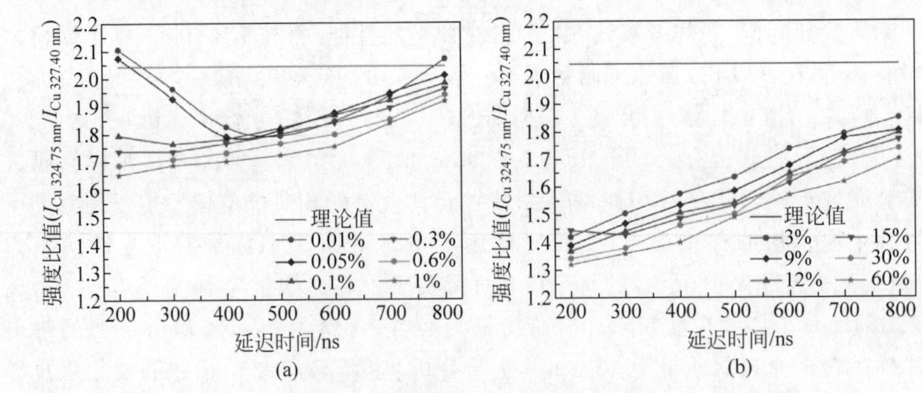

图 5.8　Cu 含量在 0.01%～1%(a)和 3%～60%(b)范围内的共振 Cu Ⅰ双线强度比值的时间演化

(请扫Ⅹ页二维码看彩图)

测出的，在图中用空心点圆表示。图中结果显示，t_{ot} 随 Cu 元素含量的增加而增加，并且只有当 Cu 含量小于 0.05%时，共振线才可视为准光学薄。因此，对于共振线，只有当元素含量相对较低时，才能获得准光学薄发射谱线，当元素含量较高时，自吸收效应变得非常严重，在等离子体演化期间无法获得任何准光学薄谱线。

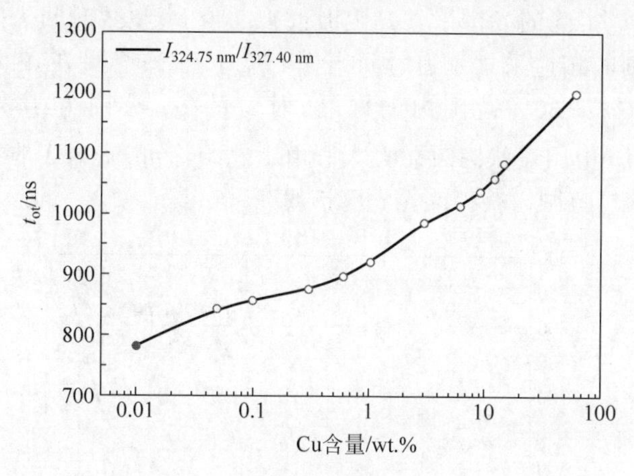

图 5.9 共振 Cu Ⅰ 双线光学薄最佳时刻与 Cu 含量的关系

（请扫Ⅹ页二维码看彩图）

图 5.10 的(a)和(b)给出了非共振双线 Cu Ⅰ 521.82 nm 和 Cu Ⅰ 515.32 nm 在 200～800 ns 时间范围内的强度比值的时间演化，其中直线代表非共振双线的理论比值 1.85。图 5.11 展示了对应准光学薄等离子体的最佳时刻 t_{ot} 与 Cu 元素含量之间的关系，其中 Cu 含量大于 60%时所相应的光学薄时刻是通过对图 5.10 中的数据点进行线性拟合所预测得出的，在图中用空心点圆表示，当 t_{ot} 为等离子

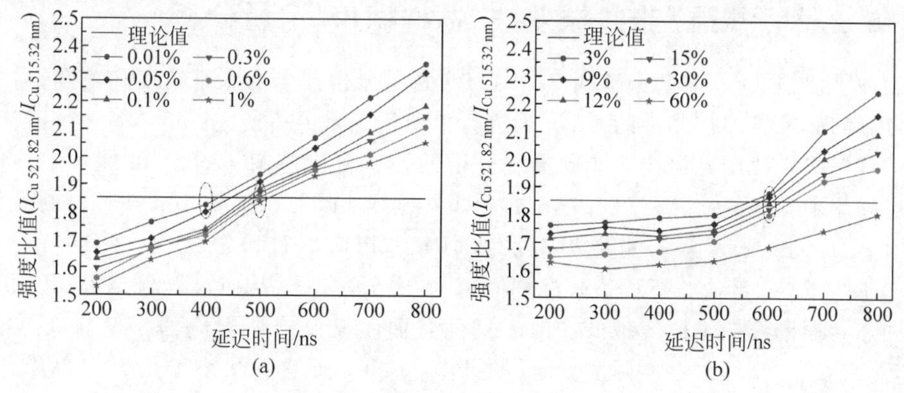

图 5.10 Cu 含量在 0.01%～1%(a)和 3%～60%(b)范围内的非共振 Cu Ⅰ 双线强度比值的时间演化

（请扫Ⅹ页二维码看彩图）

体寿命末期 800 ns 时,可检测的 Cu 含量是 50.7%,此含量即使用所选谱线对 Cu 元素含量检测的最大极限。实验结果显示,Cu 非共振双线 t_{ot} 随 Cu 元素含量的增加而增加,且只有 Cu 含量为 0.01%~50.7%时,所选非共振谱线可达到准光学薄状态,当 Cu 含量继续增大时,在整个等离子体演化期间将无法获得准光学薄谱线。需要说明,由于本实验的光谱采集延迟时间以 100 ns 整数时间为间隔,此处将最接近光学薄时刻的相应采集延迟时间当作 t_{ot},对于 Cu 含量在 0.01%~0.05%、0.1%~1%和 3%~30%范围内的样品,对应的 t_{ot} 分别为 400 ns、500 ns 和 600 ns,在图 5.10 中用点状椭圆标明[9]。由上述结论可知,对于非共振谱线,可以在很宽的元素含量范围内获得准光学薄谱线。

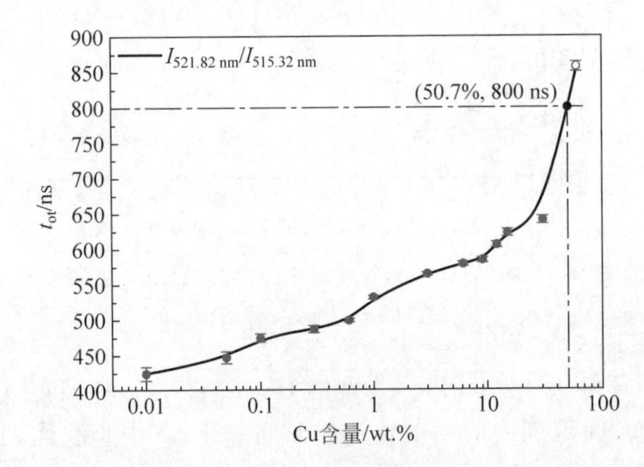

图 5.11　非共振 Cu Ⅰ 双线光学薄最佳时刻与 Cu 含量的关系

（请扫Ⅹ页二维码看彩图）

5.2.3　共振/非共振双线 SAF-LIBS 定量分析

为了评估共振/非共振双线 SAF-LIBS 定量分析技术的测量精度和范围,需要对自制的标准压片样品中的 Cu 元素进行单变量定量分析研究。

首先确定使用共振线或非共振线分析的元素含量范围。图 5.12 展示了使用标准样品中共振线 Cu Ⅰ 324.75 nm 和非共振线 Cu Ⅰ 521.82 nm 在各自的最佳延时 t_{ot} 时对 Cu 元素的测量相对误差(RE),相应的计算公式为:RE=100 * ((SAF-LIBS 测量值－标称值)/标称值)。图中显示,样品中 Cu 含量越大,共振谱线和非共振谱线的 RE 值越低。由于这两条曲线交叉点所对应的含量为 0.48%(定义为 C_{cross}),所以在实际测量时,如果样品中 Cu 元素含量小于 0.48%,应该选择共振线作分析谱线;如果样品中 Cu 元素含量大于 0.48%,应该选择非共振线作分析谱线。

在确定了不同类型谱线的使用范围后,具体定标和定量分析过程如下所述。

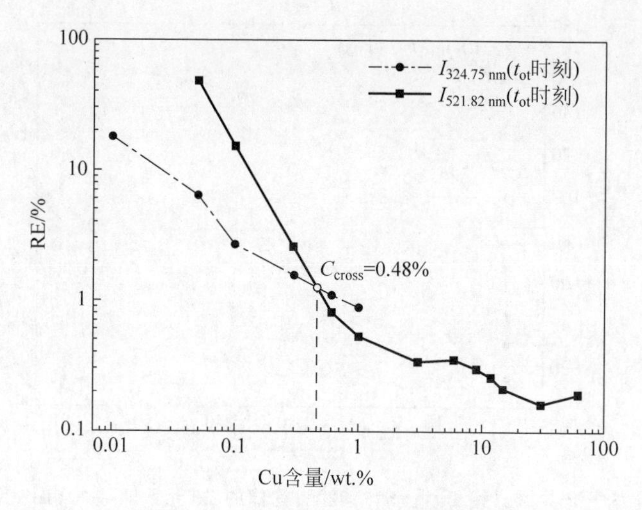

图 5.12　共振线 Cu Ⅰ 324.75 nm 和非共振线 Cu Ⅰ 521.82 nm 对于不同 Cu 含量的测量相对误差

(1) 定标：对于给定的标样，首先利用某一时刻的非共振线 Cu Ⅰ 521.82 nm 对 Cu 元素进行定标，然后利用 t_{ot} 时刻所获得的准光学薄共振线和非共振线，建立 SAF-LIBS 单变量分段定标曲线。

(2) 定量分析：将待测样品非共振线 Cu Ⅰ 521.82 nm 的强度代入非线性 LIBS 定标方程，确定待测样品中元素含量的大致范围，然后根据相应的 SAF-LIBS 定标方程进行精确的定量分析。

图 5.13 显示了利用一系列标准样品在 700 ns 延时下的非共振谱线 Cu Ⅰ 521.82 nm 的强度构建的非线性 LIBS 定标曲线，并用函数 $y=ax^b$ 进行了拟合。对于未知样品，通过将非共振线的强度代入该定标函数中，可以由具有单调增长趋势的定标曲线得到其大致含量，进而确定样品中待测元素含量对应于 SAF-LIBS 定标曲线的分段，进一步准确测定其含量。

图 5.14 给出了 Cu 含量为 0～50.7％的 SAF-LIBS 分段定标曲线以及两个待测样品(标记为五角星)的定量分析结果，小图是 Cu 含量在 0～1.0％的细节放大图。由图可见，测量范围内各分段均为线性且相关系数 R^2 皆大于 0.99。其中，S1 段(0.01％～0.1％)和 S2 段(0.1％～0.48％)由共振线所建立，S3 段(0.48％～1.0％)和 S4 段(1.0％～50.7％)由非共振线所建立，每一段对应于独立的采集延迟时间 t_{ot}。四段对应的线性定标方程分别为 $y=326.07x+11.4$，$y=61.7x+38.3$，$y=69.6x+37.25$ 和 $y=3x+107$。由图可知，每个线性分段的截距都是非零值。对于 Cu 含量低的样品(0.01％～1％)，S1、S2 和 S3 段在 x 轴的截距分别为 －0.035％、－0.62％和－0.54％，在这种情况下，最佳延迟时间处的谱线可以被视

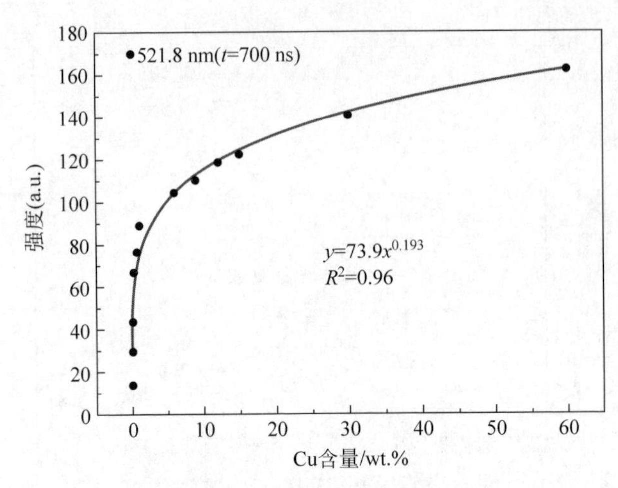

图 5.13　基于非共振谱线 Cu Ⅰ 521.82nm 构建的 Cu 元素非线性 LIBS 定标曲线

（请扫Ⅹ页二维码看彩图）

为准光学薄谱线。然而，对于含量大于 1% 的 Cu 样品，S4 段在 x 轴的截距为 −35.67%，对于这种情况，在最佳延迟时间的谱线仅是等离子体演化过程中自吸收最弱的谱线，虽然可能不再是准光学薄谱线，但是可以认为是自吸收最弱的谱线。图中，S1 和 S2 段所用谱线的光学深度、S2 和 S3 段中使用的谱线、S3 和 S4 段中使用的延迟时间 t_{ot} 的差异，导致了每个线性分段之间的不连续性。

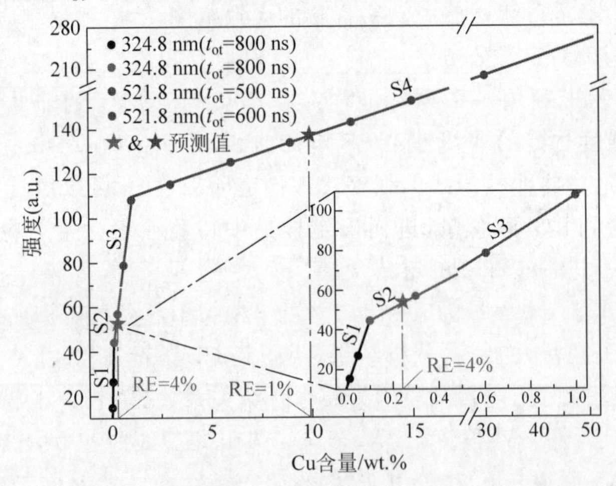

图 5.14　共振/非共振双线 SAF-LIBS 建立的 Cu 元素分段定标曲线

（请扫Ⅹ页二维码看彩图）

为了确定该技术的实际分析性能，将 Cu 含量为 0.25% 和 10% 的两个压片当作待分析样品做定量处理。首先利用传统的 LIBS 定标曲线确定出其中大致的 Cu 含量范围，得到其对应的所属分段(S2段和S4段)，然后通过将共振线Cu Ⅰ 324.75 nm和非共振线Cu Ⅰ 521.82 nm的谱线强度代入S2及S4分段相应的线性定标方程，计算得出两个待分析样品中的Cu含量分别为0.24%和9.9%，其测量的相对误差RE分别为4%和1%。

对于共振/非共振双线SAF-LIBS技术检测灵敏度的确定，可以利用如下公式计算其检测限(limit of detection，LOD)[10]

$$\mathrm{LOD}=\frac{3N}{S} \tag{5.2}$$

式中，N代表光谱背景噪声，S代表定标曲线的斜率。在本实验中，选择最小Cu含量的样品所对应的定标曲线做分析，计算出的LOD$=1.35\times10^{-4}$%(1.35 ppm)。由上述结论可知，共振/非共振双线SAF-LIBS技术在极大地扩展元素可测量范围的同时，也实现了较好的准确性和灵敏度。

5.2.4　适用性及局限性

由之前的分析可知，基于共振/非共振双线的SAF-LIBS技术能够直接捕获准光学薄谱线，且在很宽的元素含量范围内进行准确的定量分析，但是它也有其特定的适用性和局限性。根据图5.11所提供的结论，光学薄最佳时刻随元素含量的增加而增加，而在本实验中，由于固定视线处观测到Cu谱线的寿命为800 ns，与该寿命点对应的Cu含量为50.7%，这是该技术使用所选谱线对Cu元素可测含量的最大极限。如果Cu含量超过这个极限值，则所选谱线在整个等离子体演化过程中均无法达到准光学薄态。因此，考虑到评估的LOD值，基于共振/非共振双线的SAF-LIBS技术对Cu元素的适用测量范围为$1.35\times10^{-4}\sim50.7$%，这也揭示了LIBS技术作为物质分析的局限性。

基于共振/非共振双线的SAF-LIBS技术的局限性主要体现在以下三个方面：第一，它涉及两个基本假设，即等离子体是均匀的，并处于LTE状态，这两个假设在通常的LIBS实验中被认为是满足的；第二，要求被分析元素在检测光谱范围内同时具有共振和非共振双线，这就要求光谱仪具有一定的光谱范围和分辨力；第三，谱线跃迁概率的不确定性会对最佳延迟时间的估计带来额外的误差，因此选择跃迁概率不确定性较小的谱线更有利于定量分析。

5.3　SAF-LIBS谱线快速选择准则

对Al和Cu元素的定量分析结果表明，SAF-LIBS技术确实可以有效地获得准光学薄等离子体谱线。然而在上述研究中，可以发现不同的双线对应不同的最大可检测元素含量。例如，使用 Al Ⅰ 396.15 nm 和 Al Ⅰ 394.40 nm 双线时，其最大可检测的 Al 元素含量为 15.9%，而使用 Al Ⅰ 309.27 nm 和 Al Ⅰ 308.21 nm 双线时，最大可检测的 Al 元素含量为 13.1%。另外，不同元素双线强度比值的演化趋势是不同的，例如，Al 元素所选双线强度比值随时间下降，而 Cu 元素的双线强度比值却随时间上升。因此，对一定含量范围的样品进行定量分析时，快速选择合适的谱线是 SAF-LIBS 技术能方便应用的关键。

为了更好地理解双线强度比值的原理，得到一个简单快速的 SAF-LIBS 谱线选择准则，本节在 5.2 节的理论基础上，分析了 Cu 和 Al 元素谱线强度比值的演化趋势，其数据来源为 5.1 节和 5.2 节的实验结果，其中用于分析的谱线为 Cu Ⅰ 的 521.82 nm 和 515.32 nm 双线（非共振跃迁：$3d^{10}4d-3d^{10}4p$）以及 Al Ⅰ 的 396.15 nm 和 394.40 nm 双线（共振跃迁：$3s^2 4s-3s^2 3p$），并且为了简单起见，假设在等离子体采集期间，面密度参数 Nl 不随时间变化。

5.3.1 双线强度比值演化趋势研究

根据 4.2 节的理论分析，双线强度比值的趋势可由其关于时间的一阶导数预测，而导数的正负取决于 x 值和 K' 值。首先，在 SAF-LIBS 实验中，测得的电子温度 T 值在 8000～12000 K，且随时间而降低，根据式(4.8)，在 T 为 5000～15000 K，以 1000 K 为间隔，对应于 Cu Ⅰ 521.82 nm 线的 K 参数与 T 的数值拟合曲线如图 5.15 中红色实线所示。可见，K 参数值随 T 的增加而减小，即 K 随时间而减小，因此 $K'<0$。

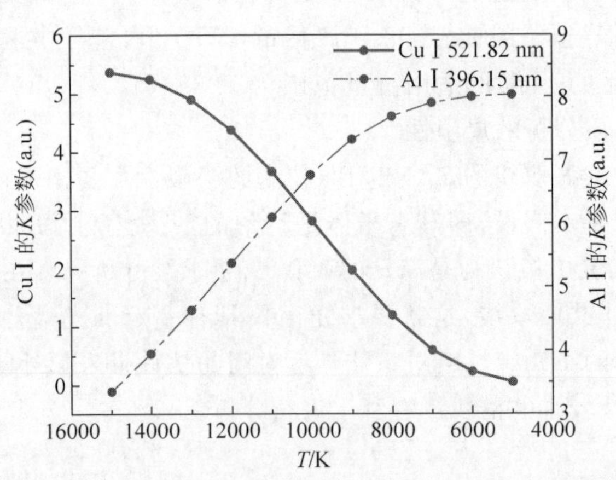

图 5.15 Cu Ⅰ 521.82 nm 和 Al Ⅰ 396.15 nm 线对应的 K 参数和温度 T 的关系

（请扫Ⅹ页二维码看彩图）

然后，Cu 双线强度比值 $I_{\text{Cu 521.82 nm}}/I_{\text{Cu 515.32 nm}}$ 相对于时间的导数可以通过式(4.16)获得，式中 $C_2=0.54$。将 $(\text{SA}_1)'\text{SA}_2-\text{SA}_1(\text{SA}_2)'$ 表示为 y，图 5.16 中

红色实线展示了 Cu 原子双线的 y 相对于 x 的关系(已考虑了 $K'<0$)。可以看出 y 值总是正的,并且当 x 趋近于 0(光学薄)或大于 20(严重自吸收)时,y 值趋于零,这表明在理论上,Cu 原子双线强度比值随时间而增大,且在光学薄或严重自吸收时,其变化趋势趋于零。因此,Cu 原子双线强度比值在初期先逐渐增大,之后随着自吸收下降成为光学薄时,其变化趋势趋于零,再往后随着自吸收的增加它又开始上升,直到自吸收严重时其变化再次趋于零。

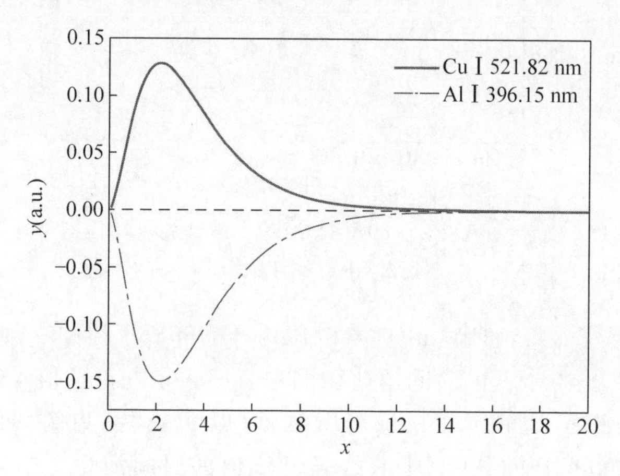

图 5.16 Cu 原子双线和 Al 原子双线对应的 y 和 x 之间的关系,其中 $x=K_1/\Delta\lambda_0$,$y=(SA_1)'SA_2-(SA_2)'SA_1$

图 5.17 展示了 200～800 ns 内含铜压片样品等离子体中 Cu 原子双线强度比值 $I_{\text{Cu 521.82 nm}}/I_{\text{Cu 515.32 nm}}$ 的时间演化。图中直线表示理论比值 1.85,紫红色空心点圆曲线是使用图 5.16 所示的一阶导数数据(以 15%样品为例,初始值为 1.6)通过理论数值模拟得到的 Cu 原子双线强度比值的时间演化。结果表明,Cu 元素的双线强度比值随时间而上升,理论模拟曲线的趋势与实验结果基本一致。

与 Cu 原子谱线类似,Al Ⅰ 396.15 nm 线对应的 K 参数与 T 的数值拟合曲线如图 5.15 中的蓝色虚线所示。可见 Al 原子谱线的 K 参数值随 T 的减小而增大,即 K 随时间而增大,所以 $K'>0$。然后,Al 双线强度比值 $I_{\text{Al 396.15 nm}}/I_{\text{Al 394.40 nm}}$ 相对于时间的导数可以通过式(4.16)获得,式中 $C_2=0.496$。在图 5.16 中蓝色虚点线展示了 Al 原子双线的 y 相对于 x 的关系(已考虑了 $K'>0$)。可以看出 y 值总是负的,并且当 x 趋近于 0(光学薄)或大于 20(严重自吸收)时,y 值趋于零,这表明在理论上,Al 原子双线强度比值随时间而减小,且在光学薄或严重自吸收时,其变化趋势趋于零。因此,Al 原子双线强度比值开始时随时间的增加而下降,随着自吸收下降成为光学薄时,其变化趋势趋于零,之后随着自吸收的增加它又开始下降,直到自吸收严重时变化再次趋于零。

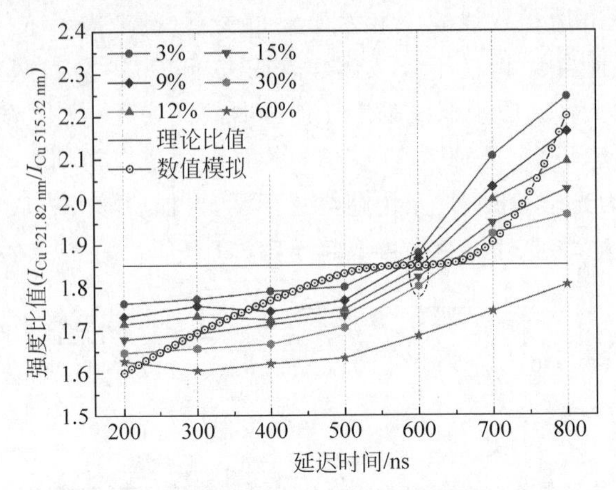

图 5.17　Cu 含量在 3%～60% 的 Cu 原子双线强度比值的时间演化

(请扫 X 页二维码看彩图)

图 5.18 展示了 200～2000 ns 内含铝压片样品等离子体中 Al 原子双线强度比值 $I_{Al\ 396.15\ nm}/I_{Al\ 394.40\ nm}$ 的时间演化。图中直线表示理论比值 1.97,紫红色空心点圆曲线是使用图 5.16 所示的一阶导数数据(以 9%样品为例,初始值为 2.15),通过理论数值模拟得到的 Al 原子双线强度比值的时间演化。结果表明,Al 元素的双线强度比值随时间而下降,理论模拟曲线的趋势与实验结果基本一致。

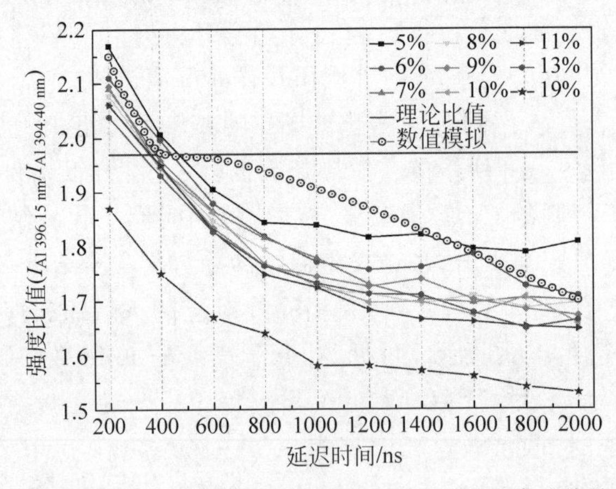

图 5.18　Al 含量在 5%～19% 范围内的 Al 原子双线强度比值的时间演化

(请扫 X 页二维码看彩图)

5.3.2　谱线快速选择准则

上述分析表明,在等离子体均匀、处于 LTE 态且面密度参数不随时间变化的情况下,理论上双线强度比值的演化曲线呈单调趋势。基于此,得出如下适用于SAF-LIBS技术的快速谱线选择准则:对某一元素含量范围内样品进行定量分析时,只需要测量由元素含量最高的边界样品产生的等离子体在初期和末期的双线强度比值,只有当该强度比值位于理论比值的两侧时,所选双线才能在等离子体演化期间达到准光学薄态,并适合于SAF-LIBS测量分析。

例如,对Cu元素的定量分析实验,Cu含量为30%的样品在200 ns和800 ns时的双线强度比值$I_{Cu\ 521.82\ nm}/I_{Cu\ 515.32\ nm}$位于理论值1.85的两侧,则表明该Cu原子双线在等离子体演化期间可以达到准光学薄,所选双线适用于Cu含量在0~30%的样品的SAF-LIBS分析。然而,对于Cu含量为60%的样品,在等离子体初期和末期双线强度比值均低于理论值,说明该Cu原子双线不适合对Cu含量大于60%的样品进行SAF-LIBS分析。

该谱线选择准则有望进一步促进SAF-LIBS技术的实用化和工业应用。

5.4 小结

本章主要是在SAF-LIBS理论基础的指导下,对SAF-LIBS技术的实现及分析性能进行了研究。通过优化实验条件,匹配等离子体光谱中元素双线强度比值与理论值来确定等离子体处于光学薄的最佳延时,从而直接捕获准光学薄的元素发射谱线。对含铝压片样品中Al元素的定量分析表明,与传统的SA校正方法相比,SAF-LIBS的玻尔兹曼图线性度更好,Al元素定标曲线的线性相关系数R^2由其他LIBS方法的0.86提高到SAF-LIBS的0.98,测量平均绝对误差从1.2%降低到0.13%,降低近1个数量级。之后通过结合共振、非共振谱线和SAF-LIBS技术,在保持分析准确度和检测灵敏度的同时,有效地扩展了元素的可测量范围。对含铜压片样品定量分析过程及性能进行了指导和评估,对Cu元素的探测限LOD达到了1.35×10^{-4}%,最大可测量范围拓展至50.7%。最后得出了适用于SAF-LIBS实际应用的快速谱线选择准则,用以进一步促进该技术的实用性。

参考文献

[1] KRAMIDA A, RALCHENKO Y, READER J, et al. NIST atomic spectra database (ver. 5.4) [DB]. http://physics.nist.gov/asd. 2017.

[2] PRAHER B, PALLESCHI V, VISKUP R, et al. Calibration free laser-induced breakdown spectroscopy of oxide materials[J]. Spectrochim. Acta B., 2010, 65(8): 671-679.

[3] MCWHIRTER R W P. Plasma diagnostic techniques[M]. New York: Academic Press, 1965: 201-264.

[4] SHERBINI A M E, SHERBINI T M E, HEGAZY H, et al. Evaluation of self-absorption coefficients of aluminum emission lines in laser-induced breakdown spectroscopy measurements [J]. Spectrochim. Acta B, 2005, 60(12): 1573-1579.

[5] 张雷,孙颖,侯佳佳,等. 无自吸收效应的光学薄激光诱导击穿光谱研究与性能评估[J]. 中国科学:物理学力学天文学, 2017, 47(12): 124201.

[6] SABSABI M, CIELO P. Quantitative analysis of aluminum alloys by laser-induced breakdown spectroscopy and plasma characterization[J]. Appl. Spectrosc., 1995, 49(4): 499-507.

[7] ST-ONGE L, KWONG E, SABSABI M, et al. Rapid analysis of liquid formulations containing sodium chloride using laser-induced breakdown spectroscopy[J]. J. Pharm. Biomed. Anal., 2004, 36 (2): 277-284.

[8] SHINDO F, BABB J F, KIRBY K, et al. Absorption spectrum in the wings of the potassium second resonance doublet broadened by helium. J. Phys. B-At Mol. Opt., 2007, 40(14), 2841-2846.

[9] 侯佳佳,张雷,赵洋,等. 基于共振与非双线的自吸收免疫 LIBS 技术研究[J]. 光谱学与光谱分析, 2020, 40(1): 261.

[10] HE X Y, DONG B, CHEN Y Q, et al. Analysis of magnesium and copper in aluminum alloys with high repetition rate laser-ablation spark-induced breakdown spectroscopy[J]. Spectrochim. Acta B, 2018, 141: 34-43.

第 6 章

SAF-LIBS非线性效应与动力学

本章主要研究等离子体产生及传播过程中自吸收效应引起的非线性效应及动力学，它不仅会影响激光脉冲结束后等离子体的形态和内部结构，还会使发射谱线所携带的信息产生偏差。研究激光烧蚀过程、烧蚀蒸气向环境气体的传播过程，可以更好地了解等离子体演化过程和自吸收机理，为发展 SAF-LIBS 理论提供帮助。

6.1 后烧蚀作用原理

图 6.1 展示了环境气体中激光诱导等离子体的结构，其中背景气体是激光烧蚀发生的环境，对于 SAF-LIBS 来说一般是常温常压的空气或惰性气体，如氦气、氩气。蒸气是激光烧蚀样品产生的气相物质，包含电子、离子、原子、液滴和固体碎片等。当蒸气在环境气体中以大于声速的速度喷射出样品表面时，会产生使环境气体的密度、温度、压强等发生跳跃式改变的冲击波。被扰动和未被扰动的背景气体会有明显的分界线，这个分界线就是前驱冲击波。前驱冲击波后被扰动的气体就是冲击气体层，冲击气体层与蒸气合称为羽流。羽流是一种温度远远高于初始环境的气体，其中的连续体、原子、离子或分子会发出光。当羽流进一步被明显电离时，就可以称之为激光诱导等离子体。

根据图 1.5 所示激光诱导等离子体产生及演化过程，SAF-LIBS 通常使用的是纳秒脉冲激光，蒸气等离子体和冲击气体产生的时间尺度大概为几百皮秒。这个过程比脉冲激光的持续时间短得多，因此蒸气等离子体和冲击气体还会与后续激光发生相互作用，这个作用过程称作后烧蚀作用，也称为等离子体屏蔽，即初始等离子体对尾部的激光脉冲的吸收效应。当激光能量相对较高时，等离子体屏蔽现

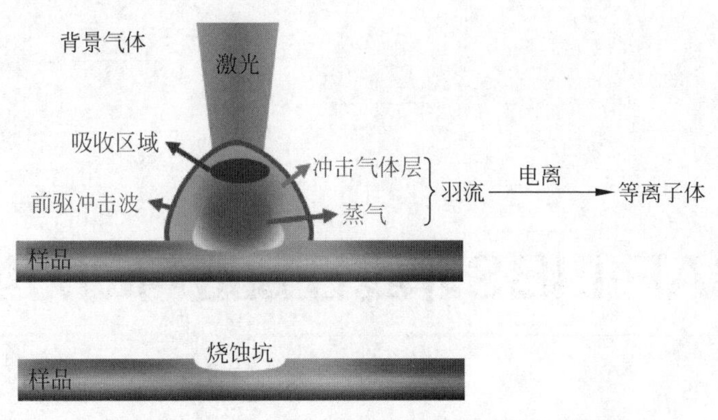

图 6.1　环境气体中激光诱导等离子体的结构

（请扫Ⅹ页二维码看彩图）

象会更明显，甚至使激光脉冲的尾部无法到达样品表面[1]，导致烧蚀率相对于激光通量的饱和。

6.2　激光烧蚀过程

6.2.1　激光烧蚀机制

当激光辐照度足够高并超过样品的击穿阈值时，样品会与激光产生强烈的相互作用，烧蚀区域的材料会被蒸发、汽化而移除。一般激光烧蚀机制有三种类型：光热烧蚀、光化学烧蚀和光物理烧蚀[2,3]。激光烧蚀量取决于材料的性质、激光脉冲参数以及环境气体的性质。虽然 LIBS 可以研究固体、气体、液体多种形式的材料，但研究最多的还是固体的烧蚀，下面我们将更具体地讨论固态材料的激光烧蚀机制。

在光热烧蚀过程中，自由电子在 100 ps 内被加热，之后在几皮秒的时间范围内能量由电子传递给晶格，这个过程所用时间远小于激光脉冲持续时间，因此可以将激光脉冲视为烧蚀过程中的热源，光热烧蚀模型可以很好地描述纳秒激光脉冲对金属的烧蚀过程。随着样品表面烧蚀区温度急剧升高，样品材料内部晶格积累足够大的动能后，固体材料会瞬间熔化、汽化，并以超声速从样品表面喷出，在样品表面上方形成烧蚀蒸气。蒸气的初始温度基本上是由烧蚀材料的汽化温度决定的。

光化学烧蚀发生在当烧蚀激光的光子能量足够高并发生多光子跃迁时，此时所烧蚀的材料直接化学键断裂，在烧蚀区域内积累机械应力，导致材料通过碎片化离解。整个过程没有热效应，在样品表面的温度没有任何变化的情况下发生。光化学烧蚀通常适用于描述紫外纳秒激光脉冲或飞秒激光脉冲对电介质和高分子材料的烧蚀。

当激光烧蚀过程既包含光热烧蚀又包含光化学烧蚀时，这个既包含热效应也包含非热效应的过程称为光物理烧蚀。光化学烧蚀会产生初始自由电子，随后光热烧蚀会进一步有效地将吸收的激光能量转移到样品并导致其熔化和汽化。用红外纳秒激光烧蚀介质或高分子材料通常可以用光物理过程来描述。

由于金属是 SAF-LIBS 常用的样品，下面将详细描述金属的光热烧蚀过程。

6.2.2 激光与金属的耦合

一般用德鲁德(Drude)模型[4]处理金属的光学响应，这种情况下价电子被认为是自由电子，可以自由地与电磁场相互作用，而不受离子晶格恢复力的影响。电子会通过与正离子碰撞来和晶格发生相互作用。利用这种简单的模型，可以得到金属吸收系数的解析表达式。

德鲁德-洛伦兹(Drude-Lorentz)模型与原子的洛伦兹偶极振子模型相结合可以描述激光辐射产生的自由电子的振荡，方程如下：

$$m_e^* \frac{d^2 x}{dt^2} + m_e^* \nu_{ei} \frac{dx}{dt} = -e\varepsilon_0 e^{-i\omega t} \tag{6.1}$$

式中，x 为电子的位移，m_e^* 为有效电子质量，ν_{ei} 为电子与其他较重粒子(离子和/或原子)之间的实际碰撞频率，ε_0 和 ω 分别为激光电场的振幅和频率。解方程(6.1)可以得到介质的相对介电常数：

$$\varepsilon_r(\omega) = 1 - \frac{\omega_p^2}{\omega^2 + \nu_{ei}^2} + i\frac{\nu_{ei}\omega_p^2}{\omega(\omega^2 + \nu_{ei}^2)} \tag{6.2}$$

式中，ω_p 为等离子体频率，是用于描述金属光学响应的特征参数，可以表示为

$$\omega_p = \sqrt{\frac{n_e e^2}{\varepsilon_0 m_e^*}} \tag{6.3}$$

式中，n_e 为自由电子的数密度，对金属来说其数量级为 $10^{22} \sim 10^{23}\ cm^{-3}$。吸收系数 α 可以表示为

$$\alpha = \sqrt{\frac{2\omega_p^2 \omega}{c^2 \nu_{ei}}} \tag{6.4}$$

另外，将样品表面下激光场强度降低为 1/e 处的深度定义为吸收深度，

$$\delta = \frac{2}{\alpha} \tag{6.5}$$

金属的 α 约为 $10^6\ cm^{-1}$，对应的 δ 约为 10 nm。但热传导过程使激光脉冲的烧蚀量大大超出了方程(6.5)所定义的吸收深度。

6.2.3 激光对金属的持续热作用

在激光的持续作用下，金属吸收的光能转换为自由电子的热能，被激发的电子会与金属中的粒子、形成晶格的离子、其他电子，以及与激发电子同时产生的空穴相互作用，转换为晶格的热能。因此激光作为一个热源，在其传播到固体样品时，会诱导晶格温度上升，在金属表面附近的体积内建立随时间变化的温度梯度。假设激光能量完全转化为热能，金属中的温度分布可以由热传导方程[5]得到：

$$\frac{\partial T(x,t)}{\partial t}=\frac{\partial}{\partial x}\left[\left(\frac{\kappa}{C_p\rho}\right)\frac{\partial T(x,t)}{\partial t}\right]+\frac{\alpha}{C_p\rho}I(x,t)+U(x,t) \tag{6.6}$$

式中，T 代表样品中的温度，x 为距离样品表面的测量深度，t 为时间，κ 为材料的热导率，C_p 为材料的热容，ρ 为材料的质量密度，I 为样品中激光的辐照度，U 为单位时间体积内发生相变需要的额外能量。

图 6.2 描绘了激光脉冲与金属之间理想化的相互作用[6]。当金属表面达到熔点时，一个熔体前沿开始移动到金属中(图 6.2 上)。随后只要激光束存在，加热就继续。对于足够高的激光通量(图 6.2 中)，金属表面温度将超过沸点，第二相前沿将开始传播，烧蚀蒸气由此产生。在激光脉冲结束后金属将开始逐步冷却，相前沿将移动到样品表面重新凝固(图 6.2 下)。

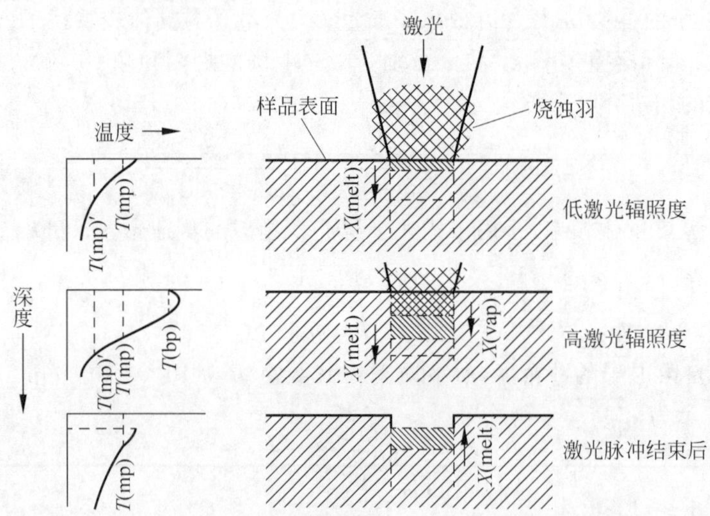

图 6.2 激光脉冲与金属理想化相互作用示意图。上图和中图分别为低通量激光脉冲和高通量激光脉冲的烧蚀情况。X(melt)和 X(vap)分别代表固-液相前沿和液-气相前沿。模拟的温度随吸收深度的变化曲线显示在左边。T(mp)和 T(bp)分别为固-液相前沿和液-气相前沿处的温度。T(mp)′表示难混溶元素的熔点(例如，Pb 在 Cu 中)，它可以从熔体前沿 X(melt)下发生液相分离，并导致分馏

对于合金来说，通过固-液二元相图可以发现，某些元素体系在一定温度以上是难混溶的。对于这种金属，当温度高于合金中某种元素的熔点时，该种元素将率先从合金中析出为纯液体。例如黄铜（Cu 和 Zn 合金）中的 Pb，Al-Pb 合金中的 Pb，Al-Sn 合金中的 Sn。析出的元素会在熔体前沿下形成一个熔坑，相变产生的压力会使液体像火山一样喷发，造成该元素在烧蚀合金表面的富集，并会与其他元素液体产生分馏。难混溶合金中元素之间熔点、沸点以及光学参数的差异可能是分馏产生的原因，而易混溶合金不会发生分馏现象，达到熔点后所有元素会同时熔化。

6.3　激光与等离子体的后烧蚀作用

激光烧蚀过后，蒸气以超声速从样品表面喷出，当蒸气等离子体密度达到一定程度时，接触样品表面的环境气体会被压缩，驱动冲击波传播到环境气体中，形成冲击气体层，与此同时通过热传导、辐射传递、直接加热的形式将能量传递到环境气体中。由此，蒸气等离子体和冲击气体层组成的羽流产生，它被认为是一种部分电离的高温气体。

对于纳秒脉冲激光，脉冲持续时间明显长于羽流产生时间，等离子体羽会直接吸收大量激光能量，其主要机制是逆韧致辐射（自由-自由跃迁）和光致电离（束缚-自由跃迁）。逆韧致辐射对应于自由电子在原子核或离子的库仑场中吸收激光能量而改变轨道并加速的过程。烧蚀蒸气中初始电子的逆韧致辐射过程使电子温度升高，导致烧蚀蒸气中原子的碰撞激发或电离，并诱导级联电离的产生，显著增加其电离程度。逆韧致辐射的吸收系数可以写成如下形式[7]：

$$\alpha_{\mathrm{IB}}=\alpha_{\mathrm{IB,e0}}+\sum_{Z=1}\alpha_{\mathrm{IB,e}Z}=n_0\sigma_{\mathrm{e,0}}^{\mathrm{IB}}+\sum_{Z=1}n_Z\sigma_{\mathrm{e},Z}^{\mathrm{IB}} \tag{6.7}$$

$$\alpha_{\mathrm{IB,e0}}(\lambda)=A_1\lambda^3 n_0 n_{\mathrm{e}} T_{\mathrm{e}}^{1.5}\sigma_{\mathrm{dif}}\overline{G}_{\mathrm{e0}}^{\mathrm{IB}} \tag{6.8}$$

$$\alpha_{\mathrm{IB,e}Z}(\lambda)=A_2\lambda^3\left[1-\exp\left(-\frac{hc}{\lambda k_{\mathrm{B}}T_{\mathrm{e}}}\right)\right]\sum_{Z=1}\frac{Z^2 n_Z n_{\mathrm{e}}\overline{G}_{\mathrm{e}Z}^{\mathrm{IB}}}{\sqrt{T_{\mathrm{e}}}} \tag{6.9}$$

式中，A_1 和 A_2 是两个常量，$\alpha_{\mathrm{IB,e0}}$ 和 $\alpha_{\mathrm{IB,e}Z}$ 分别为中性原子和 Z 次离子的逆韧致辐射吸收系数，$\sigma_{\mathrm{e,0}}^{\mathrm{IB}}$ 和 $\sigma_{\mathrm{e},Z}^{\mathrm{IB}}$ 分别为中性原子和 Z 次离子逆韧致辐射的横截面，n_{e}、n_0 和 n_Z 分别为电子、中性原子和 Z 次离子的数密度，λ 为激光波长，T_{e} 是电子温度，k_{B} 为玻尔兹曼常量，σ_{dif} 表示被中性原子散射的电子的横截面，$\overline{G}_{\mathrm{e0}}^{\mathrm{IB}}$ 和 $\overline{G}_{\mathrm{e}Z}^{\mathrm{IB}}$ 是冈特因子（Gaunt factor），可以用以下形式表示[8]：

$$\overline{G}_{\mathrm{e0}}^{\mathrm{IB}}=\left[1+\left(1+\frac{hc}{\lambda k_{\mathrm{B}}T_{\mathrm{e}}}\right)^2\right]\exp\left(-\frac{hc}{\lambda k_{\mathrm{B}}T_{\mathrm{e}}}\right) \tag{6.10}$$

$$\bar{G}_{eZ}^{IB}=1+0.1728\left(\frac{hc}{\lambda E_H Z^2}\right)^{\frac{1}{3}}\left(1+\frac{2k_B T_e\lambda}{hc}\right) \tag{6.11}$$

冈特因子表达式中 E_H 为氢的电离势，这两个因子都考虑到了量子效应对所用的经典截面计算的修正，它们的值一般都接近于 1。由逆轫致辐射吸收系数的方程可以发现，吸收系数与电子温度和激光波长有关。电子与原子的逆轫致过程在低温下占主导，而电子与离子的逆轫致过程在高温下占主导。

光致电离激发的条件是光子能量大于电离一个激发态原子所必需的能量，光致电离的吸收系数可以写成

$$\alpha_{PI}=\sum_Z\sum_k^{\infty}n_Z^k\sigma_{k,Z}^{PI} \tag{6.12}$$

式中，k 为主量子数，n_Z^k 代表处于激发态 k 的 Z 次离子的数密度，$\sigma_{k,Z}^{PI}$ 是处于激发态 k 的 Z 次离子的单光子电离的截面。最低激发态的光致电离作用主要与原子的结构和激光波长相关。根据该模型，可以计算出氢原子的单光子电离吸收系数[9]：

$$\alpha_{PI}(\lambda)=A_2\lambda^3\left[1-\exp\left(-\frac{hc}{\lambda k_B T_e}\right)\right]\left[\exp\left(\frac{hc}{\lambda k_B T_e}\right)-1\right]\sum_{Z=1}\frac{Z^2 n_Z n_e\bar{G}_Z^{PI}}{\sqrt{T_e}} \tag{6.13}$$

式中，冈特因子 $\bar{G}_Z^{PI}$ 可以表示为

$$\begin{aligned}\bar{G}_Z^{PI}=&1-0.1728\left(\frac{hc}{\lambda E_H Z^2}\right)^{\frac{1}{3}}\left(1-\frac{2k_B T_e\lambda}{hc}\right)\\&-\exp\left(-\frac{hc}{\lambda k_B T_e}\right)\left[1+0.1728\left(\frac{hc}{\lambda E_H Z^2}\right)^{\frac{1}{3}}\left(1+\frac{2k_B T_e\lambda}{hc}\right)\right]\end{aligned} \tag{6.14}$$

这里，A_2 与式(6.12)中的常数相同；T_e 为电子温度；n_e 和 n_Z 分别为电子和 Z 次离子的数密度；E_H 为氢的电离势。如果用比贝尔曼因子(Biberman factor)代替冈特因子，式(6.13)可以推广到非氢原子[10, 11]。

考虑到逆轫致辐射和光致电离的表达式中冈特因子接近于 1，那么这两个过程的吸收系数之比可以表示为

$$\frac{\alpha_{PI}}{\alpha_{IB}}=\exp\left(\frac{hc}{\lambda k_B T_e}\right)-1 \tag{6.15}$$

式(6.15)表明，$h\nu\gg k_B T_e$ 时是光致电离为主导的吸收过程，而 $h\nu\ll k_B T_e$ 时是逆轫致辐射为主导的吸收过程。这样等离子体羽流的总的吸收系数可以写成

$$\begin{aligned}\alpha_{tot}&=\alpha_{PI}+\alpha_{IB}\\&=A_1\lambda^3 n_0 n_e T_e^{1.5}\sigma_{dif}\bar{G}_{e0}^{IB}+\end{aligned}$$

$$A_2\lambda^3\left[1-\exp\left(-\frac{hc}{\lambda k_B T_e}\right)\right]\sum_{Z=1}\frac{Z^2 n_Z n_e}{\sqrt{T_e}}\left\{\left[\exp\left(\frac{hc}{\lambda k_B T_e}\right)-1\right]\overline{G}_Z^{PI}+\overline{G}_{eZ}^{IB}\right\} \tag{6.16}$$

由式(6.16)可知，$\alpha_{tot}\propto\lambda^3$，因此在激光烧蚀产生的典型等离子体的温度范围内，等离子体羽对红外波长的激光的吸收总是比对紫外波长的激光的吸收更有效。对于LIBS里常用的激光波长范围和强度，光致电离仅对原子的高激发态有效，吸收速率随气体温度升高而升高，随激光波长增加而降低。对于逆轫致辐射过程，当$h\nu\ll k_B T_e$时，在低温下的吸收主要是由电子-原子作用过程引起的，当气体开始电离(大于1%的电离)时，吸收就由电子-离子过程主导。

羽流吸收激光能量后被进一步电离，形成初始等离子体，并继续向环境气体中传播。由于后烧蚀作用是等离子体膨胀早期的重要过程，它决定了激光脉冲结束后等离子体的形态和内部结构，下面一节将详细介绍后烧蚀作用对等离子体传播的影响。

6.4　激光支持吸收波模型

6.3节所述的等离子体羽对激光的吸收，加速了其在激光入射方向的传播，导致等离子体各向异性的膨胀，等离子体从最初的受限制的蒸气状态转变为在环境气体中充分传播的激光支持吸收(laser-supported absorption，LSA)波。LSA波会持续传播，直到激光终止或辐照度降低到不能再支持LSA波的传播。LSA波的一般形态已经在图6.1中展示，此图并不具体代表某一种类型的吸收波，通过它可以了解用于描述不同类型LSA波的各个区域：前驱冲击波区、激光吸收区和传播后区。冲击波和吸收波从样品表面向外传播，波后的等离子体呈放射状膨胀。

根据前几节的内容，等离子体是经过几个瞬态阶段演变而来，不同的环境气体、激光波长、激光辐照度以及激光持续时间会使等离子体有不同的性质(包括辐射传递、表面压力、稳态性、等离子体速度和等离子体温度等重要物理量)以及传播方式。因此LSA波等离子体可以分为三种不同类型：激光支持燃烧(laser-supported combustion，LSC)波型等离子体、激光支持爆轰(laser-supported detonation，LSD)波型等离子体和激光支持辐射(laser-supported radiation，LSR)波型等离子体[12]。它们的差异是由不同的环境气体的作用以及电离和吸收激光辐射的方式而引起的，这些机制可以用于描述吸收波前传播到冷的透明环境气体中的过程。对于LIBS常用的激光辐照度诱导产生的等离子体一般为LSC波型等离子体和LSD波型等离子体，而LSR波型等离子体需要极高的激光辐照度点燃，不在本节讨论的范围之内。因此下面我们只介绍LSC波型等离子体和LSD波型等离子体的主要特征。

6.4.1 激光支持燃烧波型等离子体

在低激光辐照度下，等离子体呈现LSC波型，结构如图6.3左所示，等离子体与冲击波之间被一个压强恒定的冲击气体层隔开。虽然冲击波增加了气体的密度、压力和温度，但由于激光能量小，没有达到激发阈值，冲击气体对激光仍然是透明的。因此这种情况下，等离子体屏蔽作用发生在等离子体中部的烧蚀蒸气中。激光直接沉积在蒸气等离子体上并被其吸收，蒸气等离子体被有效地加热到图6.3左(c)和(d)所示的高温状态。相比之下，冲击气体的温度比蒸气等离子低，这是由于冲击气体的激发与电离不是直接吸收了激光能量，而是与热的蒸气等离子体发生了相互作用。另外冲击气体还有着高压和高密度的状态，这是由被膨胀的蒸气等离子体机械压缩而导致的。随着冲击气体压力和密度的增加，其对蒸气

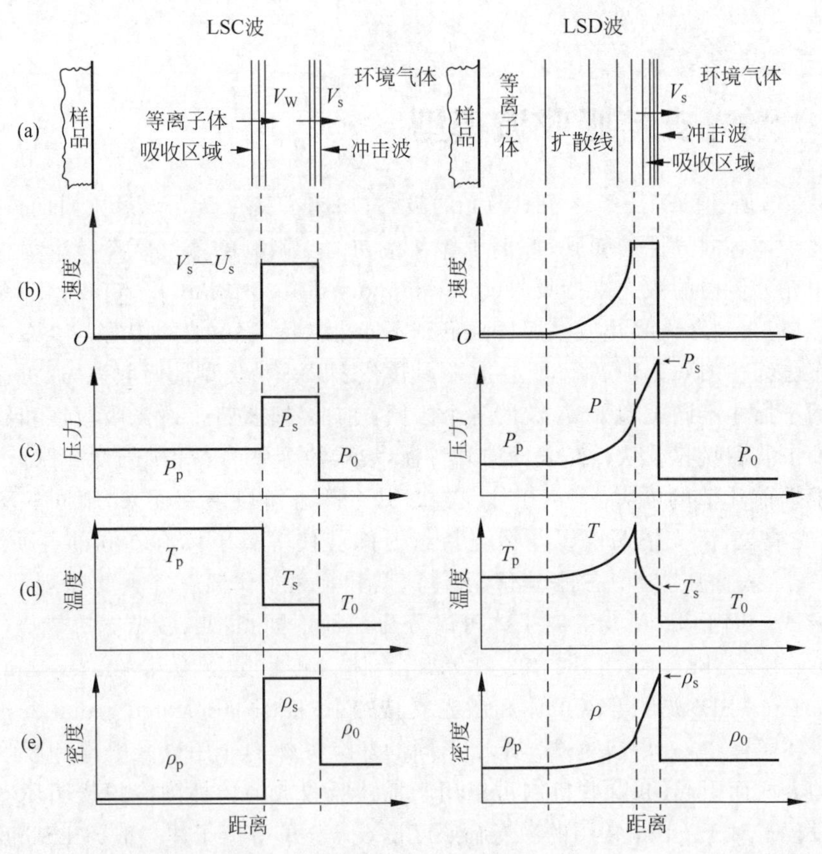

图6.3 LSC波型等离子体和LSD波型等离子体的结构(a)，速度(b)，压力(c)，温度(d)和密度(e)对比图。下标中，字母p、s分别代表蒸气等离子和冲击气体，数字0代表环境气体

等离子体发出的极紫外辐射的吸收也会随之增加，因此冲击气体与等离子体接触的部分会迅速加热、电离，它的膨胀维持了驱动冲击波传播的压力。综上所述，这个系统传播的主要机制是热蒸气等离子体对冷冲击气体的压缩、辐射和热传递。

6.4.2 激光支持爆轰波型等离子体

随着激光辐照度的逐步增加，当达到一个阈值时，冲击气体将不再需要蒸气等离子体的能量来进行额外的加热，其本身已经足够热，可以直接吸收激光辐射并被显著电离，此时等离子体将呈现 LSD 波的特征。其吸收区主要位于等离子体传播前端的冲击气体中(图 6.3 右)，冲击气体与蒸气等离子体之间不存在明显的分割线，压力、温度和密度在蒸气和冲击气体之间是连续变化的。冲击波的传播速度比 LSC 波的传播速度要快，这意味着 LSD 波型等离子体沿激光轴方向加速传播。冲击气体对激光能量的吸收驱动了 LSD 波的传播，因此冲击气体比其后的蒸气等离子体有更高的压力、温度和密度。对比两种类型的等离子体，冲击气体对激光辐射的屏蔽是蒸气等离子体的压力和温度低于 LSC 波型等离子体的主要原因。

LSC 和 LSD 这两类波型等离子体的形态差别很大。如上所述，在 LSC 波的传播过程中，激光能量被等离子体羽中部吸收，而在 LSD 波中，吸收发生在等离子体羽的前部。因此，LSC 波型等离子体更接近球形，而 LSD 波型等离子体由于冲击气体对激光能量的吸收，在激光传播轴向的传播速度比平行于样品表面的径向方向快，其形态呈长椭球形。相应地，不同的 LSA 波型等离子体中电子密度的分布、温度的分布以及不同粒子的分布差异也十分明显(将在第 7 章进行具体讨论)。

6.5 小结

本章介绍了激光烧蚀的主要物理和化学过程、等离子体与激光的后烧蚀相互作用以及等离子体在环境气体中的膨胀传播模型。对 SAF-LIBS 来说，后烧蚀相互作用结束后，等离子体冷却膨胀一段时间、达到光学薄及 LTE 态时所发射的才是有效光谱。正因如此，不仅激光烧蚀过程会影响等离子体的性质及其发射谱线，烧蚀蒸气向环境气体的传播过程也是关键影响因素，所以我们投入了很大精力研究不同传播机制产生的不同类型的等离子体的结构与性质，所获得的结果将在第 7 章详细讨论。

参考文献

[1] MAO X,RUSSO R E. Observation of plasma shielding by measuring transmitted and reflected laser pulse temporal profiles[J]. Applied Physics a Materials Science and Proccessing,1996,64: 1-6.

[2] SADOQI M,KUMAR S,YAMADA Y. Photochemical and photothermal model for pulsed-laser ablation[J]. Journal of Thermophysics & Heat Transfer,2002,16(2): 193-199.

[3] LUK'YANCHUK B S,BITYURIN N M,MALYSHEV A Y,et al. Photophysical ablation [C]. Proceedings of SPIE-The International Society for Optical Engineering,1998.

[4] KITTEL C. Introduction to solid state physics[M]. New Jersey: John Wiley & Sons Inc,2005.

[5] BOGAERTS A,CHEN Z,GIJBELS R,et al. Laser ablation for analytical sampling: what can we learn from modeling[J]. Spectrochimica Acta Part B Atomic Spectroscopy,2003, 58(11): 1867-1893.

[6] SINGH R K, NARAYAN J. A novel method for simulating laser-solid interactions in semiconductors and layered structures[J]. Materials Science & Engineering B,1989,3(3): 217-230.

[7] LANDAUETALWRITED L D. The classical theory of fields[M]. Oxford: Pergamon Press,1975.

[8] WEN S B,MAO X, GREIF R, et al. Radiative cooling of laser ablated vapor plumes: Experimental and theoretical analyses[J]. Journal of Applied Physics,2006,100(5): 12076.

[9] MENZEL D H,PEKERIS C L. Absorption coefficients and hydrogen line intensities[J]. Monthly Notices of the Royal Astronomical Society,1935,96(96): 77.

[10] BIBERMAN L M,NORMAN G E. On the calculation of photoionization absorption[J]. Optics Spectrosc,1960,8(1): 230.

[11] BIBERMAN L M,NORMAN G E,ULYANOV K N. On the calculation of photoionization absorption in atomic gases[J]. Optics and Spectroscopy,1961,10: 297.

[12] ROOT R G. Post-breakdown phenomena in laser-induced plasmas and applications[M]. New York: Dekker,1989.

第7章

二元合金表面等离子体的时空演化过程

为了计算不同时刻激光诱导等离子体中粒子数密度及吸收路径长度，探索自吸收效应产生和演化的机制，量化表征等离子体辐射谱线自吸收程度的方法，可以通过时空分辨光谱层析和等离子体瞬态成像技术，对二元合金表面等离子体实现三维空间和时间分辨，直接获得等离子体的形貌和结构，直观地观察等离子体中各种粒子的演化过程，得到等离子体内部的各态粒子时空分布结构的演化机制。由此可以研究复杂样品中不同元素的自吸收效应和光学薄条件，更加明确SAF-LIBS优于传统LIBS的原因。

本章我们将探讨LSA波类型与粒子分布结构间关系及相关依赖因素，同时还将研究LSC波和LSD波型等离子体的特征，如羽流形态、等离子体中的粒子寿命、等离子体内部结构、粒子衰减速度等，以便进一步理解第6章所述的等离子体非线性效应。为了产生不同LSA波类型的等离子体，我们仍然使用图3.1所示实验装置，通过接近合金激发阈值的低辐照度激光产生LSC波主导型等离子体，采用高辐照度的激光产生LSD波主导型等离子体。为了研究样品元素比例对等离子体粒子分布结构的影响，这里选取三种成分配比悬殊的二元合金作为待测样品。

7.1 构造激光支持吸收波等离子体

本实验选择了具有液相分离特性、熔点约为870 K的铝锡合金，铝锡的质量比为3∶7，相应的元素原子数密度比约为2∶1。选择这种合金的原因是铝和锡两种元素的物理性质(表7.1)差异显著，例如熔点和原子质量，并且它们具有特征发射光谱谱线稀疏、无干扰的性质。背景气体选择惰性气体氩气。根据6.4节内容，产生两种类型等离子体最简单的方法就是控制激光辐照度的大小，通常低辐照度激光诱导可产生LSC波型等离子体,高辐照度激光诱导可产生LSD波型等离子体,本实验中使用的激光辐照度分别为10 GW/cm^2 和1 GW/cm^2(略高于铝锡合金的击穿阈值0.6 GW/cm^2)。为了获得时间分辨发射率图像,ICCD2采用的延时和门宽分别为20 ns、60 ns、200 ns、400 ns、800 ns、1000 ns和2 ns、2 ns、5 ns、20 ns、50 ns、50 ns。

表7.1　Al和Sn的熔点、沸点、相对原子质量以及代表Al、Sn和Ar的原子和离子的发射谱线的波长、上下能级能量和跃迁概率、用于成像的滤光片的中心波长,同时列出了不同激光辐照度下观察各粒子所设置的ICCD增益

元素	熔点/K	沸点/K	相对原子质量	粒子	发射谱线/nm	下能级/eV	上能级/eV	跃迁概率/$\times 10^7 s^{-1}$	F1的中心波长/nm	F2的中心波长/nm	ICCD增益	
											1 GW/cm^2	10 GW/cm^2
Al	933	2260	27	Al Ⅰ	394.40	0.00	3.14	4.99	396	370	200	50
					396.15	0.01	3.14	9.85				
				Al Ⅱ	358.66	11.85	15.30	23.5	358	370	200	50
Sn	504	2533	119	Sn Ⅰ	380.10	1.07	4.33	2.80	380	370	200	50
				Sn Ⅱ	533.23	8.86	11.19	9.90	530	522	500	200
Ar	—	—	—	Ar Ⅰ	763.51	11.55	13.17	2.45	764	786	500	200
				Ar Ⅱ	484.78	16.75	19.31	8.49	488	522	500	200
					487.99	17.14	19.68	8.23				

瞬态等离子体成像法需要使用一对滤光片,其中一个以粒子发射谱线为中心(F1),另一个的中心在粒子发射谱线外(F2)并且透过半宽内无任何谱线,两个滤光片获得的图像相减得到的就是粒子发射光的图像。特征谱线的选择需要满足三个条件:谱线强度比较强、在10 nm范围内无其他谱线干扰,以及波长接近可见光波长。将光纤对准放大的等离子体图像中心,采集20 ns和400 ns延时下10 GW/cm^2 的激光辐照度产生的Al-Sn等离子体光谱,结果如图7.1所示。图中框出了以字母a(Al Ⅱ)、d(Al Ⅰ)、g(Sn Ⅱ)、c(Sn Ⅰ)、e(Ar Ⅱ)、h(Ar Ⅰ)为代表的6种待测粒子的特征谱线,字母"b""f""i"代表连续背景辐射,方框的宽度代表滤光片的带宽10 nm。在表7.1中列出了各待测粒子的特征谱线波长、上下能级能量和跃迁概率和滤光片F1、F2的中心波长。需要说明的是,358.66 nm处的Al Ⅱ谱线是15条谱线的叠加。由于滤光片的带宽小于10 nm,所以Al、Sn和Ar粒子发出的谱线在光谱成像时不会相互干扰。

与等离子体膨胀后期(400~1000 ns)相比,在等离子体形成初期(20~200 ns,尤其是20 ns),韧致辐射和辐射重组产生的连续辐射背景强[1],导致发射谱线的信噪比低。因此实验中对每幅图像累积了60次,而且利用不同的ICCD增益进行粒子成像(列于表7.1),从而可以直观清晰地观察等离子体结构形态随时间演化以及蒸气等离子体与环境气体间的相互作用。

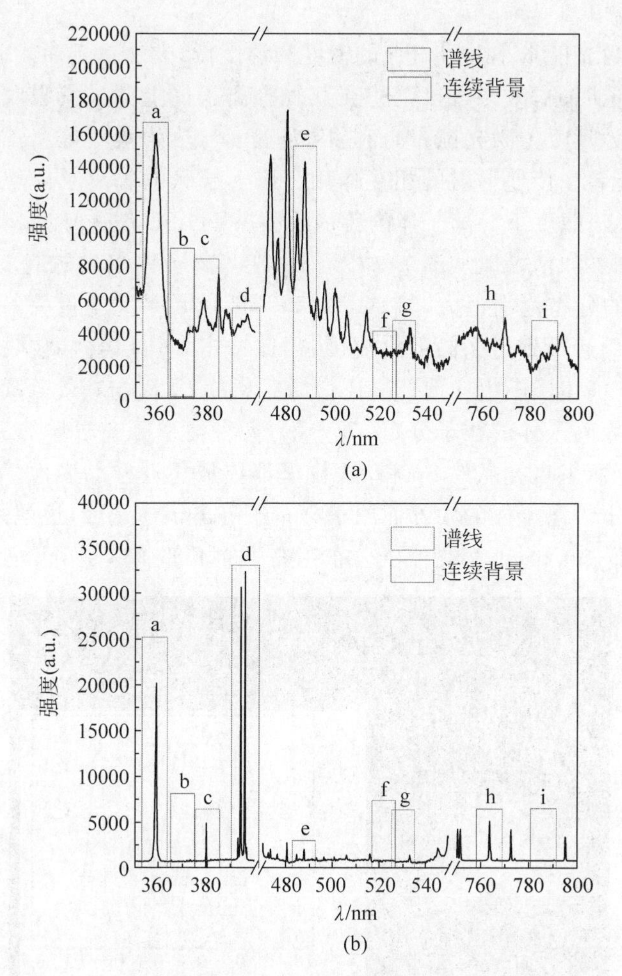

图7.1　Al-Sn合金被10 GW/cm² 辐照度的激光诱导下产生的等离子体在(a)20 ns和(b)400 ns的发射光谱。图中"a～i"代表不同粒子成像所用的谱线：a(Al Ⅱ)、d(Al Ⅰ)、g(Sn Ⅱ)、c(Sn Ⅰ)、e(Ar Ⅱ)、h(Ar Ⅰ)以及连续辐射背景(b、f、i)

(请扫Ⅹ页二维码看彩图)

7.2　激光支持吸收波等离子体的空间演化

图7.2展示了20 ns时，1 GW/cm² 和10 GW/cm² 的激光辐照度诱导合金产生的等离子体中粒子的发射率图像和归一化的中心轴发射率曲线。图中对6种颜色所代表的粒子进行了标注：Ar原子(蓝色)、Ar离子(灰色)、Al原子(红色)、Al离子(绿色)、Sn原子(土黄色)和Sn离子(玫红色)。由图可观察到，低激光辐照度时，等离子体在膨胀初期有非常明显的层状结构，Ar粒子与Al、Sn粒子有分界。

这是由于此时激光能量小并且氩气的密度和温度低，无法达到激发阈值，此时对激光来说氩气是透明的，激光直接沉积在蒸气等离子体上并被其吸收。氩气的激发与电离不是因为吸收了激光能量，而是因为氩气与热的蒸气等离子体羽核发生了包含压缩、热传导和传递辐射的相互作用。以上层状的等离子体粒子分布特征表明，在该低激光辐照度下等离子体的传播模型属于 LSC 波主导型。

高激光辐照度时，可以从图 7.2 中看到，在等离子体演化初期，Ar 的电离程度很高，Ar 离子的分布范围很大，与 Al、Sn 离子区域几乎完全重叠。只与热蒸气等离子体相互作用达不到这么高的电离度，因此冲击气体层直接吸收了大量的激光能量，此时冲击气体层不仅向前传播还会向后反冲，从而与蒸气等离子体形成了混合区域。对比等离子体的粒子分布(图 7.2)，两种类型等离子体的 Ar 粒子均位于等离子体顶部，而来自样品的 Sn 和 Al 粒子都更加靠近样品表面。另外所有元素的离子都分布于等离子体的中部而原子分布于等离子体边缘，也就是 Ar 原子分布在 Ar 离子上部，Sn 和 Al 都是原子分布在离子的下部。这是由于等离子体中心温

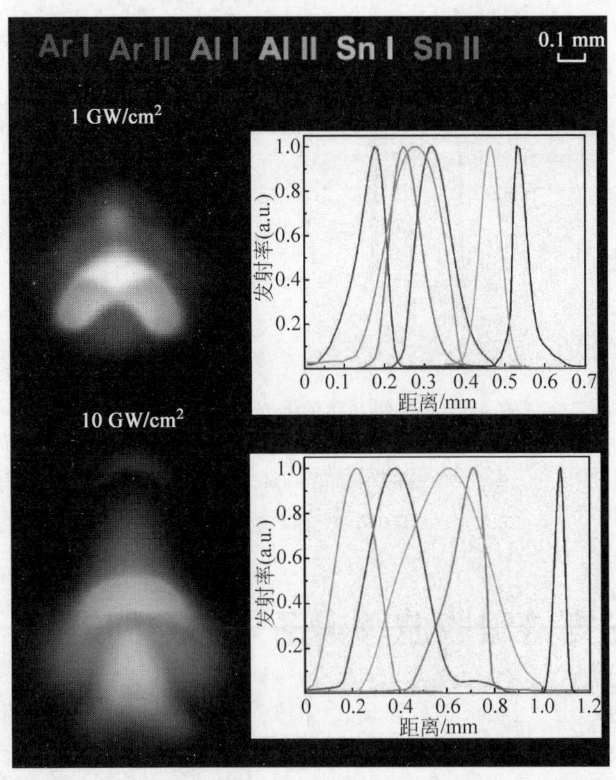

图 7.2　在 20 ns 时刻，1 GW/cm^2 和 10 GW/cm^2 激光辐照度诱导 Al∶Sn＝3∶7 合金产生的等离子体中 Ar 原子、Ar 离子、Al 原子、Al 离子、Sn 原子和 Sn 离子的发射率图像和归一化后中心对称轴的发射率曲线

(请扫 X 页二维码看彩图)

度较高而使此处电离度较高。我们通过高低两种辐照度成功构建了 LSC 波和 LSD 波型主导的离子体。从形态上看，LSD 波比 LSC 波型等离子体更显细长，这是由于沿激光入射方向其等离子体膨胀速度比径向更大。

7.3　激光支持吸收波等离子体的时间演化

为了对比等离子体中各粒子的寿命，这里选取 20 ns、60 ns、200 ns、400 ns、800 ns、1000 ns 下 1 GW/cm^2 和 10 GW/cm^2 激光辐照度诱导 Al∶Sn＝3∶7 合金产生的等离子体中 Ar 原子、Ar 离子、Al 原子、Al 离子、Sn 原子和 Sn 离子的发射率图像，展示在图 7.3 中。等离子体演化初期等离子体的粒子分布结构比较清晰，

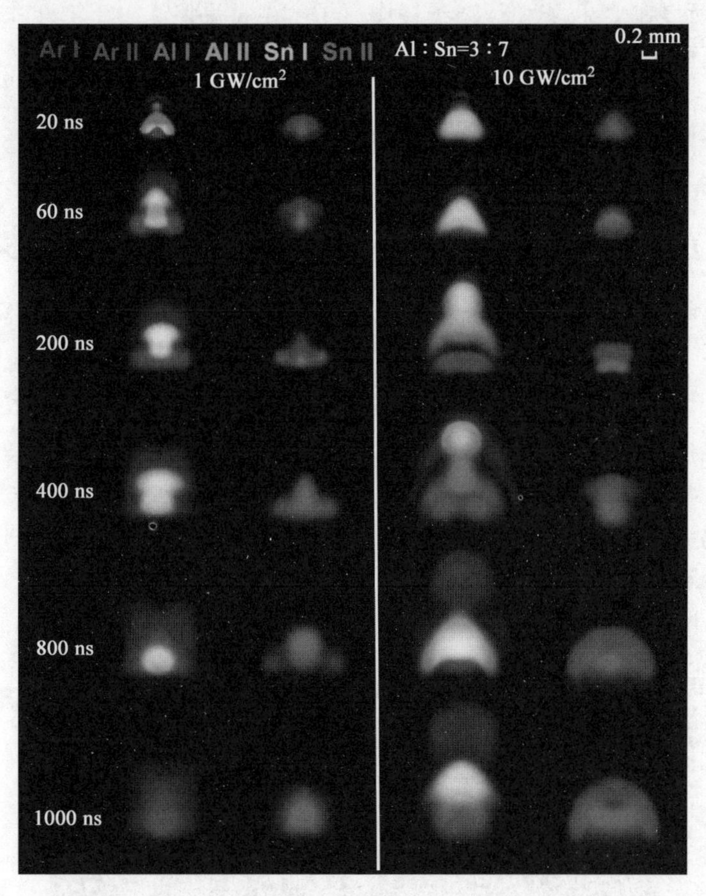

图 7.3　在 20 ns、60 ns、200 ns、400 ns、800 ns、1000 ns 时刻 1 GW/cm^2 和 10 GW/cm^2 激光辐照度诱导 Al∶Sn＝3∶7 合金产生的等离子体中 Ar 原子、Ar 离子、Al 原子、Al 离子、Sn 原子和 Sn 离子的粒子发射率图像

（请扫Ⅹ页二维码看彩图）

将6种粒子都展示在一起也可以分辨(图7.2)。但是随着等离子体的膨胀,在其演化后期(800～1000 ns)所有粒子难以共同获得清晰图像,所以同一个等离子体中的粒子分成两部分展示,左面一列是Ar原子、Ar离子、Al原子和Al离子,右面一列是Ar原子、Ar离子、Sn原子和Sn离子。需要注意的是,Ar原子和Ar离子在左右两幅图中重复展示。

从图7.3中可以发现,高激光辐照度会降低等离子体的冷却速度,从而延长离子的寿命,所以LSC波型等离子体与LSD波型相比,离子湮灭得更快。LSC波型等离子体中,Ar离子会比Al离子和Sn离子更早湮灭,这是由于ArⅡ(19.68 eV)与AlⅡ(15.30 eV)、SnⅡ(11.19 eV)相比具有更高的上能级,随着等离子体的膨胀冷却,Ar离子处于上能级的布居数减小得更快。高激光辐照度还会增强等离子体电离度,所以在LSD波型等离子体中原子产生得更晚。对于LSD波型等离子体,Sn原子和Ar原子在20 ns时出现,而Al原子在200 ns才出现。这是由于Al的电离能(6.01 eV)比Sn(7.36 eV)与Ar(15.81 eV)都低。等离子体膨胀初期Al原子被完全电离,之后冷却一段时间后能量降低才有AlⅠ发射出来。

7.4 粒子分布结构与激光支持吸收波模型的关系

图7.4显示了在20 ns和200 ns时刻两种激光辐照度照射下产生的等离子体中Al和Sn的粒子分布的对比,可以发现不同传播模型下蒸气等离子体演化初期的粒子分布有明显的差异。在低辐照度时,Al的粒子层分布在Sn之下,而在高辐照度时则相反。Bulatov等[2]和Borisov等[3]也提出了Cu-Zn合金的类似现象,他们发现Zn粒子主要存在于等离子体外层,而Cu粒子主要存在于等离子体内层。这一特征与Cu-Zn合金的中Zn的熔点和沸点都较低有关。对于Al-Sn合金中的两种元素,物理性质上的差异比较大,具体列于表7.1中,Sn的熔点比Al低,但沸点高于Al,诱导Al-Sn合金产生的等离子体中粒子的分布究竟是取决于熔点还是沸点,将在下面详细讨论。

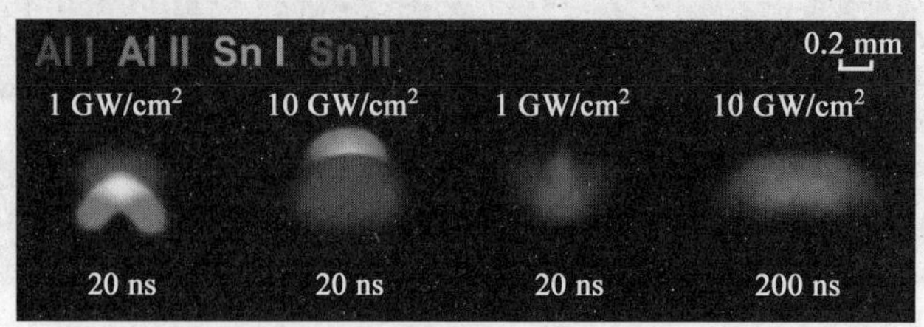

图7.4　20 ns和200 ns时,在1 GW/cm^2和10 GW/cm^2的激光辐照诱导Al∶Sn=3∶7的合金产生的等离子体中,AlⅠ、AlⅡ、SnⅠ和SnⅡ的发射率图像

(请扫Ⅹ页二维码看彩图)

当低辐照度的激光照射到合金表面时，在激光所能到达的体积内，温度开始出现急剧的跃变。热量随着金属的热扩散从表面转移出去，然后在金属材料中建立了一个随时间变化的温度梯度。当温度达到金属的熔点时，金属开始熔化，一个熔体前沿将开始向等离子体方向移动。对铝锡合金的固-液二相图分析表明，这种体系在一定的温度范围内是难混溶的。换句话说，当温度高于某种元素的熔点时，这种元素会从固体混合物分离成纯液体。例如，Cu 在 Zn 中，Pb 在 Al 中，Sn 在 Al 中，等等，这种现象被称为区域富集[4]。难混溶合金的熔化过程根据不同的激光辐照度可分为以下两种情况。

(1) 对于 LSC 波型等离子体，入射激光引起样品表面的熔化过程中，会出现区域富集的现象，低熔点的元素会产生几乎瞬间的迁移和分离，其在熔融态液滴中的占比会大于在样品中的占比。当低辐照度激光烧蚀铝锡合金时，就会出现这种现象，熔点低的 Sn 首先从样品中熔化，所以在蒸气等离子体里 Sn 粒子分布在等离子体顶部。Cromwell 等[5]也证明了低能量激光在烧蚀铝 SRM 1256A 过程中存在 Sn 的区域富集现象，他们还进一步研究了 Al-Sn 体系的二元相图，发现在 230℃以上液态 Sn 会完全偏析。

(2) 对于 LSD 波型等离子体，由于 Sn 和 Al 的沸点相近，过高的辐照度会导致样品中的 Sn 和 Al 几乎被瞬间汽化。此时，它们在等离子体中的分布就要更多地考虑它们的运动速度。与 Sn 相比，Al 的相对原子质量更小，因而飞行速度更快，Al 粒子也处于更外层。

综上所述，对于难混溶合金，我们可以得到两个结论：①LSC 波型等离子体的粒子分布主要取决于合金中组成元素的熔点；②LSD 波型等离子体的粒子分布主要取决于组成元素的原子质量。为了进一步验证上述两个结论，这里对不同 LSA 波型等离子体中的粒子分布进行了更多的理论和实验研究。

首先用时空分辨光谱层析技术对结论进行了验证。400 ns 时 1 GW/cm^2 和 10 GW/cm^2 的激光辐照度诱导产生等离子体，用透镜产生放大六倍的像，然后用光纤沿着等离子体的 x 轴($r=0$)，以 0.5 mm 为步长进行一维扫描。选择如此长延迟时间的原因是等离子体中粒子层分布顺序一般不随时间改变[6]，而且初始等离子体往往偏离 LTE 态[7]。理论上，Sn Ⅱ(533.23 nm)与 Al Ⅱ(358.66 nm)的强度比可以表示为

$$\frac{I_{\mathrm{Sn}}}{I_{\mathrm{Al}}}=\frac{N_{\mathrm{Sn}}Z_{\mathrm{Al}}(T)\lambda_{nm,\mathrm{Al}}A_{ki,\mathrm{Sn}}g_{k,\mathrm{Sn}}}{N_{\mathrm{Al}}Z_{\mathrm{Sn}}(T)\lambda_{ki,\mathrm{Sn}}A_{nm,\mathrm{Al}}g_{n,\mathrm{Al}}}\exp\left(\frac{E_{n,\mathrm{Al}}-E_{k,\mathrm{Sn}}}{k_{\mathrm{B}}T}\right) \tag{7.1}$$

式中，I_{Sn} 是 k-i 能级跃迁的谱线强度，I_{Al} 是 n-m 能级跃迁的谱线强度，N 是数密度。则相应的粒子数密度比可由下面的公式计算：

$$\frac{N_{\mathrm{Sn}}}{N_{\mathrm{Al}}}=\frac{I_{\mathrm{Sn}}U_{\mathrm{Sn}}(T)\lambda_{ki,\mathrm{Sn}}A_{nm,\mathrm{Al}}g_{n,\mathrm{Al}}}{I_{\mathrm{Al}}U_{\mathrm{Al}}(T)\lambda_{nm,\mathrm{Al}}A_{ki,\mathrm{Sn}}g_{k,\mathrm{Sn}}}\exp\left(\frac{E_{k,\mathrm{Sn}}-E_{n,\mathrm{Al}}}{k_{\mathrm{B}}T}\right) \tag{7.2}$$

对测量得到的谱线强度比进行温度校正就可以得到相应的两种粒子的数密度比。

图 7.5 展示了等离子体 x 轴上 Sn 和 Al 两种粒子的归一化数密度比的变化曲线。等离子体温度是用波长为 308.22 nm、309.27 nm、394.40 nm 和 396.15 nm 的 Al Ⅰ 谱线根据玻尔兹曼平面法计算的。这里，所有用到的谱线都根据公式(2.6)进行了自吸收校正。以 1 GW/cm^2 的激光辐照度产生的等离子体在 $r=0$ mm，$x=0.6$ mm 处的玻尔兹曼平面法(图 7.6)为例。拟合的直线斜率为 $T=(5476\pm600)$K，沿 1 GW/cm^2 激光辐照度产生的等离子体 x 轴的电子温度估计为 5012～5880 K，对于 10 GW/cm^2 激光辐照度，温度为 5520～6768 K。

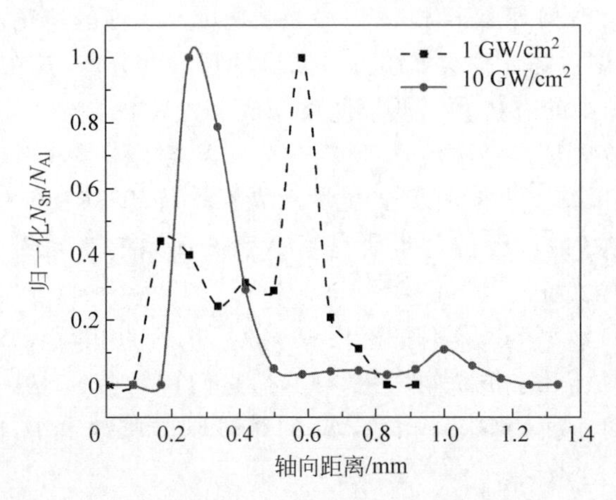

图 7.5　400 ns 时，1 GW/cm^2 和 10 GW/cm^2 激光辐照度诱导 Al∶Sn＝3∶7 合金产生的等离子体 x 轴上的 Sn 和 Al 粒子归一化数密度比的变化曲线

(请扫Ⅹ页二维码看彩图)

可以看出，对于 1 GW/cm^2 的激光辐照度，$x=0.6$ mm 处粒子数密度比的值最大，而对于 10 GW/cm^2 的激光辐照度，$x=0.3$ mm 处比值最大。这说明 Sn 粒子主要分布在 LSC 波型等离子体顶部，而在 LSD 波型等离子体中则主要分布在底部。因此，对于 LSC 波型等离子体，在激光烧蚀过程中，较低熔点的元素优先从样品中分离出来，并在等离子体顶部富集。也就是说，由熔点差异大的元素形成的难混溶合金激光烧蚀会产生分馏效应，熔点较低的元素会分布在等离子体上层。

接下来，从等离子体动力学理论上验证 LSD 波型等离子体的粒子分布结构主要取决于元素相对原子量的论断。在 LSD 波的情况下，样品中的 Sn 和 Al 同时汽化，在等离子体膨胀过程中，等离子体内部会形成低压区域，可以近似认为此处是真空，此时总的粒子速度可以用下式表示：

$$v_{\text{tot}}=v_{\text{T}}+v_{\text{cm}}+v_{\text{c}} \tag{7.3}$$

式中：$v_{\text{T}}=\sqrt{3k_{\text{B}}T/m}$ 是热速度；$v_{\text{cm}}=\sqrt{1.67k_{\text{B}}T/m}$ 是用真空中的绝热膨胀模

型得到的等离子体膨胀速度；$v_c=\sqrt{2ev_0/m}$ 是一次电离离子的库仑速度，对于原子 $v_c=0$，v_0 是等效加速电压。由此式可知，粒子的传播速度与粒子质量的平方根成反比。Al 的相对原子质量比 Sn 的小很多，Al 粒子的飞行速度大约比 Sn 粒子快一倍，所以 Al 粒子分布于 Sn 粒子的外层。这与 Min 等[8]的观点一致，他们从理论和实验上证明了在真空中诱导 SiC 样品产生的等离子体中，C Ⅱ粒子的速度高于 Si Ⅱ粒子。

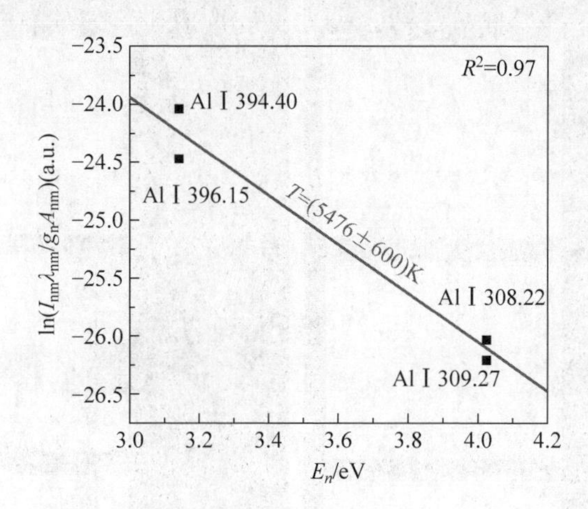

图 7.6　400 ns 时在 1 GW/cm^2 激光照射下，Al∶Sn＝3∶7 合金诱导产生的等离子体在 x＝0.6 mm 和 r＝0 mm 处 Al Ⅰ谱线(308.22 nm，309.27 nm，394.40 nm 和 396.15 nm)的玻尔兹曼图

(请扫Ⅹ页二维码看彩图)

7.5　粒子分布结构与元素比例的关系

SAF-LIBS 是一种利用等离子体中粒子辐射光谱对样品中元素比例进行定量分析的技术，研究元素配比对等离子体粒子分布特征的影响也许能为进一步提升 SAF-LIBS 的定量分析能力提供指导。本实验以三种不同配比的铝锡合金为样品，铝锡的质量比分别为 7∶3、5∶5 和 3∶7，相应的元素原子数密度比约为 10∶1、4∶1 和 2∶1。

图 7.7 所示为 400 ns 时，三种合金在 1 GW/cm^2 和 10 GW/cm^2 激光照射下产生的等离子体中 Al 原子、Al 离子、Sn 原子和 Sn 离子的发射率图像和归一化后的中心对称轴的发射率曲线。选择如此大的延时是因为在高激光辐照度下，等离子体的电离程度很高，对于 Al∶Sn＝7∶3 质量比的合金所诱导的等离子体中的 Al 原子直到 400 ns 才出现。从图 7.7(a)可以看出，对于 LSC 波型等离子体，虽然

样品组成不同，但粒子层的分布顺序是相同的。从等离子体的上到下，顺序都是 Sn Ⅱ、Al Ⅱ、Sn Ⅰ和 Al Ⅰ。同样，对于图 7.7(b)中的 LSD 波型等离子体，顺序都是 Al Ⅱ、Sn Ⅱ、Al Ⅰ和 Sn Ⅰ。因此，在相同的 LSA 波机制下，组成元素质量比不同的二元合金产生的等离子体具有相同的粒子分布顺序。这说明，与激光辐照不同，二元合金中元素的质量比并没有改变等离子体的粒子分布。

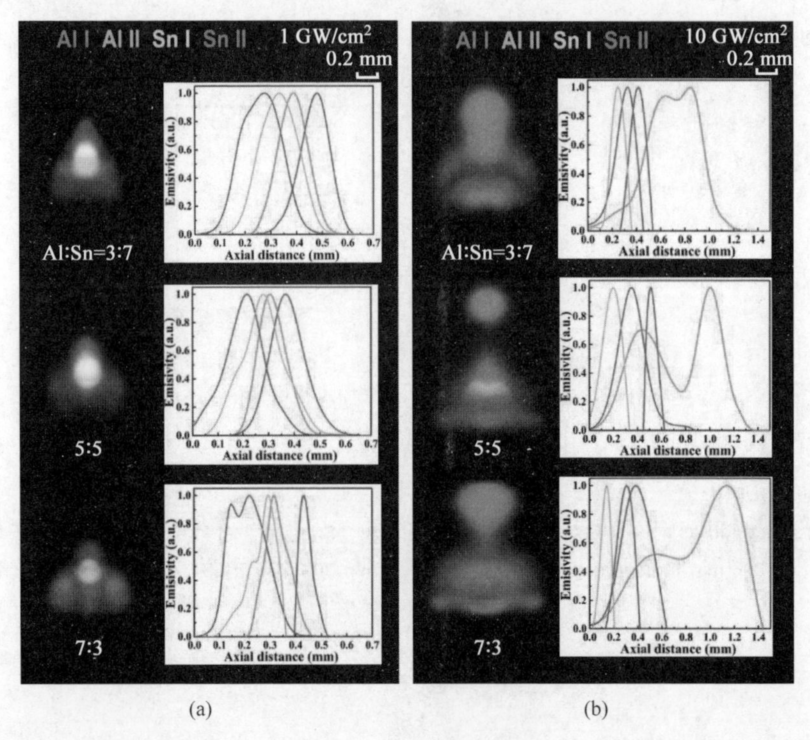

图 7.7 Al、Sn 配比为 7∶3、5∶5 和 3∶7 的三种样品在 400 ns 时 LSC 波和 LSD 波型等离子体中 Al 离子、Sn 离子、Al 原子、Sn 原子发射率图像和归一化后的中心对称轴的发射率曲线

(请扫Ⅹ页二维码看彩图)

虽然二元合金中元素的质量比并没有改变等离子体的粒子分布，但是改变了粒子的寿命，影响粒子产生和湮灭的时间。图 7.8 展示了 Al-Sn 合金配比为 7∶3、5∶5 和 3∶7 的三种样品在 LSC 波型等离子体中 Al 离子、Sn 离子、Ar 离子和 Ar 原子在 400～1000 ns 的发射率图，以及 LSD 波型等离子体中 Al 原子、Sn 原子、Ar 离子和 Ar 原子在 20～400 ns 的发射率图。

观察图 7.8 可以研究等离子体中原子的产生和离子的湮灭。由图可见，对于 LSC 波，Al∶Sn=3∶7 的样品等离子体中 Ar 离子、Al 离子和 Sn 离子在 800～1000 ns 时湮灭，而其他两个样品在观察时间段内离子持续存在。对于 LSD 波，由

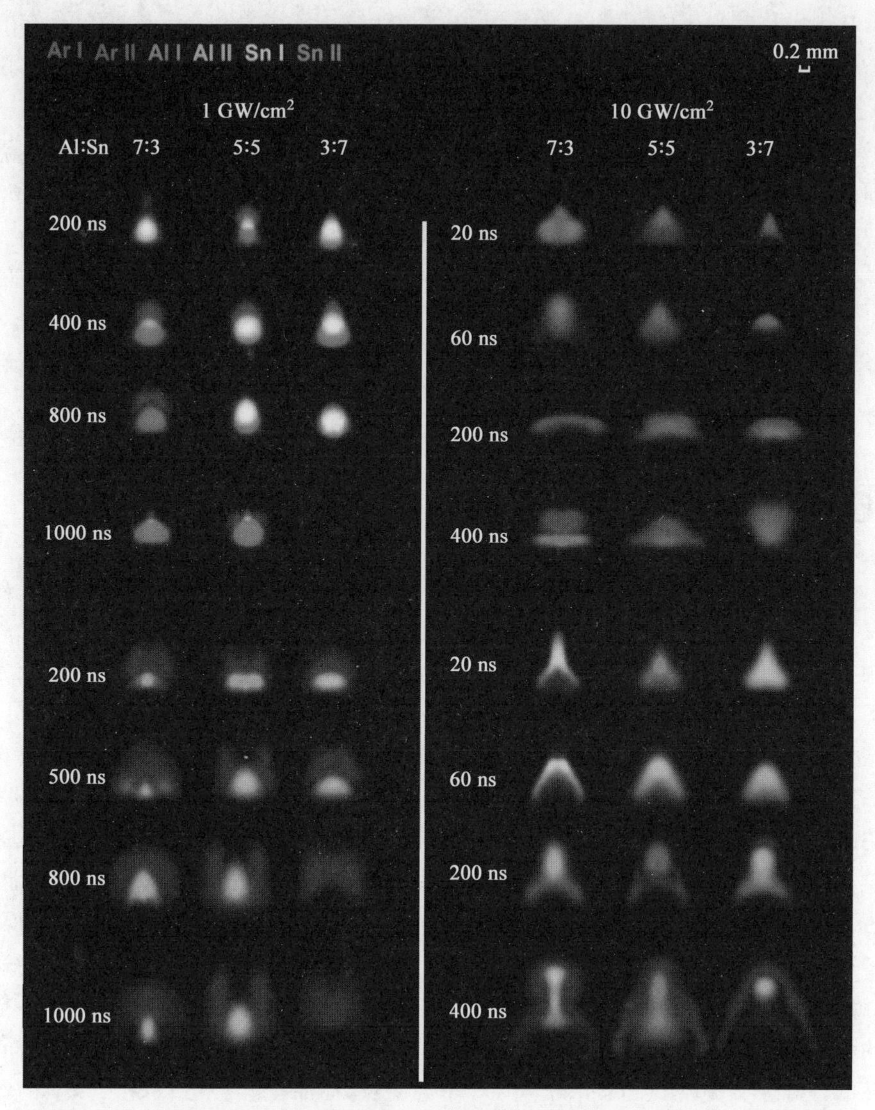

图 7.8　Al、Sn 配比为 7∶3、5∶5 和 3∶7 的三种样品在 400～1000 ns 时 LSC 波型等离子体中 Al 离子、Sn 离子、Ar 离子和 Ar 原子的发射率图，20～400 ns 时 LSD 波型等离子体中 Al 原子、Sn 原子、Ar 离子和 Ar 原子的发射率图

（请扫 X 页二维码看彩图）

于激光辐照度较高，等离子体寿命有所延长，在观察时间段内所有粒子均未湮灭，但我们推测其湮灭规律应该与 LSC 波类似。值得注意的是，LSD 波会影响原子产生的时间。观察图 7.8 右半部分可以发现，在等离子体演化初期，三个样品产生的等离子体中的 Sn 原子和 Ar 原子在 20 ns 同时产生，而 Al 原子的产生时间则不

同。其中,对于 Al∶Sn=7∶3 的样品等离子体,Al 原子在 400 ns 才产生,而其他两个样品在 200 ns 就产生了。为了解释以上现象,在 LTE 下(延时 500 ns,门宽 200 ns),测量等离子体中心的光谱并进行自吸收校正后,利用玻尔兹曼平面法计算了各等离子体的温度。在 LSC 波的传播机制下,三个样品产生的等离子体温度分别为 5117 K、4816 K、4628 K,在 LSD 波的传播机制下则分别为 7870 K、7157 K、6863 K。等离子体温度越高,意味着其内部的粒子电离度就越高。在 LSC 波型传播机制中,Al-Sn 合金配比为 3∶7 的样品产生的等离子体温度最低,所以其原子的电离程度也是最低的,离子最早湮灭。在 LSD 波型传播机制中,Al-Sn 合金配比为 7∶3 的样品产生的等离子体温度最高,所以其原子电离度也最高,铝原子产生得最晚。

7.6 小结

本章采用波长-空间-时间分辨成像技术获得 Al-Sn 合金的激光诱导等离子体发射率图像,来观察等离子体向周围气体的膨胀过程。这些发射率图像直观地反映了不同粒子的相对分布以及随时间的演化过程。通过观察发射率图像探索了基于 LSA 波类型和元素比例的等离子体内各态粒子时空分布结构的演化机制。我们发现,激光辐照度会改变各态粒子时空分布结构,而样品元素比例则不会。在低辐照度的情况下,等离子体的传播展现出 LSC 波的特征,此时粒子电离度低,离子的寿命较短。元素熔点是影响等离子体膨胀早期粒子分布的因素。熔点低的元素粒子会先脱离难混溶合金的样品表面,膨胀过程中分布于蒸气等离子体的上部。高激光辐照度时等离子体传播模型是 LSD 波,此时粒子电离度高,原子出现得晚,原子相对质量成为粒子分布的主要影响因素。相对原子质量小的粒子运动的速度快,膨胀过程中分布于蒸气等离子体的上部。虽然不同元素比例的等离子体在相同的传播模型下粒子分布结构相同,但不同元素配比会使等离子体的温度不同,温度高的等离子体电离度也高,离子的寿命会变长,而原子会产生得晚。以上的结论虽然是在本实验条件下得到的,但应该是普适于组成难混溶合金的任何元素的。本章所使用的方法及讨论的内容能为研究自吸收效应产生和演化的机制提供指导。

参考文献

[1] GIACOMO A D,GAUDIUSO R,DELLAGLIO M,et al. The role of continuum radiation in laser induced plasma spectroscopy[J]. Spectrochimica Acta Part B Atomic Spectroscopy,

2010,65(5): 385-394.

[2] BULATOV V,XU L,SCHECHTER I. Spectroscopic imaging of laser-induced plasma[J]. Analytical Chemistry,1996,68(17): 2966-2973.

[3] BORISOV O V,MAO X L,FERNANDEZ A,et al. Inductively coupled plasma mass spectrometric study of non-linear calibration behavior during laser ablation of binary Cu-Zn Alloys[J]. Spectrochimica Acta Part B Atomic Spectroscopy,1999,54(9): 1351-1365.

[4] OUTRIDGE P M,DOHERTY W,GREGOIRE D C. The formation of trace element-enriched particulates during laser ablation of refractory materials[J]. Spectrochimica Acta Part B: Atomic Spectroscopy,1996,51(12): 1451-1462.

[5] CROMWELL E F,ARROWSMITH P. Fractionation effects in laser ablation inductively coupled plasma mass spectrometry[J]. Applied Spectroscopy,1995,49(11): 1652-1660.

[6] BAI X,MA Q,PERRIER M,et al. Experimental study of laser-induced plasma: Influence of laser fluence and pulse duration[J]. Spectrochimica Acta Part B Atomic Spectroscopy, 2013,87(9): 27-35.

[7] CRISTOFORETTI G,GIACOMO A D,DELLAGLIO M,et al. Local thermodynamic equilibrium in laser-induced breakdown spectroscopy: beyond the McWhirter criterion[J]. Spectrochimica Acta Part B: Atomic Spectroscopy,2010,65(1): 86-95.

[8] MIN Q,SU M,CAO S,et al. Dynamics characteristics of highly-charged ions in laser-produced SiC plasmas[J]. Optics Express,2018,26(6): 7176.

第8章

基于LIBS技术的煤质分析基础

我国是一个多煤少油的国家，煤炭在我国能源结构中占据重要地位。20 世纪 50 年代煤炭在我国一次性能源结构中占比曾高达 90%。随着大庆油田、渤海油田的发现和开发，一次性能源结构才有了一定程度的改变。表 8.1 给出了我国近 5 年(2017—2021 年)能源消耗情况。从表中可以看出，我国的能源消耗总量逐年在增加，煤炭在能源消耗总量的占比虽然由 2017 年的 60.6%逐渐下降为 2021 年的 56.0%，但煤炭消费量的绝对值却从 2017 年的 39 亿 1403 万吨逐渐上升为 2021 年的 42 亿 2925 万吨！我国的石油、天然气虽然严重依赖进口，但其消费分别只占我国一次性能源消费的约 18%和约 9%。近年来，太阳能、风能、水能、核能、生物质能源等新能源取得了长足发展，但占比也仅由 2017 年的 13.6%上升为 2020 年的 15.9%(2021 年统计公报中将天然气数据并入新能源数据，表 8.1 中已列明)。

表 8.1 我国 2017—2021 年能源消耗总量情况[注]

指标	年度				
	2021 年	2020 年	2019 年	2018 年	2017 年
能源消费总量/万吨标准煤	524000	498000	487488	471925	455827
煤炭占能源消费总量的比重/%	56.0	56.8	57.7	59	60.6
石油占能源消费总量的比重/%	18.5	18.9	19	18.9	18.9
天然气占能源消费总量的比重/%	25.5	8.4	8	7.6	6.9
新能源占能源总量的比重/%		15.9	15.3	14.5	13.6
煤炭消费量/万吨	422925	404326	401915	397452	391403
原油消费量/万吨	72337.13	69488.12	67268.27	63004.33	59402.17

续表

指 标	年 度				
	2021年	2020年	2019年	2018年	2017年
天然气消费量/亿立方米	3689.98	3279.98	3059.68	2817.09	2393.69
电力消费量/亿千瓦时	85137.22	77186.97	74866.12	71508.2	65913.97

注：①2021年数据取自《中华人民共和国2021年国民经济和社会发展统计公报》,(http://www.stats.gov.cn/tjsj/zxfb/202202/t20220227_1827960.html),公报中新能源数据含天然气；②其余数据取自各年度国民经济和社会发展统计公报；③虽然煤炭占能源消费总量的比重有所下降,但煤炭绝对消耗量连续五年增长,煤炭总使用量尚未见顶。

从表8.1数据可以看出,2021年为我国煤炭消费量连续第五年增长,但煤炭总使用量尚未见顶,这是由我国“富煤缺油少气”的资源禀赋决定的。国家能源局公布的《国能提电力〔2021〕146号》文件指出：“我国以煤为主的能源资源禀赋特点,决定了当前和今后一段时期,煤炭仍然是能源供应体系中重要的基础能源。支持继续把发展煤炭清洁利用技术列作国家科技发展重点方向。”

“中国作为制造业大国,要发展实体经济,能源的饭碗必须端在自己手里”,在这个战略目标下,煤炭的清洁利用就成为关键。2021年12月28日国务院印发的《“十四五”节能减排综合工作方案》中提出：“要立足以煤为主的基本国情,坚持先立后破,严格合理控制煤炭消费增长,抓好煤炭清洁高效利用：……”(见http://www.gov.cn/zhengce/zhengceku/2022-01/24/content_5670202.htm“三、实施节能减排重点工程：(八)煤炭清洁高效利用工程”)。

煤制油气是煤炭清洁高效利用的主要方式之一。为此,早在2021年3月,十三届全国人大四次会议审议通过的《中华人民共和国国民经济和社会发展第十四个五年规划和2035年远景目标纲要》就提出“稳妥推进煤制油气战略基地建设,建立产能和技术储备”的战略要求(见http://www.gov.cn/xinwen/2021-03/13/content_5592681.htm“第五十三章 强化国家经济安全保障,专栏20：经济安全保障工程,03煤制油气基地”)。

目前,一批由我国自主研发设计施工的煤基合成油、煤制烯烃等现代大型煤化工示范工程相继建成投产。其中煤质分析是整个工艺中品质控制重要的一环。在这些现代大型煤化工技术工艺中,煤汽化参数(灰熔点、高温黏度等)是其生产流程中重要的工艺参数,而这些参数的获得严重依赖煤质的快速分析。

传统的以国标GB/T 212—2008为基础的煤质分析方法难以满足现代大型煤化工技术的需求,主要表现在：①样品化验周期长,化验每个样品大约需要耗时4 h,显然不能保障煤化工的连续安全生产；②不能一次性快速获取煤质元素信息,对影响安全生产的非工艺要素(例如,影响炉膛安全的成灰元素,以及影响催化剂效率的微量元素如As、Na)不能做到提前侦测、预防。基于以上两点,现代煤化工行业渴望能有新的煤质快速分析方法克服以上不足。因此,发展一种能适用于现代大型煤化工技术的快速煤质分析方法将有利于国家战略的更好实施。

从本章开始介绍 LIBS 在工业生产实践中的应用。本章详细介绍传统 LIBS 理论与方法在煤质分析中的应用。在此基础上，前面介绍的 SAF-LIBS 理论与技术可以很方便地移植到这些系统上。通过本章也使读者能对 LIBS 发展有一个具体的认识。对测量灵敏度有要求的读者可以方便地将以“Boxcar＋单色仪”为核心的 LIBS 测量系统移植到自己的测量系统中。这些系统已经被广泛地用于分析固体[1,2]、液体[3]、气体[4]以及浮质[5,6]等。本章首先对传统 LIBS 测量系统的建立及系统参数的优化进行论述，然后重点介绍如何利用所建立的 LIBS 系统以及采用何种实验手段或数据处理方法实现对煤炭中十种元素(C、H、O、S、Si、Al、Ca、Mg、Ti、Li)的定量分析，最后，通过实验建立将元素分析结果转化为部分工业分析结果的模型。

8.1 单色仪、光电倍增管及 Boxcar 等装置构成的 LIBS 测量系统

利用脉冲激光器、单色仪、光电倍增管及 Boxcar 等装置构成的 LIBS 测量系统见图 8.1。测量灵敏度方面比目前流行的由激光器、光纤光谱仪构成的测量系统具有不可比拟的优势。下面将对我们所建立的“单色仪＋Boxcar” LIBS 系统的装置结构及实验结果进行简单介绍。

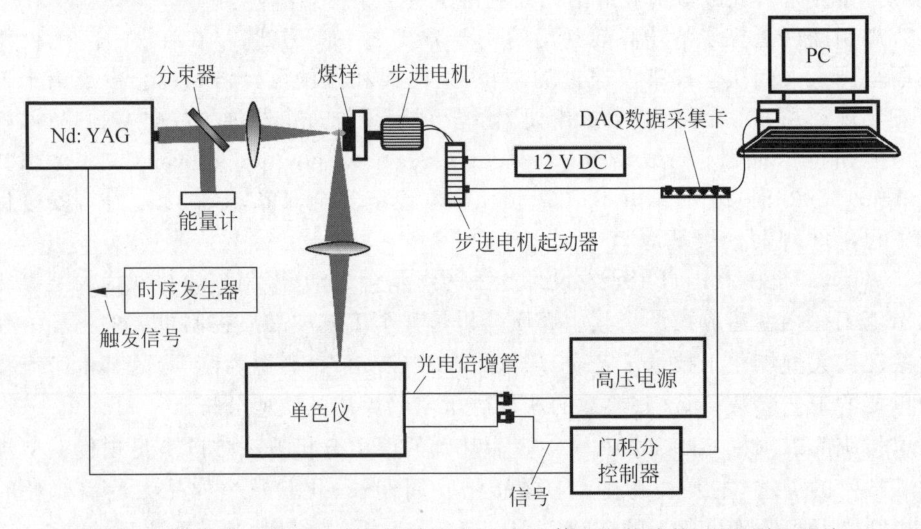

图 8.1 激光器、单色仪、光电倍增管及 Boxcar 等装置构成的 LIBS 测量系统

图 8.1 所示测量系统中主要仪器的具体参数列于表 8.2 中。其工作过程为：氙灯泵浦的调 Q 式 Nd：YAG 激光器所产生的 1064 nm 脉冲激光经过焦距为

10 cm 的凸透镜聚焦后垂直入射到煤样上,使其表面照射部位受激发而产生高温等离子体;等离子体的发射光经过会聚后进入单色仪,由其内的光栅进行分光;单色仪出口狭缝处连有光电倍增管,用以对等离子体的光谱强度进行探测;当单色仪的光栅位于某一波长时,光电倍增管输出的包含光谱强度信息的电压信号经过Boxcar 在特定的延迟时间和门宽条件下进行取样积分后,其输出的电压信号由DAQ(data acquisition)数据采集卡进行多点采集传至计算机中,LabView 程序将采集到的多个电压信号进行累加平均;直到脉冲次数到达了设定的积分次数时,程序便将这些均值再次进行平均,并将该均值作为等离子体在此波长处光谱的相对强度。例如,将积分次数设为 20 次,就表示当煤样某固定点被 20 个连续的激光脉冲作用后,计算机就会向步进电机的控制端输送一个脉冲信号以使煤样转动一步(步距角为 1.8°),给接下来的激光脉冲以新的作用点,同时向单色仪发出相应命令使其光栅也步进 1 nm。如此不断重复,便可得到整个等离子体的发射光谱图。其中,在激光出口和聚焦透镜间所放置的分光镜的作用是将占激光脉冲能量固定比例的一小部分能量反射至焦耳计中,以实现对激光脉冲能量的实时监控。另外,还有示波器(未在图中标出)以实现对光电倍增管的信号输出的监视和对 Boxcar 采样延时、采样门宽位置的调整。测量系统主要的连接方式为:Boxcar 的 SR250 门积分平均器前面板上的“Trigger”端口处接一个 BNC 三通,三通的一端与 DAQ 采集卡的“Channel 1”相连,另一端与激光器的“Trigger In”相连;SR250 的“Signal”端口与光电倍增管的信号输出端相连,SR250 的“Last Sample”端口与 DAQ 采集卡的“Channel 2”相连;步进电机驱动器的“CP”端与 DAQ 采集卡的“Channel 3”相连,光电倍增管的信号输出端以及 SR250 的“Signal Output”端与示波器的两个通道相连;单色仪控制器的 RS232 端口与计算机的串口相连。

表 8.2　图 8.1 所示系统中各仪器的具体参数

Nd:YAG 激光器	制造商	美国 Spectra-Physics 公司
	型号	Quanta Ray GCR-3
	工作波长	1064 nm
	激光脉宽	5～8 ns
	能量稳定度	≤3%
单色仪	制造商	北京光学仪器厂
	型号	WDG 30-2
	光栅	200～900 nm
	精度	0.1 nm
	调节方式	正弦机构波长调节
能量计	型号	EPM 1000
	检测范围	100 fJ～300 J

续表

门积分控制器	制造商	美国 Stanford Research systems 公司
	内触发	0.5 Hz～20 kHz
	外触发	脉宽＞5 ns，上升沿＜1 μs
	延时	0 ns～100 ms
	门宽	1 ns～15 μs
	灵敏度	5 mV/V～1 V/V
光电倍增管	制造商	日本滨松公司
	型号	PMTH-S1-CR131
	响应波长范围	185～900 nm
	最大响应波长	400 nm
	阴极灵敏度	74 mA/W
	最大可加电压	1250 V
DAQ 数据采集卡	型号	NI 6012E
	采样率	20 kS/s
	精度	16 位
时序发生器	制造商	美国 Agilent 公司
	型号	33120A
	最大频率	15 MHz

测量系统的控制程序采用 LabView 软件编写，其程序的前面板如图 8.2 所示。其具体流程为：首先，需要在程序界面中输入一些相关的初始参数，如积分次数、单色仪步进、所选波段标号(0～2)及计算机 RS232 通信串口的选择等；然后按下“初始化”按钮，单色仪光栅将按照所选波段标号自动转至所编好的固定波长位置，如波段号为“0”时，单色仪将运行至 200 nm 处准备进行 200～441 nm 波段的扫描；待单色仪光栅运行至固定位置并稳定后，接着按下“开始测量”按钮，软件就会通过 DAQ 数据采集卡的“Channel 1”端口产生 20 个频率为 10 Hz 的方波脉冲去触发 Boxcar 及脉冲激光器，并通过“Channel 2”端口对 Boxcar 的输出信号进行采集，若积分次数为 20 次，则将所采集的 20 组等离子体信号的算术平均值作为激光等离子体在该波长处的光谱强度；与此同时，程序会将该波长值以及所测相应的相对光谱强度在前面板中进行图形化显示；最后，程序将通过 DAQ 数据采集卡的“Channel 3”端口发出一个方波信号使步进电机转动一步，并通过计算机的串行端口使单色仪前进 1 nm。此时等离子体光谱的一个波长处光谱强度就测量结束，如此不断重复上述步骤，即可得到整个光栅波长范围内的等离子体谱图。

由于“单色仪＋Boxcar” LIBS 系统中的单色仪由机械转动装置选择波长，在使用中难免会有波长累积误差，从而对元素特征谱线的辨认及定标过程都造成影响。因此在做实验前，提前选择有多条已知标准发射谱线的汞灯及单色性极好的氦氖

图 8.2　“单色仪＋Boxcar” LIBS 系统的软件控制界面

（请扫Ⅹ页二维码看彩图）

激光器(激光峰值波长为 632.8 nm)来对本单色仪的波长进行校准。校准时单色仪的步进值为 1 nm,探测器为光电倍增管。实验测得的汞灯谱图如图 8.3 所示,经过与汞灯的标准发射谱线进行对比后,将已确认的 9 条汞的发射谱线按 1～9 进行标号,而标号为 10 的虚线则表示氦氖激光的峰值波长位置。然后将由本单色仪所测得的这 10 条谱线的波长标示值与其标准波长值进行比较,结果如图 8.4 所示。可见,两者之间基本呈线性关系,这样就可以用线性拟合式来对单色仪进行波长校正。将经过波长校正的单色仪光栅调至 Al(Ⅰ)309.3 nm 谱线处,用激光器对铝块进行激发后,从示波器上所观测到的信号波形如图 8.5 所示,由于光电倍增管上加的是负电压,所以图中用示波器所观察到的信号为负值。

接下来对煤样品的制备及实验过程进行介绍。利用 LIBS 技术对土壤颗粒[9,10]或金属粉末[11]等粉状样品进行检测时,一般都要进行样品的预处理,即通过高压制样机将其制成块状样品并进行烘干,这样不仅可以使样品变得均匀、坚硬,且消除了一些诸如湿度之类外界因素的影响,从而使提高了测量结果的重复性和精度[12]。在利用“单色仪＋Boxcar” LIBS 系统所做的实验中,各煤粉样品均在特制的样品模具中用千斤顶施加 8～9 t 左右的压力而制成直径 60 mm、厚 15 mm 的煤饼,并经过数小时的自然晾晒使其变干变硬。经过样品预处理之后,煤饼样品被固定于步进电机的转盘上,以便测量时能够及时给激光脉冲提供新的取样点。

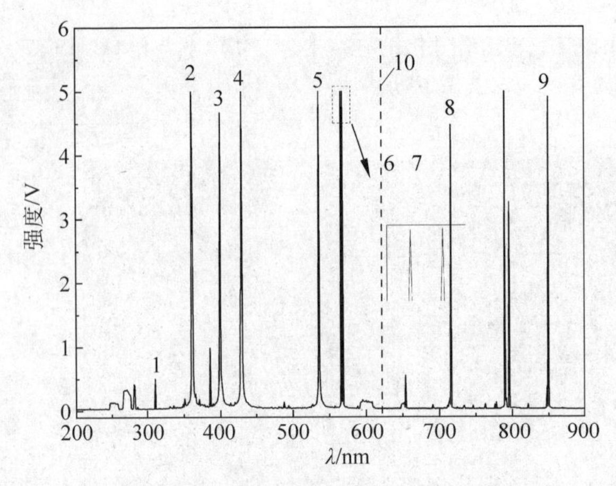

图 8.3　由光谱仪所测汞灯及激光谱图

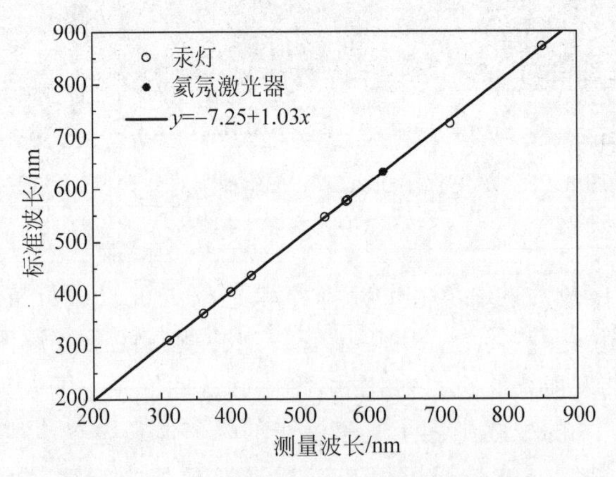

图 8.4　单色仪实际波长与标准波长间的关系

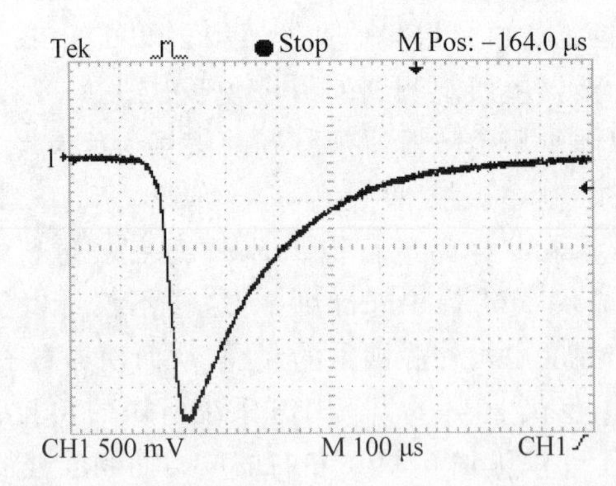

图 8.5　由示波器所观测到的 Al（Ⅰ）390.3 nm 谱线的信号波形

我们选取9组煤粉样品进行测量。这些煤样事先均由中国科学院山西煤炭化学研究所(ICC)对其碳含量进行了测定。利用“单色仪＋Boxcar” LIBS系统对每个煤样的光谱进行测量的实验参数如下：激光器的脉冲能量和重复频率分别为60 mJ/pulse和10 Hz,激光焦点位置位于样品表面以下6 mm处,单色仪的入射狭缝和出射狭缝分别为300 μm和120 μm,Boxcar的延迟时间和积分时间分别为70 μs和600 ns,单色仪的波长步进单位为1 nm,积分次数为20次。由于被测的各元素光谱分布在较宽的波长范围内,所以将煤粉的全谱测量分为三段(波段标号分别为0,1,2)进行测量：第一段波长范围为220～445 nm,光电倍增管上所加电压为600 V；第二段波长范围为552～689 nm,光电倍增管上所加电压仍为600 V；第三段波长范围为721～789 nm。由于在第三波段内光电倍增管及光栅的响应度都大为降低,所以光电倍增管上所加的电压增大至750 V。这里以标号为N56的煤样为例,所测得的三段等离子体光谱如图8.6所示。图中对煤中十多种元素(C、Mg、Si、Al、Ti、Fe、Ca、Na、H、N、K、O等)的原子或离子特征发射谱线的波长值进行了标定,其中罗马数字Ⅰ和Ⅱ分别表示原子发射谱线和一次电离的离子发射谱线。

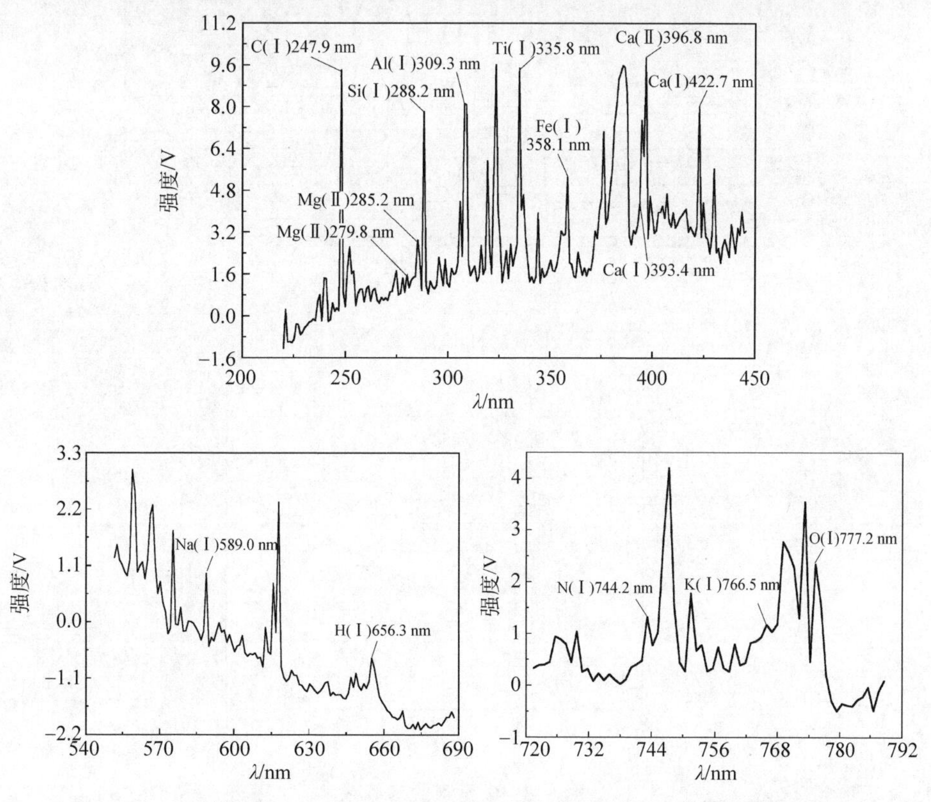

图8.6　“单色仪＋Boxcar” LIBS系统所测N56＃煤样的等离子体光谱

为了实现对C元素的定标，我们将所获9组煤样谱图中的C(Ⅰ)247.9 nm特征发射谱线进行了对比，如图8.7所示，其中这9组煤样的顺序按含碳量从大到小(718→N42)的顺序排列。由图可知，这些煤样的C(Ⅰ)线的高度也几乎是按从大到小的顺序排列。各煤样谱图中C(Ⅰ)线去除基线后的峰值强度与该煤样实际含碳量间的关系如图8.8所示，几乎呈线性关系，其拟合直线 $y=0.03641x+7.38506$ 即C元素的定标线，线性拟合的相关系数 R 为0.96。

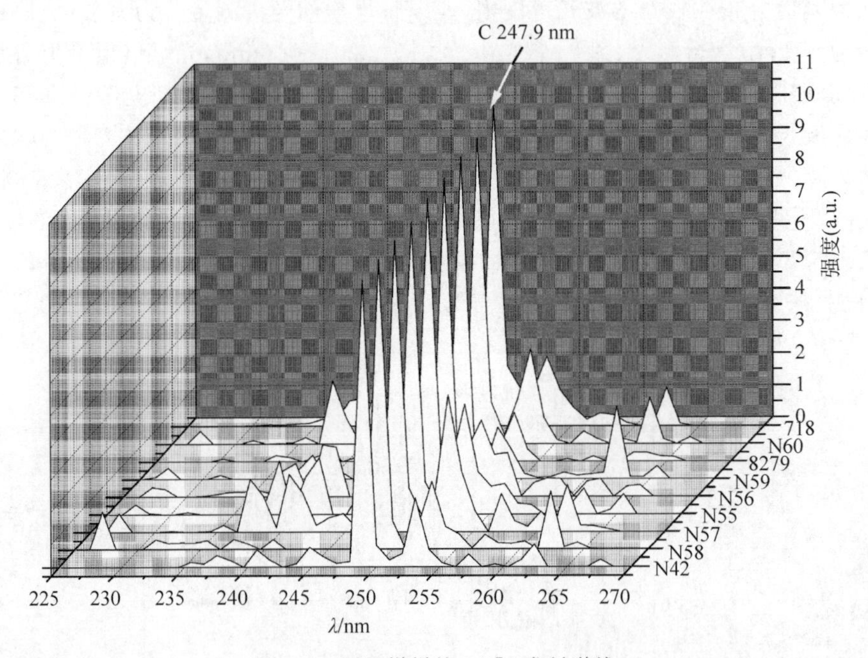

图8.7 不同煤样的C(Ⅰ)发射谱线

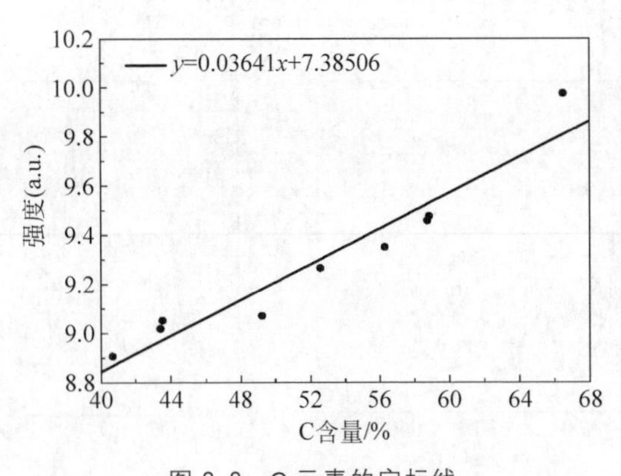

图8.8 C元素的定标线

上述实验结果表明，利用本“单色仪＋Boxcar” LIBS系统能够使煤饼表面受激发而产生等离子体并从中观测到十多种元素的特征发射谱，同时利用9组标准煤样实现了对C元素的定标。因此，利用LIBS技术对煤质进行分析的方案是可行的。利用“单色仪＋Boxcar” LIBS系统进行煤质分析可以取得较高的分析灵敏度和信噪比。但是，由于单色仪的扫描速度较慢，测量三段光谱需要二十多分钟，其间还要不断调整光电倍增管上所加的电压，从而利用“单色仪＋Boxcar” LIBS系统较难满足工业中所要求的快速在线检测的要求。

8.2　“光谱仪+ 线阵CCD”构成的LIBS系统

上一节中基于“单色仪＋Boxcar” LIBS系统的优点很突出但测量系统复杂，测试时间较长，随着半导体技术的发展，“光谱仪＋线阵CCD”代替“单色仪＋Boxcar”方案，已经越来越受到研究者的欢迎。这种方案极大地提升了测量速度和测量的方便性，而且使系统的装置结构变得非常简单且操作容易，利于普及应用。经过多年的发展，“光谱仪＋线阵CCD”LIBS系统已经成为目前国际上做相关方面应用研究的主流系统。下面对“光谱仪＋线阵CCD”LIBS系统进行介绍。

本节介绍的“光谱仪＋线阵CCD”LIBS系统的装置结构如图8.9所示，与大多数文献[13-15]所述的装置基本一致。其中，函数信号发生器产生的一定频率的TTL方波信号用来触发激光器，激光器在接收到该触发信号后在输出激光同时输出一个上升沿信号，作为该次测量的计时起点送给光谱仪经延时后进行等离子体光谱信号的采集。Nd：YAG激光器的出射激光经过直径为30 mm的镀铝反射镜反射后其方向由水平改为竖直，再经过直径为50 mm、焦距为100 mm的凸透镜聚焦后(焦斑直径约为900 μm)入射到样品表面，在强激光的作用下在聚焦部位形成等离子体。该等离子体的部分辐射荧光被距其240 mm、与水平方向成45°的微型聚焦系统会聚至一根长为2 m的全硅光纤内，并经其传至光谱仪中。光谱仪对其进行分光并投射到阵列CCD上。CCD按预设的延迟时间及积分时间(即曝光门宽)对光谱进行探测，所测光谱数据可通过USB线传至微机中进行处理。其中，在激光出射光路中的反射镜和聚焦透镜间也放置了分光镜和焦耳计来对激光脉冲能量进行监控。盛装样品的、内径为60 mm的铝制样品池置于由步进电机驱动的样品转台上。其接线方式也较简单：光谱仪中控制信号端口(DB9插座)的第4、10脚与信号发生器的TTL信号输出端相连，第2、10脚则与激光器电源的“Trigger In”端口相连；光谱仪则通过USB线与计算机相连。有关光谱仪及光纤的参数列于表8.3中。

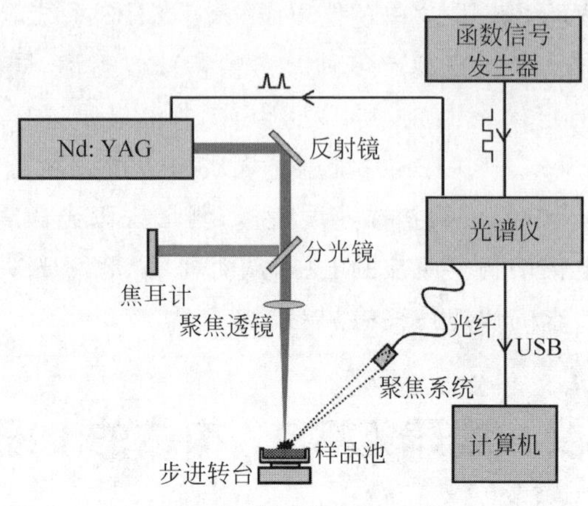

图 8.9　光谱仪 LIBS 系统

表 8.3　光谱仪及光纤的具体参数

光谱仪	制造商	荷兰 Avantes 公司
	型号	AvaSpec-2048FT
	光栅个数	2 个,3600 g/mm 和 1200 g/mm
	波长	237.2～402.6 nm,591.7～1107.6 nm
	A/D 转换精度	14 bit
	信噪比 SNR	250∶1
	延迟时间范围	－42 ns～2.73 ms
	积分时间范围	2 ms～60 s
光纤	制造商	荷兰 Avantes 公司
	材料	全硅光纤
	数值孔径	0.22
	光纤芯直径	600 μm

“光谱仪＋线阵 CCD” LIBS 系统的操控程序用 LabView 8.0 所编写,其前面板如图 8.10 所示,通过该程序可以对光谱仪的延迟时间、积分时间、采集次数、平均次数等参数进行设定。控制程序主要调用了由 Avantes 公司提供的动态链接库 AS161.dll。首先,调用函数 AVS_Init.vi 来建立计算机与光谱仪之间的通信并对光谱仪内部数据结构进行初始化;然后分别调用 AVS_CorrectDynamicDark.vi、AVS_SetSaturationDetection.vi、AVS_GetLambda.vi、AVS_SetPixelSelection.vi、AVS_SetExternalTrigger.vi 和 AVS_SetIntegrationDelay.vi 对仪器的系统参数进行设置;之后,用 AVS_Measure.vi、AVS_PollScan.vi、AVS_GetScopeData.vi 来实现测量和采集数据,之后光谱仪接收到激光器输出的测量起始信号,经延时后进行采集操作;最后,由 AVS_Done.vi 函数来关闭通信和释放内部存储,至此完成一个

脉冲激发产生的等离子体的光谱测量过程。图 8.11 所示为本实验中软件的流程图,当第五步运行完后,会继续从第一步开始运行进行下一次测量。整个过程的循环次数由界面所设定的采集次数决定。当激光脉冲总数达到预设的采集次数(比如设为 100)时,就完成一次测量,此时程序将按预设方法对测得的光谱数据(100组)进行运算处理,并将测量结果进行显示。

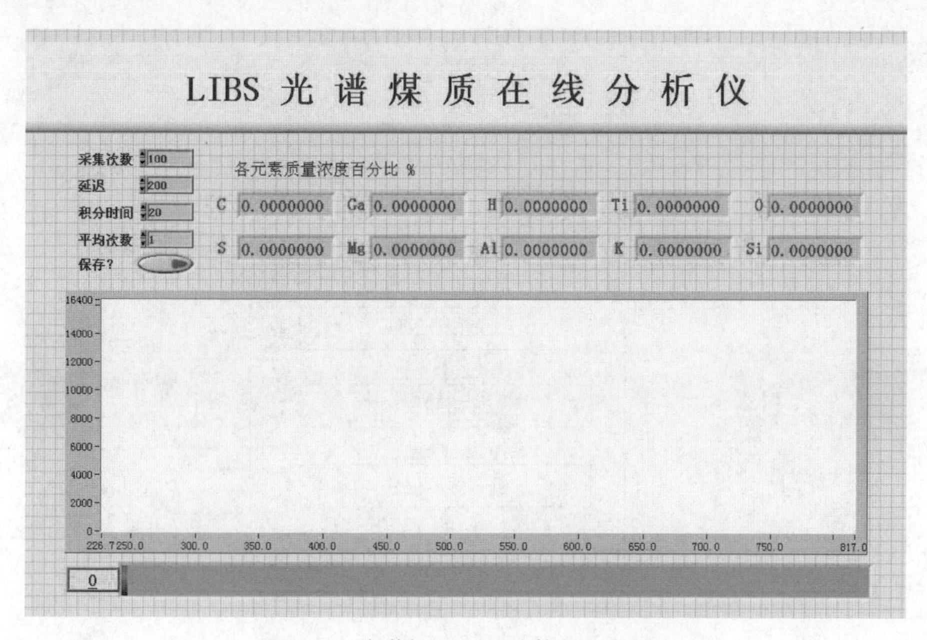

图 8.10　光谱仪 LIBS 系统控制程序界面

由上述的实验装置可知,"光谱仪＋线阵 CCD" LIBS 系统与"单色仪＋Boxcar" LIBS 系统相比,省略了 Boxcar、光电倍增管、高压稳压电源及 DAQ 采集卡等仪器,系统结构变得更为简单明了,操作起来更为方便,为开发小型化检测设备提供了方便。另外,由于燃煤电厂中的锅炉所直接燃烧的是煤粉而不是煤块,而且煤粉样品的预处理过程将会使 LIBS 技术难以在工业环境中实现在线检测。因此,为了便于将 LIBS 技术应用于电厂,实验中进行测试的煤粉不再压制成煤饼,而是直接将煤粉装到样品池中并用刮板将其表面刮平。然而,因为煤粉比煤饼要松散许多,从而要使其受激发产生等离子体将需要更高的激光脉冲能量,这说明煤粉的击穿阈值比煤饼的要高。

图 8.12 为由两通道型光谱仪所获得的典型的煤粉等离子体光谱,所用激光能量为 120 mJ/pulse,延迟时间为 200 ns,积分时间为 10 ms。图中对十多种元素(C、Mg、Si、Al、Ti、Ca、H、Li、K、O、N 等)的原子(或离子)特征发射谱线及相应的波长进行了标定。由于光谱仪的波长范围覆盖了激光的波长 1064 nm,所以在通

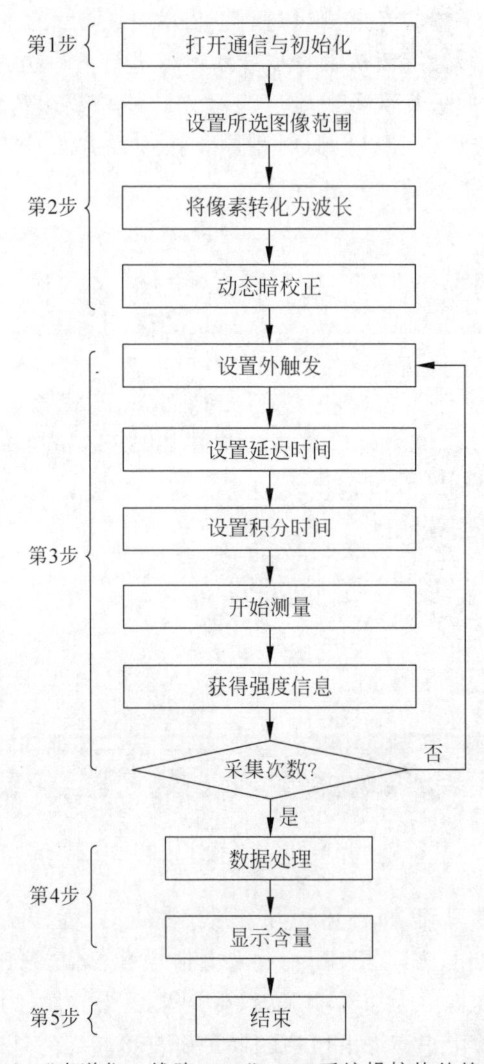

图 8.11 “光谱仪＋线阵 CCD” LIBS 系统操控软件的流程图

道 2 的谱图中能够看到经过煤表面反射后被聚焦系统所收集的激光，其光强非常强。与“单色仪＋Boxcar” LIBS 系统所测得的谱图(图 8.6)相比，“光谱仪＋线阵 CCD” LIBS 系统所测得的谱图的基底更平，谱线效果要好一些。因此，相对于“单色仪＋Boxcar” LIBS 系统来说，在不是特别要求灵敏度的情况下，“光谱仪＋线阵 CCD” LIBS 系统无疑更适合被开发成为电厂中的煤质在线检测装置，在后文中也都将采用“光谱仪＋线阵 CCD”LIBS 系统来开展煤质分析检测方面的研究。

为了能够更好地了解和掌握一些参数对“光谱仪＋线阵 CCD” LIBS 系统的影响，使其更好地服务于定量分析研究，实验中对所建“光谱仪＋线阵 CCD” LIBS 系

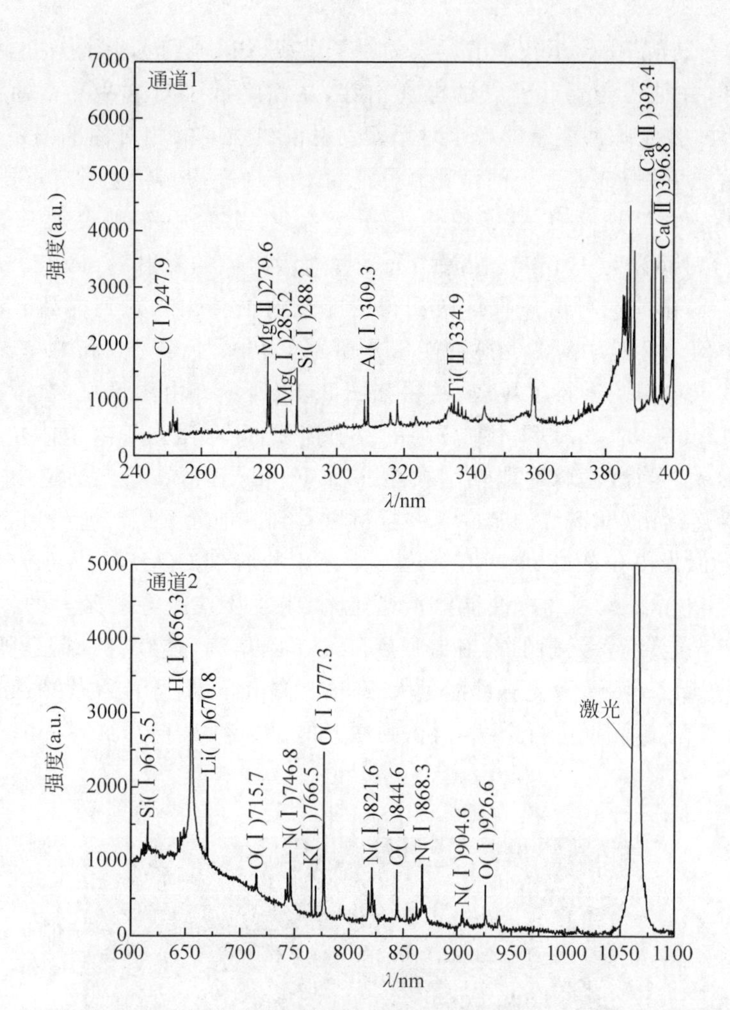

图 8.12　由两通道型光谱仪所得到的煤粉等离子体谱图，通道 1 图中对 C、Mg、Si、Al、Ti 和 Ca 的原子或离子发射线进行了标注；通道 2 图中对 O、N、H、Si、Li 和 K 的原子发射线及激光光谱进行了标注

统中的激光脉冲能量、光谱仪采集的延迟时间、激光聚焦点位置、样品池转速等参数进行了优化选择研究，并通过一些实验手段使所测光谱的基底得到衰减，提高了谱线的信噪比。下面就将对这些优化选择过程进行详细的介绍。

首先，进行激光脉冲能量大小的选择。第 2 章中介绍了击穿阈值及自吸收效应的概念，它们都与所选激光脉冲能量大小有关。如果所选激光脉冲能量太小，聚焦点处激光功率密度达不到待测元素的击穿阈值，那么即使用非常灵敏的检测手段或增加激光脉冲的频率，该元素也无法受到激发而辐射；但如果所选激光脉冲能量太大，虽然等离子体的发射谱线也很强[16]，却又容易使某些元素的离子谱线

(如 Ca(Ⅱ))或样品中含量较大的元素的原子谱线(如 C(Ⅰ))因强烈的自吸收效应而发生饱和,并且还会引起空气的电离击穿,从而降低了对这些元素的探测灵敏度[17]。另外,激光脉冲能量的大小对元素发射谱线强度的相对标准偏差(RSD)也有影响。由此可见,选取适当的激光脉冲能量对于提高检测精度具有重要意义。

以从阳泉电厂所采集的煤粉作为分析对象,实验中光谱仪的延迟时间为 300 ns,积分时间设为 10 ms。装置中分光镜对激光束的反射率约为 8.43%,透射率为 91.57%,由此便可由焦耳计所测得的能量值推算出入射到样品表面的激光单脉冲能量值。实验中对激光脉冲能量分别为 50、60、70、80、90 和 100(mJ/pulse)时所测得的煤粉谱图进行了比较,结果如图 8.13 所示。由图可见,在激光脉冲能量为 50 mJ/pulse 时,几乎看不到任何的发射谱线,此时激光等离子体并未真正在煤粉表面形成。当激光脉冲能量增大至 60 mJ/pulse 时,在第二通道中可以看到明显的背景连续谱(即谱线的基底),并且可以看到其他元素的一些发射谱线,但由于 C 元素的激发电位较高,此时在通道 1 中还不能看到 C 元素的发射谱线。激光脉冲能量为 70 mJ/pulse 时,便能够清楚地看到 C 及其他待测元素的发射谱线。继续增大激光能量,各元素的发射谱强度随之不断增高,连续背景谱也随之增强。由此可知,在此条件下,激光脉冲能量大于 60 mJ/pulse 时才能在煤粉表面形成等离子体;而要对 C 元素进行谱线分析,则激光能量必须大于 70 mJ/pulse。

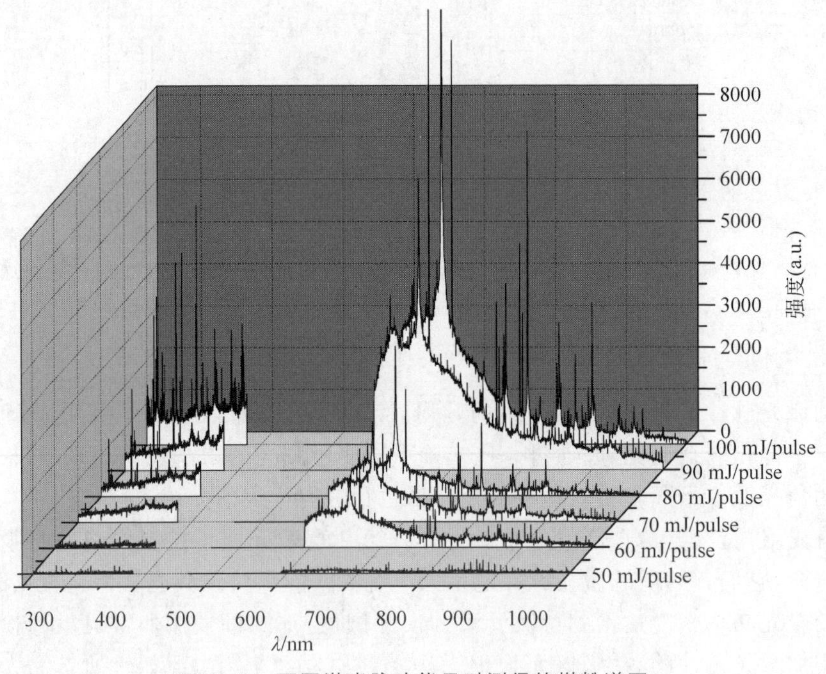

图 8.13　不同激光脉冲能量时测得的煤粉谱图

为了更进一步提高元素发射谱线的质量，实验中以 C(Ⅰ)发射谱线为分析对象，研究了激光脉冲能量与谱线强度、谱线信噪比之间的关系。所选用的激光脉冲能量为 60～160 mJ/pulse，采集延迟时间为 80 ns，结果如图 8.14 所示。其中，信噪比为不含连续背景谱时的发射谱线强度与其所在位置连续背景谱强度之比。由图可见，当激光脉冲能量在 80～120 mJ/pulse 时，激光单脉冲能量与 C(Ⅰ)谱线强度间基本呈线性关系；当脉冲能量大于 140 mJ/pulse 时，由于自吸收效应的增强，C(Ⅰ)谱线的强度增加变缓并逐渐趋近于饱和。对于谱线的信噪比来说，随着激光能量的增大，信噪比值先增加后减小，其峰值出现在激光脉冲能量为 120 mJ/pulse 处，此时信噪比值为 5.6。

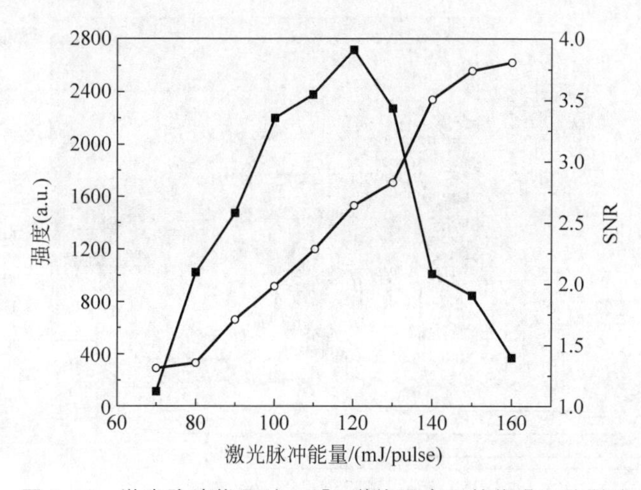

图 8.14　激光脉冲能量对 C(Ⅰ)谱线强度及其信噪比的影响

可见，用本装置在进行激光诱导煤粉等离子体实验时，其激光脉冲能量不能低于 60 mJ/pulse，最佳的激光脉冲能量值应为 120 mJ/pulse。若将上述结果换算成激光功率密度，已知聚焦在煤样表面的激光光斑直径约为 300 μm，激光的脉宽为 8 ns，则可得到更为普遍通用的结果，即对煤粉进行 LIBS 实验时，煤粉的击穿阈值为 1.06×10^{10} W/cm^2，最佳的激光脉冲能量密度应为 2.12×10^{10} W/cm^2。

之后，对光谱仪的采集延迟时间进行选择。在激光等离子体形成的初期，轫致辐射等机制会导致强烈的连续背景谱，使绝大多数元素的特征谱线被湮没，在此时无法进行光谱分析。随着时间的推移，连续背景谱迅速降低，其降低速度较原子谱或离子谱的降低速度更快，于是元素的特征发射谱就逐渐显露出来，谱线的信噪比也变得较高。因此，有必要在对光谱进行采集时进行适当的延时。有关对延迟时间进行优化选择的文献很多[18-21]，但由于测量对象、测量元素、装置结构及仪器参数等多方面的差异，各自所得到的最佳延迟时间的具体数值也都不同。

本实验选择从漳泽电厂所采集的煤粉作为测试样品，激光能量为最佳值

120 mJ/pulse,积分时间 10 ms,当光谱仪的曝光延迟时间分别为 20 ns、100 ns、300 ns、500 ns 和 1000 ns 时,所测得的 C(Ⅰ)线的发射谱图如图 8.15 所示。由图可见,当延迟时间为 20 ns 时,等离子体的连续背景谱比较强烈,随后背景谱迅速下降,到了延迟时间为 1000 ns 时,C(Ⅰ)的发射谱线已经消失,此时等离子体已经湮灭。图 8.16 给出了延迟时间、C(Ⅰ)发射谱强度和信噪比之间的关系。由图可见,随着延迟时间的增加,谱线的信噪比值先升高后降低,在延迟时间为 200 ns 时 C 发射谱线的信噪比最大。由于 C 是煤中的主要元素,所以在用本实验装置对煤粉进行测量时,光谱仪曝光的最佳延迟时间应设为 200 ns。

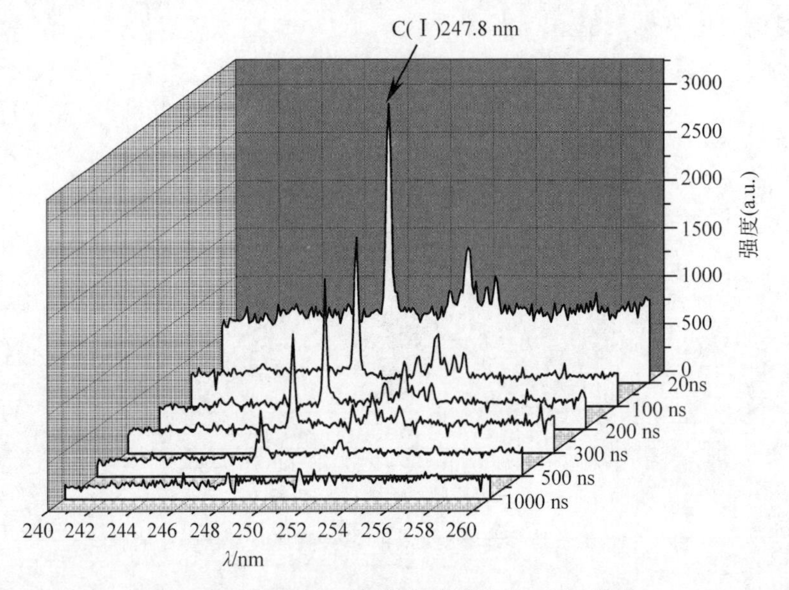

图 8.15 不同延迟时间测得煤粉中的 C(Ⅰ)谱线

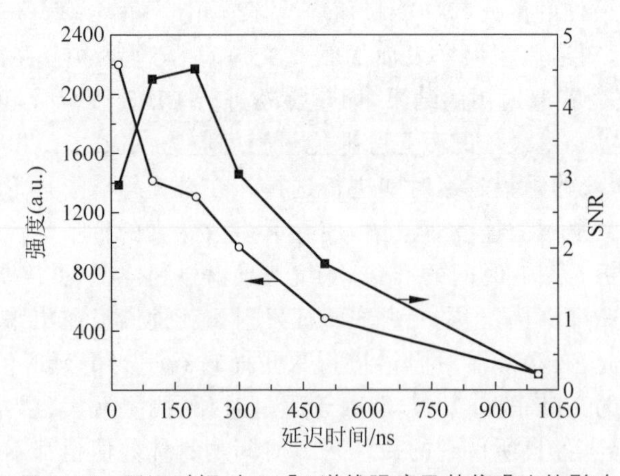

图 8.16 延迟时间对 C(Ⅰ)谱线强度及其信噪比的影响

接下来，我们对激光的聚焦位置进行选择。激光脉冲经过透镜聚焦后入射到样品表面，并在其表面形成等离子体。若聚焦点在样品表面的上方，则很容易引起不必要空气的空气电离，这样不仅使激发煤粉的激光能量有所损耗，同时所获光谱的质量也不高。

为了研究激光聚焦点位置与样品表面之间距离对所形成等离子体的发射谱的影响，进行了一些相关实验。实验参数如下：激光能量为 120 mJ/pulse，重复频率为 10 Hz，光谱仪的延迟时间和积分时间分别设定为 200 ns 和 10 ms，样品池转速为 2 rev/min（转/分钟），样品为从大同一电厂所采集的煤粉。首先将样品池及转动平台移开，此时可看到空气电离击穿所产生的等离子体亮点，将该亮点所在位置计为激光的聚焦点所在位置，并在竖直 z 轴方向上下调节此聚焦位置使其与样品表面的位置一致；之后放回样品池及转动平台，此时激光的聚焦点位于样品的表面处，将此处记为 z 轴的原点；不断在 z 轴方向变换聚焦点位置，若焦点位于样品表面上方则记该 z 值为正，位于表面以下则记为负值，同时相应地微调聚焦光纤的角度，对于每个 z 值都分别采集 100 组光谱数据。分别求出不同焦点处所采集的光谱中的 C(Ⅰ)247.9 nm 谱线和 N(Ⅰ)746.8 nm 谱线的信噪比值并进行平均后，可得到如图 8.17 所示的数据处理结果。由图可见，对于 C(Ⅰ)247.9 nm 谱线来说，当聚焦点在样品表面以上（$z>0$）时，信噪比随着 z 值的增大而减小；当聚焦点位于表面或表面以下（$z\leqslant 0$）时，信噪比随着 z 值的减小先增大后减小，并且在 z 为 −3，−4，−5 时信噪比达到最大值。对于 N(Ⅰ)746.8 nm 谱线来说，信噪比与 z 值间基本呈线性递增关系，这可能是由于当聚焦点位于样品表面或表面以上时，空气受到激光能量而被电离的程度增大，焦点处的氮气分子被解离成 N 原子并受激发而辐射，从而导致 N 的发射谱线强度大大增强，信噪比也随之增大。实验证明，O 元素的原子发射谱的信噪比与 z 之间的关系和 N(Ⅰ)746.8 nm 线的情况类似。

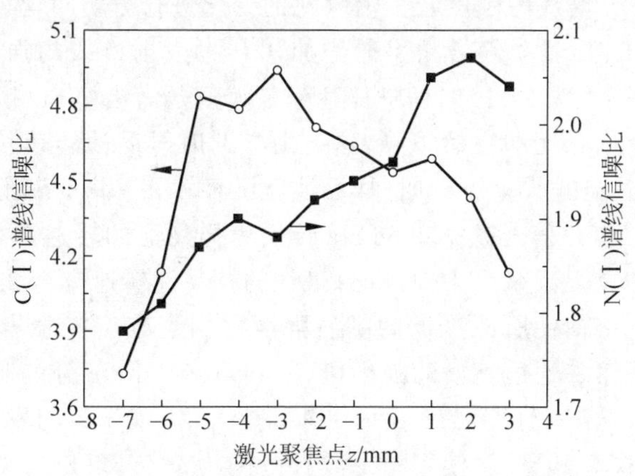

图 8.17　激光聚焦点 z 值对 C(Ⅰ)和 N(Ⅰ)谱线信噪比的影响

在这种情况下，煤粉中的N及O的发射谱将由空气被击穿部分的发射谱线所湮没，因此这种情况应该避免。

由上可知，对于煤粉的光谱分析，最佳的激光聚焦点应选择在样品表面以下3～5 mm处，此时不仅C(Ⅰ)谱线的信噪比最佳，并且有效地避免了空气的击穿电离。此结论与其他一些学者的观点一致，例如在参考文献[22-25]中所述的实验装置激光聚焦点位置都位于样品内部5 mm处。

紧接着，我们将对样品池的转速进行选择。在激光诱导煤粉产生等离子体的实验中，每一个激光脉冲作用到煤粉表面都将迅速产生几万开的温度，同时整个等离子体的持续时间只有数十微秒，等离子体冲击波以其瞬间强大的热气流将煤粉向四面吹散，从而在样品表面形成了一个截面为半个长椭圆的小坑[26,27]。如果样品池保持静止，那么下一个脉冲就会辐射到此坑中，这必将使聚焦系统的收集效率受到影响。因此，在连续的激光脉冲作用下，为了获得稳定的等离子体，实验中采用步进电机带动样品池以一定速度转动，这样，对每个激光脉冲来说都会有新的测量点[28]。然而在实际中，如果样品池转速过慢，就有可能导致两次或多次脉冲的作用区域部分重叠；如果转速过快，有可能激光脉冲个数未达到所设定的采集次数时样品池就已经转完一圈，或是所形成的等离子体不稳定。因此，有必要对样品池的转速作优化选择。

本实验装置中的步进电机旋转台由两相混合式步进电机(固有步距角为1.8°)及相应的驱动器来驱动，而该驱动器采用外触发方式，单独由一个频率可调的TTL信号发生器驱动。驱动器每被触发一次，步进电机转轴就逆时针旋转1.8°。本实验中的激光脉冲能量为120 mJ/pulse，重复频率为10 Hz，采集次数设定为100次，光谱仪的延迟时间和积分时间分别设定为200 ns和10 ms，激光焦点位置位于样品表面下5 mm处，所测试样品为从霍州电厂所采集的煤粉。在激光频率为10 Hz时，用不同频率的TTL信号驱动样品池使其以不同的转速转动，将所测的C(Ⅰ)247.9 nm谱线的强度及其信噪比的变化进行分析对比，如图8.18所示。由图可知，随着TTL驱动信号频率的增加，C(Ⅰ)发射谱线的强度及信噪比也随之升高，在TTL频率为9 Hz时信噪比达到最大值。而当TTL频率增大到10 Hz时，其发射强度及信噪比却突然下降，这是由于此时样品池转速较快，在所发出的激光脉冲总数未达到预设值100时，样品池就已经转完一圈，从而造成后面激光作用点的重叠。将TTL信号频率单位Hz转换为样品池的转速单位rev/min，可以得到，当激光脉冲重复频率为10 Hz时，最佳的样品池转速应为2.7 rev/min。

最后，将介绍如何使所测光谱的基底强度得到衰减。在对煤粉进行激光诱导击穿实验时，发现第二通道光谱的前半段(590～730 nm)部分的基体效应很明显，使得Si(Ⅰ)615.5 nm、H(Ⅰ)656.5 nm和Li(Ⅰ)670.8 nm的发射谱线的信噪比变得很差。为了探究其原因，使用另一波长范围为226.7～815.8 nm的三通道光谱仪(Avantes,2048-FT)分别对一个与激光器泵浦源脉冲氙灯光谱相类似的高压

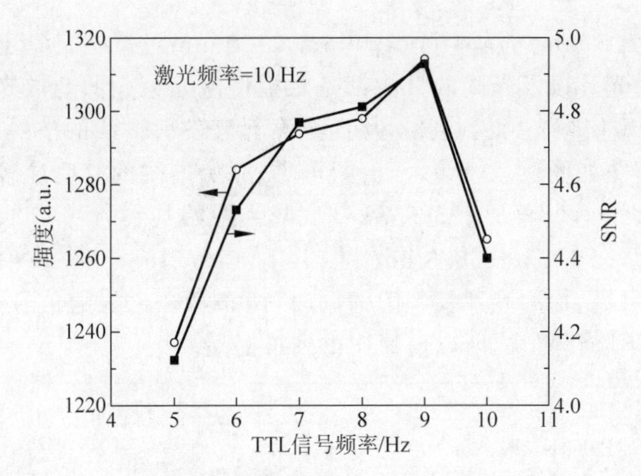

图 8.18　不同频率 TTL 信号对 C(Ⅰ)谱线强度及其信噪比的影响

短弧氙灯(成都纳普光电有限公司,XQ500,500W)的光谱及煤粉的等离子体光谱(激光的脉冲能量为 135 mJ/pusle)进行了测量对比,如图 8.19 所示。为了方便观察,在光谱图形的处理过程中将氙灯的光谱向下移动使两个光谱错开。由图可见,氙灯的光谱与激光诱导击穿光谱的光谱基底非常相似,谱线起伏的趋势也大体一致。因此可以推断,第二通道前半段光谱的基底很可能是来源于激光的泵浦源——氙灯。

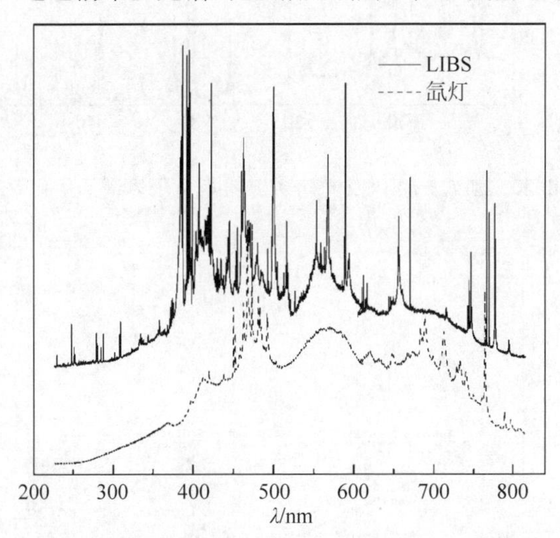

图 8.19　激光诱导煤粉等离子体光谱与氙灯光谱的比较

为了证实这个推测,进行了如下实验。首先利用原单色仪 LIBS 实验系统(图 8.9)对煤粉样品光谱进行测量,采集 100 组数据进行平均;然后激光器与反射镜间加上一个中心频率为 1064 nm 的近红外窄带干涉滤光片,采集 100 组光谱数据进行平均;最后再在聚焦透镜的下方约 50 mm 处加一简易光阑,该光阑为带有中孔(直径约为1.5 mm)的薄铝片(120 mm×120 mm),采集100组光谱数据进行平均。这里加滤光片以及光阑的目的都是希望使激光束中的杂散光(包括氙灯的光谱及532 nm等倍频光)得到衰减,从而提高元素发射谱线的信噪比。所得到第二通道的平均谱图如图8.20所示。由图可见,原始谱图的基底比较高,加上滤波片后基底降了大约1/3,再加上光阑后,基底降为原始基底的一半。对于谱线强度及信噪比的变化,以H(Ⅰ)656.3 nm和Li(Ⅰ)670.8 nm两条发射谱线为例,如图8.21所示。可见,加滤光片及光阑的同时,两条特征谱线的信号强度都有所下降,但由于基底下降得更快,所以信噪比得到了提高。

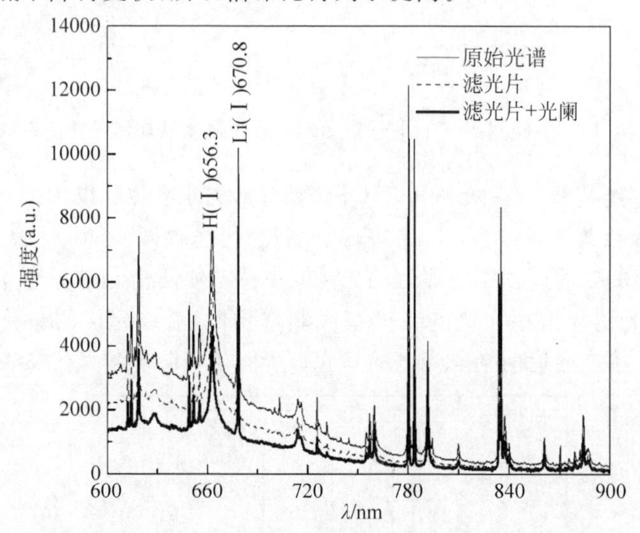

图8.20　加滤光片以及光阑对煤粉等离子体谱的优化效果

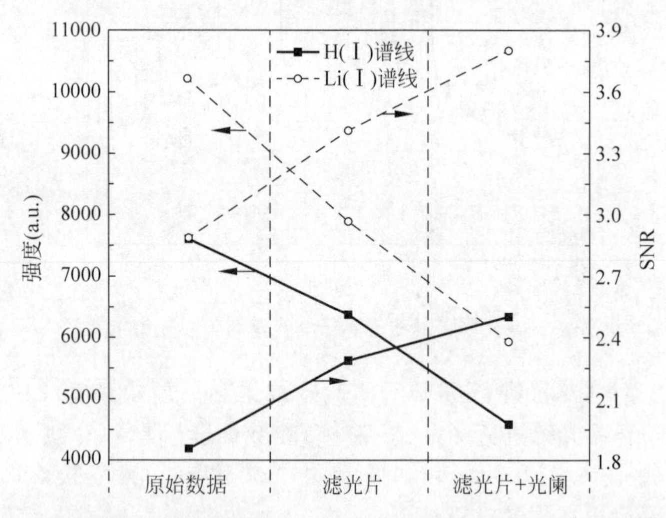

图8.21　激光出射光路中加滤光片以及光阑对H(Ⅰ)和Li(Ⅰ)谱线的影响

可见，在系统光路中增加滤波片及光阑的方法，有效地衰减了杂散光的干扰，减弱了煤粉等离子体光谱的基底强度，从而在一定程度上提高了谱线的信噪比。

8.3 基于 LIBS 原理的煤元素分析

煤的元素分析是燃煤电厂锅炉热力计算不可缺少的原始数据，也是现代煤化工工艺中重要的工艺参数。在计算燃烧所需的理论空气量、燃烧产物的体积以及指导锅炉的合理燃烧等方面，都发挥着很重要的作用[29]。

利用 LIBS 方法对待测元素进行定量分析的关键是得到该元素的定标曲线。如 8.2 节中所述，在基于 LIBS 的煤质分析中，对除了 O 元素之外的其他元素都采用的是标准样品定标法。对于实验定标法，很多相关文献都提出了各种各样比较经典的光谱处理方法，其中最为典型的有两个：一个是 Body[30] 用石膏作为测量对象，通过对各元素发射谱线的 RSD 值进行比较，提出了最佳的数据处理模型，主要包括谱线的积分、谱线强度归一化、数据筛选以及光谱去卷积等，用该模型对石膏中的 Na、Ca、Mg、Fe、Al、Si、Ti、K 等元素进行定量分析时的精度可达 ±10%；另一个是 Aragón[31] 针对低合金铁中的 C、Si、Cr、Ni 等元素，采用内部标准化法（元素谱线强度与铁谱线强度之比）及 Voigt 拟合法所获得的定标拟合曲线的相关系数优于 0.999。另外，El Sherbini[32] 以铝合金为测量对象，对铝的多条原子线及离子线的自吸收效应进行了理论及实验上的研究，并通过测量等离子体的电子密度、电子温度等参数，在自由定标模型中实现了对自吸收效应的校正。

对于煤粉来说，由于其成分非常复杂，元素分析难度较高，所以，在我们的研究实践中采用了一些特殊的光谱处理方法，从而较准确地实现了对煤中十多种元素的定标及定量分析，完成一次规定的测量时间为 22 s，这相比现行的人工化验方法是质的飞跃。书中所列 LIBS 实验中所用的 14 组具有代表性的干燥的煤粉样品（标号为 1#～14#）经过中国科学院山西煤炭化学研究所的化验，煤质化验结果列于表 8.4 中。简便起见，表中仅给出了各煤样中 C、H、O、S、Si、Al、Ca 七种元素的含量以及各自的灰分（A_{ad}）和发热量（Q_{ad}）。对于标号为 1#～9# 的煤样，由于其所含各目标元素的含量范围最为广泛，也最具有代表性，所以在下面的实验中一般将这 9 组煤样作为求各元素定标曲线用的定标样品，而其他 5 组煤样（标号为 10#～14#）则作为定量分析时的测试煤样。

表 8.4　1#～14#煤粉样品标准数据

标号	C	H	O	S	Si	Al	Ca	A_{ad}	Q_{ad}
1#	47.04	2.82	4.12	0.28	12.35	5.19	0.66	45.08	18.46
2#	72.04	2.55	1.86	0.38	5.22	3.67	0.52	22.21	27.16
3#	61.58	2.69	2.66	1.62	7.05	5.57	0.51	30.63	23.27
4#	42.51	2.90	8.97	0.61	11.70	5.00	1.22	44.29	16.48
5#	57.88	3.66	8.48	1.28	6.14	5.49	0.57	27.78	22.44
6#	48.53	3.2	9.75	1.53	7.83	7.66	0.60	36.13	19.08
7#	57.66	3.14	3.98	1.61	8.25	5.86	1.09	32.71	22.66
8#	56.08	2.85	3.28	0.44	9.32	7.29	1.40	39.57	21.40
9#	62.53	3.00	1.56	3.32	5.59	5.42	0.57	27.22	24.51
10#	57.42	3.16	3.63	1.94	8.08	5.77	1.20	33.06	22.41
11#	58.96	3.15	4.63	1.15	7.35	5.75	1.11	31.25	23.41
12#	55.00	3.26	4.78	2.23	7.71	5.66	0.53	33.19	21.53
13#	62.17	3.36	8.12	1.39	6.52	4.20	0.72	25.83	23.82
14#	49.46	2.76	9.49	1.64	8.20	7.53	1.49	38.88	18.38

8.3.1　煤中碳的定量分析

碳是煤中最主要的组成元素，因此获得精确的C元素的定标曲线就尤为关键。实验中在对其进行定标时的实验参数为最优参数，即，激光器的脉冲能量和重复频率分别为120 mJ/pulse和10 Hz，光谱仪的延迟时间和积分时间分别为200 ns和10 ms，采集次数为100次，样品池转速为2.7 rev/min，激光焦点位于样品表面下5 mm处。这里以1#样品为例，对由光谱仪通道1所测的100组光谱中C(Ⅰ)247.9 nm谱线的处理过程进行介绍。

首先，要进行C元素发射谱线相对强度的计算。图8.22为通道1中的一段光谱，其中C(Ⅰ)线覆盖了115～121间的像素单元，在图中由符号“☆”组成。谱线相对强度一般不用其峰值高度而用峰值面积来表示，图中C谱线的峰值面积即阴影面积与背景信号所占面积之差。假设在第i个像素单元处光谱强度值为X_i，那么根据trapezoidal积分法，阴影部分的面积I_Y可表示为

$$I_Y = \frac{1}{2}(X_{115} + X_{121}) + \sum_{i=116}^{120} X_i \tag{8.1}$$

背景信号的强度X_B可用C谱线两边较为平坦的光谱段的平均强度的平均值来表示，这里在C谱线的两边分别选择了像素范围在80～112和137～146的a和b两个光谱段。这样，阴影部分中背景信号所占面积I_B就可以表示为

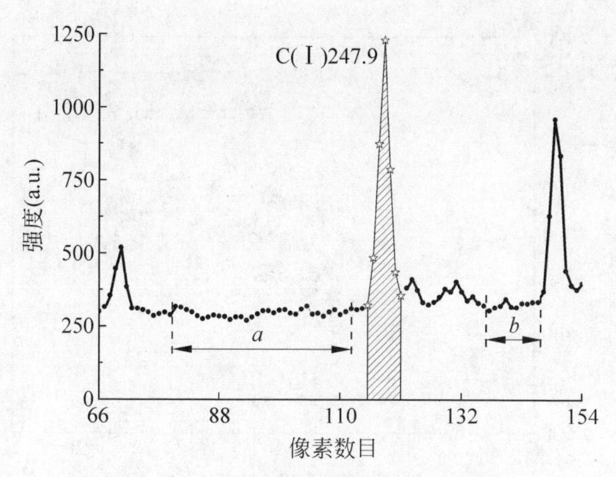

图 8.22　C(Ⅰ)谱线强度的计算示意图

$$I_B=\frac{1}{2}\times\left(\frac{1}{33}\sum_{m=80}^{112}X_m+\frac{1}{10}\sum_{n=137}^{146}X_n\right)\times(121-115)=\frac{1}{11}\sum_{m=80}^{112}X_m+\frac{3}{10}\sum_{n=137}^{146}X_n \tag{8.2}$$

根据式(8.1)和式(8.2),即可推出 C 发射谱线的发射强度(峰值面积)为

$$\begin{aligned} I_C &= I_Y - I_B \\ &= \frac{1}{2}(X_{115}+X_{121})+\sum_{i=116}^{120}X_i-\frac{1}{11}\sum_{m=80}^{112}X_m-\frac{3}{10}\sum_{n=137}^{146}X_n \end{aligned} \tag{8.3}$$

在根据式(8.3)求得了 C 的谱线强度后,接下来就要对其进行归一化处理,即用 C(Ⅰ)谱线强度除以整个等离子体发射光谱的强度,其目的是用以消除激光脉冲间能量起伏给检测所带来的影响。这里,整个等离子体发射光谱的强度通过对该元素所在通道的所有像素处的相对光强求和来实现[30]。对 1#煤样重复测量三次得到 300 组光谱数据,对其中 C 的谱线强度及相应的等离子体发射强度作比较,统计结果如图 8.23 所示。由图可见,两者之间几乎呈线性关系,因此,对其进行归一化是合理和有根据的。我们对这三次测量中的 C(Ⅰ)谱线进行强度归一化前后进行了比较,发现经过强度归一化处理后,所测数据的 RSD 值(相对标准偏差)由以前的 0.32、0.28、027 分别降为 0.16、0.15 和 0.15,几乎降低了 50%。以第一次所测数据为例,其对比结果如图 8.24 所示。可见,要提高测量结果的精确度,就必须对所测元素发射谱强度进行归一化处理。

最后,要对得到的 100 个归一化数值进行筛选,去掉一些比较偏离的数值,并对剩余数值求平均。进行筛选的目的是,尽可能降低由等离子体内部潜在的变化以及其他一些不确定因素(如煤粉粒径、煤样表面粗糙度的变化以及大气中的浮质等)给等离子体形成过程中所带来的附加基体效应的影响。本实验中进行筛选的

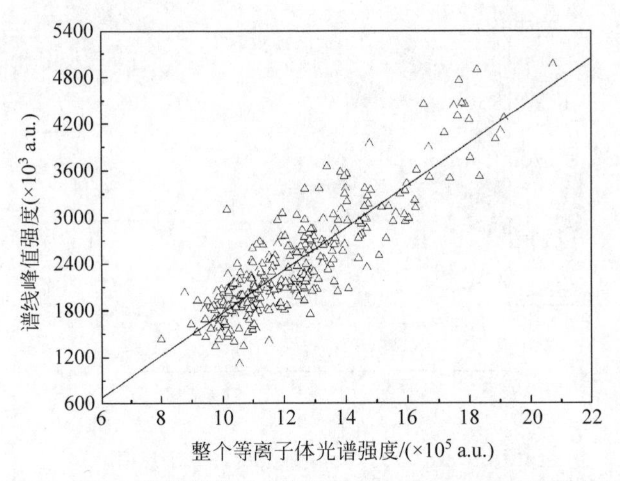

图 8.23　对 300 组 1# 煤样的光谱数据用 trapzoidal 积分法计算出的 C(Ⅰ)谱线强度与通道 1 内整个等离子体光谱强度间的关系

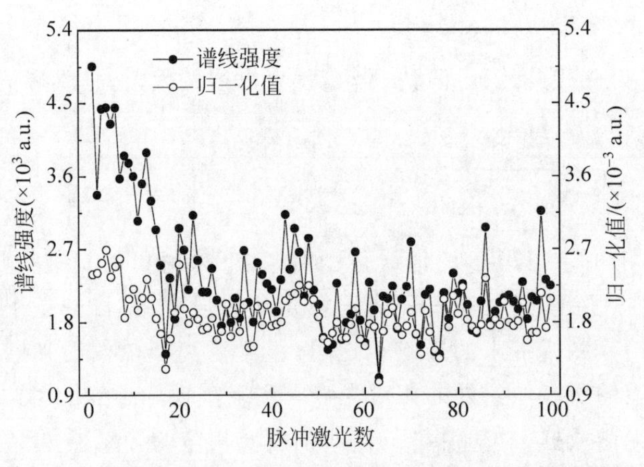

图 8.24　以 1# 煤样的第一次测量为例,对 C(Ⅰ)线的原始谱线强度与进行归一化处理后的数值进行比较

原则是,先去除数据中的零值和负值,再去除剩余数据中最大的 24% 和最小的 17%。这些去除数据的界线并没有特定的标准,需要根据实际中所总结出的经验来进行划定。这里以图 8.24 中的归一化数值为例,按上述原则进行了筛选,其示意图如图 8.25 所示。将筛选后所剩数据的均值与煤样含碳量进行作图和拟合,便可实现对 C 元素的定标。

实验中对 9 组定标样品用上述的数据处理方法对 C 元素进行了定标,每组煤样各测 3 次,所测结果与含碳量之间的关系如图 8.26 所示。由于个别煤样的含碳量比较大,所以出现了饱和效应。这里按罗马金公式对数据点进行非线性拟合,此拟合曲线即 C 元素的定标曲线，非线性拟合的相关系数 R 达到了 0.99。从拟合结果可看出，C 谱线的自吸收系数 b 为 0.53739。图中的数据点上的短线代表该数值的标准偏差。

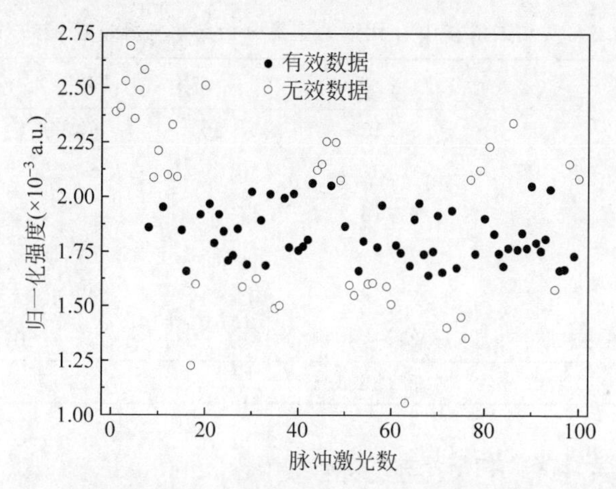

图 8.25　对 1＃煤样用 100 个连续激光脉冲作用后所测的归一化强度值进行筛选的示意图，其中空心圆表示被去除的数值

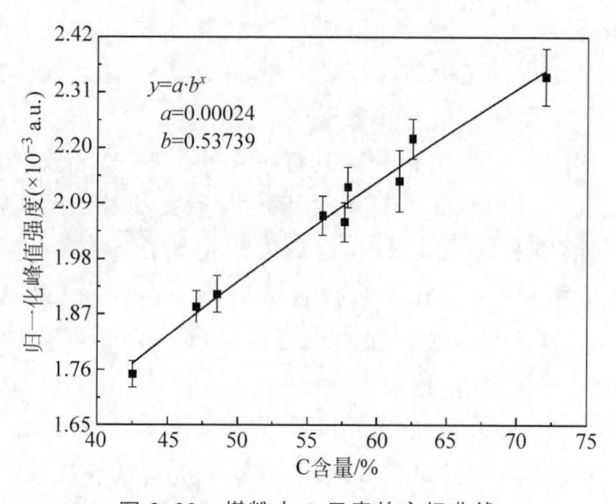

图 8.26　煤粉中 C 元素的定标曲线

在对未知煤样的含碳量进行定量分析时，需将上述定标曲线的拟合式进行浓度反演，即

$$y=(x/a)^{1/b} \tag{8.4}$$

式中：$a=0.00024$，$b=0.537398$；x 为对 C 元素谱线强度进行数据处理后的数值；y 即所要求的 C 元素含量。

实验中利用反演式(8.4)对10#～14#测试煤样中的C元素含量进行了定量分析,每组样品各测5次,测量结果列于表8.5中。由表可见,各样品的所测结果的重复性比较好,对C元素测值的标准偏差(SD)小于1.6%。

表8.5 对测试煤样中C元素的定量分析结果与标准含量的对比

	10#/%	11#/%	12#/%	13#/%	14#/%
1	57.05	57.13	56.60	62.71	49.47
2	57.11	57.62	56.09	66.29	48.93
3	57.05	59.16	54.69	63.81	48.92
4	55.85	58.47	56.25	63.12	47.84
5	56.89	54.96	54.54	62.63	49.26
平均值(SD)	56.79(0.53)	57.47(1.60)	55.63(0.95)	63.71(1.50)	48.89(0.63)
标准含量	57.42	58.96	55	62.17	49.46

8.3.2 煤中硫的定量分析

煤中的硫元素是污染大气的主要成分。对煤中硫元素的测量具有重要的现实意义。煤在锅炉中燃烧时,其所含的硫不仅会腐蚀锅炉器壁,还会对大气造成污染;在煤的清洁化利用中硫元素也是影响催化元素正常发挥作用的有害元素。因此,如果能够及时获知所燃煤中的含硫量大小,工作人员就可以在锅炉中加入适量的脱硫剂或固硫剂,从而使硫危害降低至许可范围内。

利用LIBS技术对S元素进行分析具有较大的困难,这不仅是由于S的特征谱线少、发射强度低、激发电位高,而且S元素绝大多数发射强度稍强的特征谱线都与其他元素的发射谱线相重叠。此外,S的发射谱线在空气中还有猝灭现象[33]。因此,要实现对S的测量,关键在于选择合适的特征谱线以及足够的激光脉冲能量。国外有关利用LIBS技术对S元素进行定量分析的文献较少[34-49],其中比较重要的有:Archambault等[34]利用200 mJ/pulse的Nd:YAG激光器对某种药片中的S含量进行了分析,所选用特征谱线为S(Ⅰ)922.8 nm;Weritz等[35]用400 mJ/pulse的激光器及OMA谱仪,通过对处于不同气体环境(空气、氩及氦)下混凝土硫酸盐中S的发射谱线进行对比后认为氦气是最佳的背景气体,并在氦气中利用S(Ⅰ)921.3 nm谱线及标准混凝土样品对S元素进行了定标;Peter[36]等和Sturm等[37]则利用总能量为300 mJ的三脉冲激光器、配有罗兰环的真空紫外光谱仪、光电倍增管及S(Ⅰ)180.7 nm/Fe(Ⅱ)187.8 nm的谱线组(采用内标法,即强度之比IS/IFe)对铁水中的S进行了定标,得到的最低可探测限分别为11 μg/g和10 μg/g;González等[38]利用200 mJ/pulse的激光器及OMA谱仪在氮气环境中对钢铁中的含S量进行了定标,所用内标法的谱线组合分别为S(Ⅰ)180.7 nm/

Fe(Ⅱ)186.47 nm和S(Ⅰ)182.0 nm/Fe(Ⅱ)186.47 nm,得到的最低可探测限为70 ppm,测量精度为7%。

由于S在紫外波段谱线S(Ⅰ)180.7 nm和S(Ⅰ)182.0 nm在测量时对检测环境及仪器(如光电探测器必须为光电倍增管而不是CCD)等的要求比较苛刻,因此,这里选择S在近红外波段由$3s^2 3p^3(^4S^o)4s$态至$3s^2 3p^3(^4S^o)4p$态跃迁所产生的三条发射谱线S(Ⅰ)921.3 nm、S(Ⅰ)922.8 nm和S(Ⅰ)923.8 nm来进行分析。实验中,首先对高纯度硫黄粉末进行了测试,发现当激光能量为120 mJ/pulse时,就可以看到S的这三条发射谱线。然后对煤粉(含硫量相对于硫黄粉末来说很低)进行测试时,发现必须将激光器的出射激光能量调至其最大值160 mJ/pulse处,才能看到S的发射谱线,而此时其他绝大多数元素的发射谱线都已经接近或达到了饱和状态。图8.27是纯硫粉以及含硫量差别较大的4#、9#煤样在915~935 nm波段的光谱图。由图可见,S在921.3 nm处发射谱线的强度最大,922.8 nm处的谱线次之,而923.8 nm处谱线的强度最小,这个结果与NIST数据库[50]中所提供的有关谱线发射强度的数据完全一致。这里以S(Ⅰ)921.3 nm这条最为灵敏的谱线作为S元素的特征分析线,对每组定标煤样各测3次,并利用8.2.1节中所述的数据处理方法进行处理,从而得到了如图8.28所示的S元素的定标曲线,并对其进行了线性拟合,得到的相关系数R为0.97。

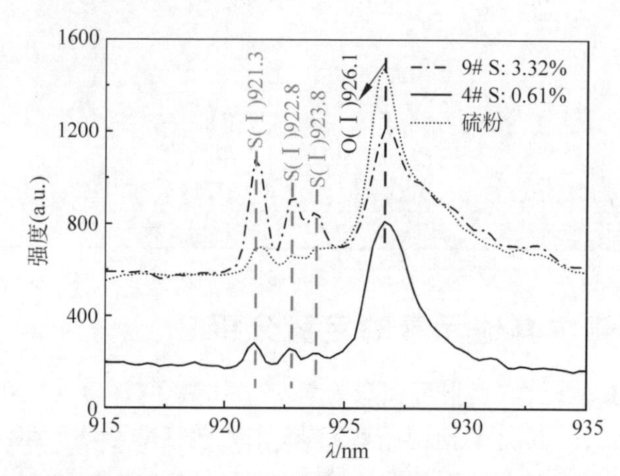

图8.27 纯硫粉和4#、9#煤样LIBS光谱中S发射谱线的比较

(请扫X页二维码看彩图)

利用所获得的定标曲线的反演式,对五组测试煤样进行了定量分析,每组煤样各测5次,测量结果列于表8.6中。由其可知,对S元素测量的相对标准偏差小于23.1%。造成测量相对误差较大的原因是,S(Ⅰ)921.3 nm的谱线恰好位于O(Ⅰ)926.1 nm谱线的上升沿上(图8.27),使得对S谱线强度进行积分时的误差较大。

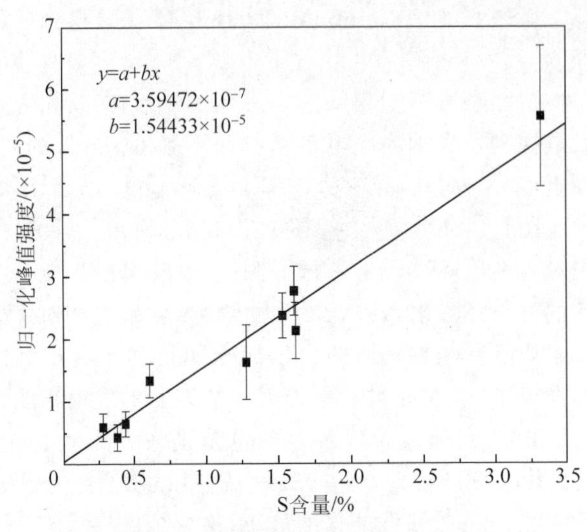

图 8.28　煤粉中 S 元素的定标曲线

表 8.6　对测试煤样中的 S 元素含量的定量分析结果与标准含量的对比

	10＃/%	11＃/%	12＃/%	13＃/%	14＃/%
1	1.98	1.12	2.77	1.40	1.79
2	2.09	0.88	2.93	1.31	1.91
3	2.72	0.62	2.36	1.48	1.62
4	1.82	0.81	1.95	1.29	1.46
5	1.73	1.10	1.78	0.81	2.18
均值(RSD)	2.07(18.84)	0.91(23.08)	2.36(21.19)	1.26(20.63)	1.79(15.64)
标准含量	1.94	1.15	2.23	1.39	1.64

8.3.3　煤中其他元素的定量分析

这里“煤中其他元素”是指可在煤粉等离子体谱中(图 8.12)观测到特征发射谱线的、除了 C、S、O、N 外其他的一些元素，主要包括非金属元素 H、Si 及金属元素 Mg、Al、Ti、Ca、Li、K 等。对这些元素进行定标时的实验参数以及数据处理方法与 8.2.1 节中对 C 定标时的相同，其关键是选择合适的元素特征分析线。对于 H、Al、Ti、Li、K 五种都仅可观测到一条特征谱线的元素，只能将这些唯一的发射谱线作为其特征分析线，分别为 H(Ⅰ)656.3 nm、Al(Ⅰ)309.3 nm、Ti(Ⅱ)334.9 nm、Li(Ⅰ)670.8 nm 和 K(Ⅰ)766.5 nm。而 Si、Mg、Ca 三种元素都可看到两条发射谱线，因此就有必要进行优化选择。对于 Si 来说，由于其 285.2 nm 发射谱线比 615.5 nm 谱线处的基底平坦，信噪比也更高，所以应选 Si(Ⅰ)285.2 nm 为其特征分析线；对于 Mg 来说，由于其在 279.6 nm 谱线是双线结构，在测量时容易达到饱和，所以其特征分析线应选择为 Mg(Ⅱ)285.2 nm；对于 Ca 来说，393.4 nm 和 396.8 nm 两条离子发射谱线参数基本相同，任何一条都可作为特征分析线，本实验中我们选择 Ca(Ⅱ)393.4 nm 作为特征分析线。

实验中利用所选各元素的特征分析线对其分别进行了定标实验，实验参数与对 C 定量分析中的实验参数相同。对 9 组定标煤样，每组各测 3 次，便获得了这八种元素的定标曲线。图 8.29 中给出了 Si、Al、Ca、H 四种元素的实验结果及相应的定标曲线。这些定标曲线均为线性拟合，其相关系数 R 分别为 0.99、0.98、0.99 和 0.94。其中，H 的定标曲线与 y 轴的交点离原点较远，这是由于测量时激光聚焦点附近空气中的水蒸气也被激发，从而使 H 谱线的强度增大。

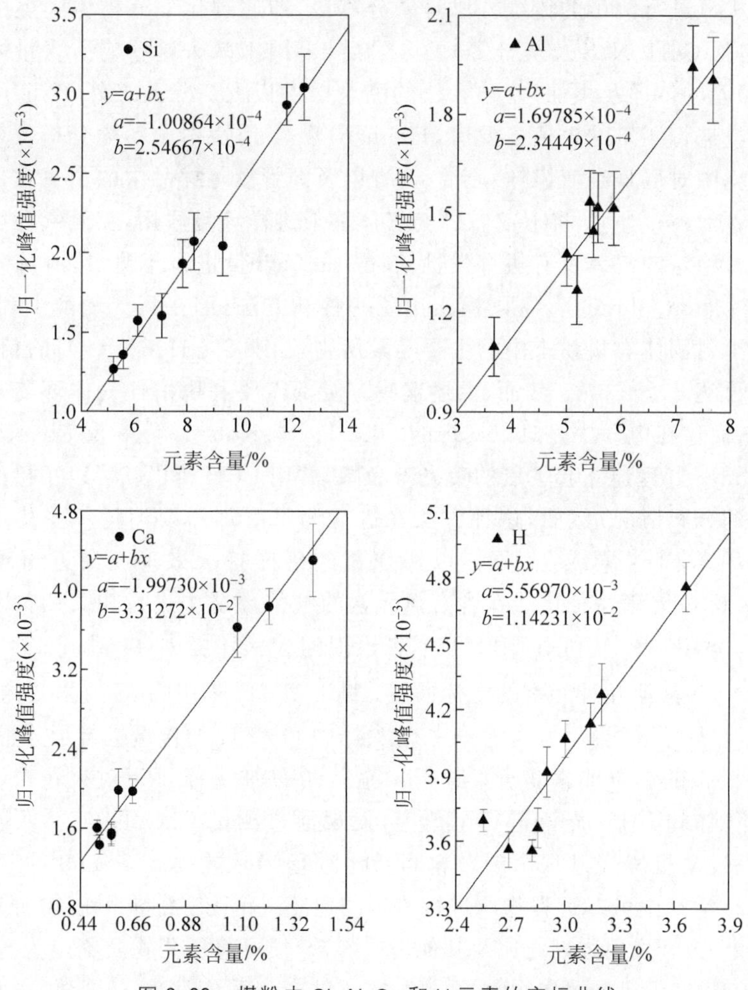

图 8.29　煤粉中 Si、Al、Ca 和 H 元素的定标曲线

利用所获得的各元素的定标曲线的反演式,对五组测试煤样进行了定量分析,每组煤样各测5次。测量结果表明,对其中的Si、Al、Ca、H这四种元素来说,实验测量的最大相对标准偏差分别为9.6%、9.3%、7.4%和3.8%。

8.3.4 煤中有机氧的定量分析

在干燥的煤中,氧元素的存在方式分为有机氧(存在于含氧官能团中,如—COOH、—OH、═CO及—OCH_3等)和无机氧(主要为氧化物)两种[51]。其中,有机氧是煤中最为丰富的物质之一,实现对其的实时在线监测对于燃煤电厂具有重要意义,因为工作人员可以根据有机氧含量的大小来选择最佳的风粉(氧气和煤粉)混合比例,从而提高锅炉的燃烧效率[52]。

对有机氧进行测量的传统方法是差分算法,即通过化学分析得到煤中所有其他物质(包括C、H、N、S及灰分等)的含量后,再用1减去这些物质含量之和。然而,由于误差的传递及累加,差分算法的测量误差极大。除此之外,当前用其他方法对氧含量进行测量的报道主要有,Hannan等[53]用快中子活化分析仪(FANN)在氦气环境中对尼日利亚煤样、原油、沥青以及沥青砂等样品中的全氧含量分别进行了测量; Brown等[54]将ICP仪器与气体注射进样环路联用,在氩气环境中对化学性质非常稳定的气体及有机挥发性液体中的氧含量进行了测量,所选分析线为O(Ⅰ)777.3 nm; Tran等[55]则摸索出了一种新方法,即在氩气环境中利用LIBS技术实现了对固体有机粉末中的主要元素所占比例(C∶H∶N∶O)的精确测定,测量精度可达2%~3%。然而,上述这些方法都需要利用惰性气体环境来消除空气的干扰,而这在电厂中是难以实现的。Lo等[56]、Koban等[57]及Roy等[58]利用Stern-Volmer方程建立起了氧的荧光寿命图,并用CCD相机就可以拍摄出被测区域氧元素的分布情况,然而,这种方法在进行测量时却需要消耗一些特定的物质(例如磷、甲苯、3-戊酮或芘丁酸)以增强氧的碰撞猝灭效应。最近出现了利用LIBS技术及O元素特征谱线在含有氧元素的气体环境中进行相关测量及应用的文献报道。Sallé等[59]利用LIBS技术在模拟的火星环境中(9 mbar CO_2)得到了岩石中的O和其他几种元素的定标曲线; Itoh等[60]利用LIBS技术及内标法(选用N线作为参考谱线)对氢气-空气扩散火焰中O和H的含量进行了分析,实验结果与数值模拟的结果非常吻合; Ferioli等[61]在实验室条件下对火花点燃式发动机所排放气体的LIBS光谱进行了研究,发现通过测量C/O和C/N发射强度之比,即可对发动机燃烧过程中的燃料当量比进行实时检测; Moreno等[62]则开发出了一套在空气中可对远程物质进行鉴别的遥感式LIBS测量系统,其原理是通过测量光谱中O/N发射强度之比及其他一些参数,便可将所测物质鉴定为有机炸药、有机非爆炸物和无机非爆炸物中的一种,在测试中该系统对30 m外的15种已知样品中的鉴定结果中有13种是正确的。然而，据我们所知，目前还没有在大气环境中利用LIBS技术对有机-无机混合物(例如煤)中的有机氧进行定量分析的相关报道。

实验中对有机氧测量时的实验参数与8.3.1节中的参数设置相同。在图8.12所示的由光谱仪通道2所采集的煤粉等离子体发射谱中，可以看到在710～930 nm波段范围内分布着数条O和N的发射谱线，其中746.8 nm处的这条N线在本实验中用得最多，并被选择作为内标用的参考线。这里我们对有机氧进行定量分析的主体思想是，先求得煤中全氧含量，再求得无机氧含量，最后通过这两者之差来求得有机氧的含量。下面将对该过程进行详细介绍。

首先，我们将介绍如何实现对煤中全氧含量$(C_O)_t$的测量。

在LIBS测量中，虽然常用元素的发射谱强度来测定一些有机物[63-66]，但利用与元素的原子数密度比值N_O/N_N(N_O和N_N分别为元素N和O的原子数密度)成正比的发射强度比值I_O/I_N这种内标法却可以得到更为精确的测量结果[55,60-62,67-70]。这里，强度比值I_O/I_N可以根据玻尔兹曼公式[71,72]表示为

$$I_O/I_N=\frac{N_O G_O A_O \lambda_N}{N_N g_N A_N \lambda_O}B(T) \tag{8.5}$$

式中，

$$B(T)=(Z_N(T)/Z_O(T))\cdot\exp(-(E_O-E_N)/k_B T) \tag{8.6}$$

是一个和等离子体温度T有关的函数。实验中为了减少样品附近空气的击穿电离，将激光的光束聚焦得很小。但即便如此，测量结果仍存在着较大的波动，这就导致很难将来自于煤粉的氧和来自空气的氧区别开来[62]。因此，我们必须承认，在大气环境中所观测到的O元素的发射谱线是煤和空气中O共同作用的结果。

一般情况下，煤中的N含量都非常小($(N_N)_{coal}\leqslant 1\%$)，与背景空气中的N含量($(N_N)_{air}$)相比，可以忽略不计。同时，在特定的实验环境下，空气中被激发的N和O的数量是基本不变的(即$(N_N)_{air}$和$(N_O)_{air}$为常数)。因此，煤中的全氧含量$(C_O)_t$可按下式进行推导：

$$\begin{aligned}\frac{I_O}{I_N}&\propto\frac{N_O}{N_N}=\frac{(N_O)_{air}+(N_O)_{coal}}{(N_N)_{air}+(N_N)_{coal}}\\&\approx\frac{(N_O)_{air}}{(N_N)_{air}}+\frac{(N_O)_{coal}}{(N_N)_{air}}\propto\frac{(N_O)_{coal}}{(N_N)_{air}}\propto(N_O)_{coal}\propto(C_O)_t\end{aligned} \tag{8.7}$$

从上面这个表达式中可以看出，谱线强度比例I_O/I_N与相应的全氧含量$(C_O)_t$间呈线性关系。

为了避免空气击穿、激光能量、等离子体空间分别的变化及样品表面不平等因素所引起的随机测量误差，这里我们提出了多线法，即通过利用多条O(Ⅰ)发射谱线的方法来提高测量的灵敏度和可靠度。如图8.30所示，我们将O(Ⅰ)在

715.7 nm、777.3 nm、844.6 nm 和 926.6 nm 处的四条发射线分别标记为 O_0、O_1、O_2 和 O_3。为了从中选择最佳的 O(Ⅰ)线来进行 I_O/I_N 的计算，我们对通道 2 内 600～950 nm 波段的等离子体发射谱与 N(Ⅰ)746.8 nm 谱线强度(未减去背景光谱)之间的相关度进行了计算并作图(图 8.30)，其具体过程为：利用 LabView 所编写的程序，将光谱仪通道 2 所得到的 1500 组煤粉等离子体光谱数据中各像素处的强度与相应的 N(Ⅰ)746.8 nm 谱线强度进行线性拟合，所获各像素处的线性拟合系数即构成了相关度曲线图。

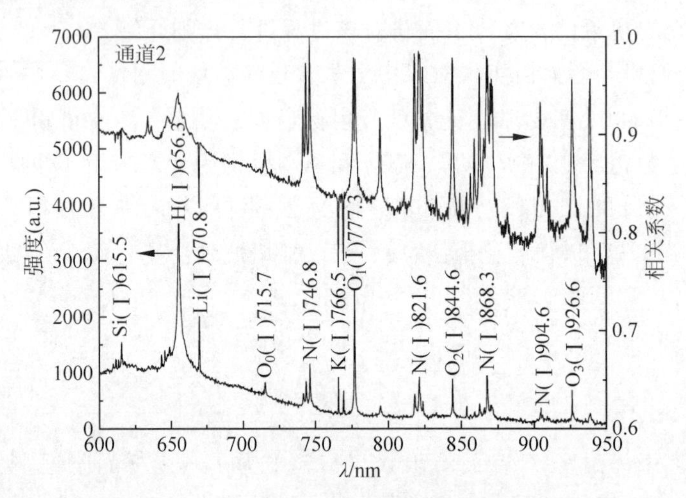

图 8.30　光谱仪通道 2 中的一段煤粉等离子体谱，图中对 O、N、H、Si、Li 和 K 的原子发射线进行了标注。此外，图中还显示了此波段内等离子体发射谱与 N(Ⅰ)746.8 nm 线强度(未减去背景光谱)之间的相关性

由图很明显可以看出，在 O_1、O_2 和 O_3 处的相关度值都大于 0.95，而在 O_0 处该值仅为 0.87，这可能是由于 O_0 谱线所处位置的背景信号较大。因此，选择 O_1、O_2 和 O_3 而不选 O_0 作为分析线。同时从图中还可以看出，Si、Li、K 等元素发射谱线与 N(Ⅰ)746.8 nm 谱线相关度较差，这主要是由于这些元素谱线的上能级激发电位与 N 的相差较大，从而导致了严重的玻尔兹曼效应[73]。通过这个基于相关度方法的优化处理过程，便可以得到更为精确的 I_O/I_N 值。

此外，由式(8.5)和式(8.6)可以看出，谱线强度比 I_O/I_N 是和 O、N 发射谱线上能级之差有关，并且也和玻尔兹曼因数成正比，而与被激发物质的多少无关[74]。因此，我们希望通过适当的温度校正方法来降低测值的 RSD 值。由式(8.5)可得

$$(I_{Oi}/I_N)' = \frac{(I_{Oi}/I_N)}{B(T)} = \frac{N_O g_{Oi} A_{Oi} \lambda_N}{N_N g_N A_N \lambda_{Oi}} \quad (i=1,2,3) \tag{8.8}$$

这表示，在利用玻尔兹曼平面斜率法[75,76]测得等离子体的温度后，我们就可

以消除由函数$B(T)$所引起的负面效应，从而获得I_O/I_N的校正值$(I_{Oi}/I_N)'$。本实验通过N的746.8 nm、821.6 nm、868.3 nm、904.6 nm四条谱线以及O的777.3 nm、844.6 nm、926.6 nm三条谱线根据玻尔兹曼斜率法来测量等离子体温度，这些发射谱线的相关光谱参数列于表8.7中。图8.31是对某煤样进行温度测量的例子，根据这两条拟合直线的斜率可推算出该等离子体的温度T为25533 K。当求得T后，就能够根据NIST数据库[77]中所列配分函数$Z(T)$的数据对式(8.7)中的$B(T)$函数进行六阶多项式拟合(图8.32)。图8.33是对I_{O1}/I_N初始值与温度校正后的$(I_{O1}/I_N)'$值间的进行比较的例子，由图可见，RSD值由初始的8.33%降至5.98%，这表明进行温度校正是完全有必要的。

表8.7　用于等离子体温度测量的N线及O线的光谱参数

	N(Ⅰ)				O(Ⅰ)		
λ/nm	746.8	821.6	868.3	904.6	777.3	844.6	926.6
$g_iA_i/(\times10^8\ s^{-1})$	0.77	1.34	1.08	2.24	2.58	1.61	4.00
E_i/eV	12.02	11.87	11.78	13.76	10.74	10.99	12.08

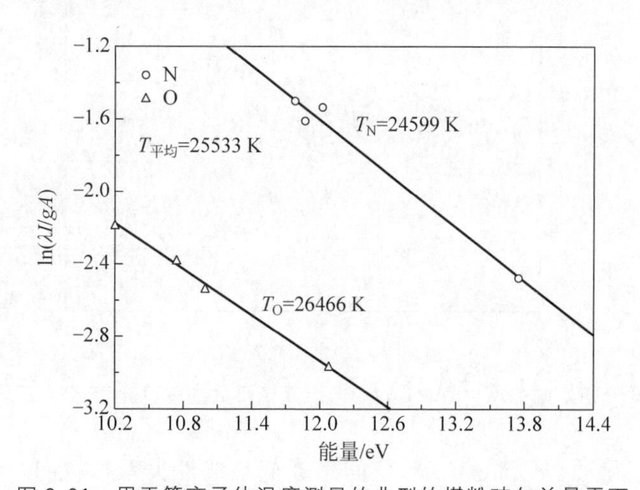

图8.31　用于等离子体温度测量的典型的煤粉玻尔兹曼平面

那么基于多线法便可得到煤中全氧含量$(C_O)_t$的表达式：

$$(C_O)_t = a\sum b_i(I_{Oi}/I_N)' + c \tag{8.9}$$

式中，a和c是预先从相应的定标曲线中所获得的系数；b_i为归一化系数，可由具体的强度比值I_{O1}/I_{Oi}中计算求得，本实验中所求得的值分别为$b_1=1$，$b_2=2.96$，$b_3=1.19$。用1#～8#八个煤样对全氧含量$(C_O)_t$和$\sum b_i(I_{Oi}/I_N)'$值间的关系进行测定，所测结果绘制后如图8.34所示。由图可见，虽然定标曲线并未通过

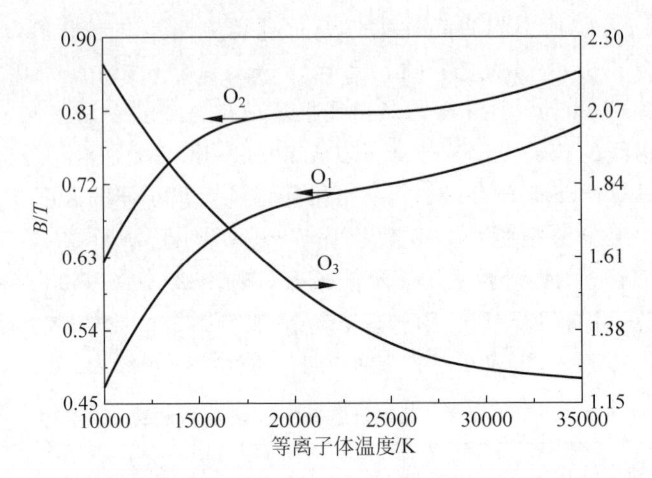

图 8.32　不同等离子体温度下 O_1、O_2、O_3 三条谱线 $B(T)$ 值的数值模拟结果

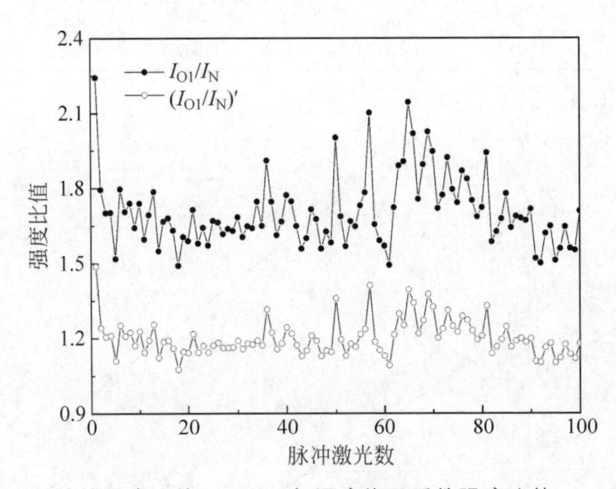

图 8.33　100 个初始的强度比值(I_{O1}/I_N)与温度修正后的强度比值((I_{O1}/I_N))间的比较

原点，但$(C_O)_t$ 和 $\sum b_i(I_{Oi}/I_N)'$ 值间仍近似呈线性关系，线性拟合的相关系数 R 大于 0.98。图中的非零截距是由样品表面附近空气中的氧被激发而导致的。从这个线性拟合方程中就可得到式(8.9)中的 a、c 值分别为 54.78 和－204.29。

接下来，将对煤中无机氧含量$(C_O)_i$ 的测量方法进行论述。

如果所形成的等离子体的温度高到足以将分子离解为原子态，那么煤中的氧原子发射谱就是煤里有机物和无机物中氧共同作用的结果。对于我国绝大多数的煤来说，其中 SiO_2 和 Al_2O_3 的含量占到了煤中无机物总质量的 80%～90%。因此，原则上可以将煤中其他微量元素的氧化物如 Fe_2O_3、P_2O_5、CaO、MgO、TiO_2 等忽略掉。也就是说，如果煤中 Si 和 Al 的含量(分别记为 C_{Si} 和 C_{Al})为已知的话，那

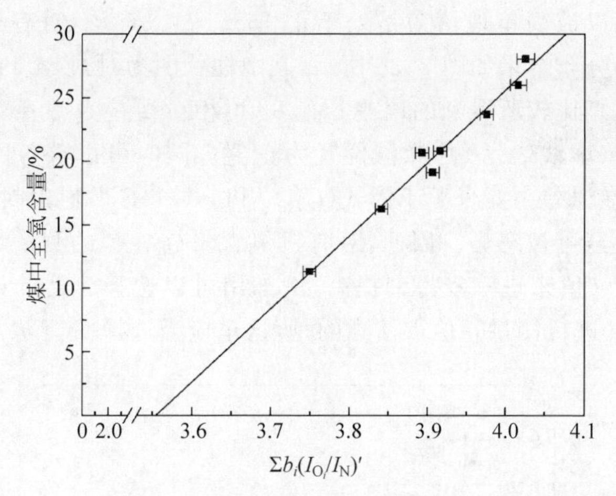

图 8.34　由 1＃～8＃煤样所测得的全氧含量$(C_O)_t$ 的定标曲线

么将这两种元素的相应的氧化物的质量加起来，就是煤中的$(C_O)_i$ 值。基于 8.2.2 节中所求的 Si 和 Al 的定标曲线的浓度反演式，煤中无机氧含量就可以表示为

$$\begin{aligned}(C_O)_i &= 1.14C_{Si} + 0.89C_{Al} \\ &= 1.14 \times (3926.69I_{Si} + 0.40) + 0.89 \times (4265.33I_{Al} - 0.72)\end{aligned} \tag{8.10}$$

式中，I_{Si} 和 I_{Al} 分别代表代表 Si 和 Al 发射谱线的归一化强度，系数 1.14 和 0.89 分别是对化学式中原子量比例 2O/Si 和 3O/2Al 进行计算得到的。

最后，由式(8.9)和式(8.10)，就可以将有机氧$(C_O)_o$的浓度计算公式写为如下形式：

$$\begin{aligned}(C_O)_o &= (C_O)_t - (C_O)_i \\ &= (C_O)_t - (1.14C_{Si} + 0.89C_{Al}) \\ &= 54.78 \times [(I_{O1}/I_N)' + 2.96 \times (I_{O2}/I_N)' + 1.19 \times (I_{O3}/I_N)'] - \\ &\quad 204.29 - [1.14 \times (3926.69I_{Si} + 0.40) + 0.89 \times (4265.33I_{Al} - 0.72)]\end{aligned} \tag{8.11}$$

以上所述即有机氧浓度计算公式的整个推导过程。为了验证该公式的准确性，实验中对 9＃～14＃六组煤样中的有机氧含量进行了测试，每组煤样用 300 个连续的激光脉冲各测 5 次。图 8.35 为煤中有机氧含量的测量值(实心圆)与标准值(空心圆)的比较。很明显，利用上述数据处理方法完全能够将煤中的 9＃、10＃/11＃/12＃、13＃和 14＃样品(其中有机氧含量差别最小的为 1.37%)区分开来。然而，对于 10＃、11＃、12＃这三组样品(其中有机氧含量差别最大的为 1.15%)来说，所测数据则严重地重叠在一起。因此，本实验中对煤粉中有机氧含量的测量精度可以被简单地认为是处于 1.15%～1.37%。对有机氧含量$(C_O)_o$测量的相对误差分布结果如图 8.36 所示，其中柱状图为对式(8.11)中三项因式的测量值与标准值相比较所得到的误差分布，平均相对误差为 19.39%，而误差洛伦兹拟合的分布线(虚线表示)的峰值位置为正值。同时可以从各因式的误差中看出，测量中的潜在误差主要来源于因式$(C_O)_t$ 和$-1.14C_{Si}$，而由因式$-0.89C_{Al}$ 所引起的误差则小至可被忽略。因此，对有机氧含量$(C_O)_o$ 的测量精度则可通过获得更为精确的 C_{Si} 值来进一步得到提高，例如用可以选择合适的谱线作为参考线使用内部法对 Si 进行测量。值得注意的是，这里应当选择 C(Ⅰ)247.8 nm 而不是

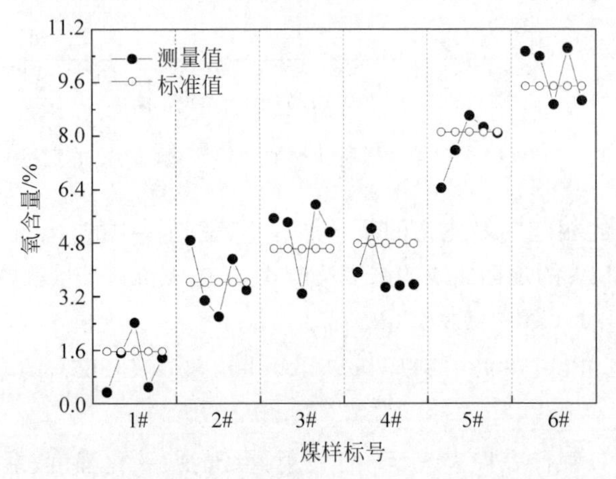

图 8.35　对 9#～14# 六组煤样中有机氧的测量值与标准值的比较，每组煤样各用 300 个激光脉冲测量 5 次

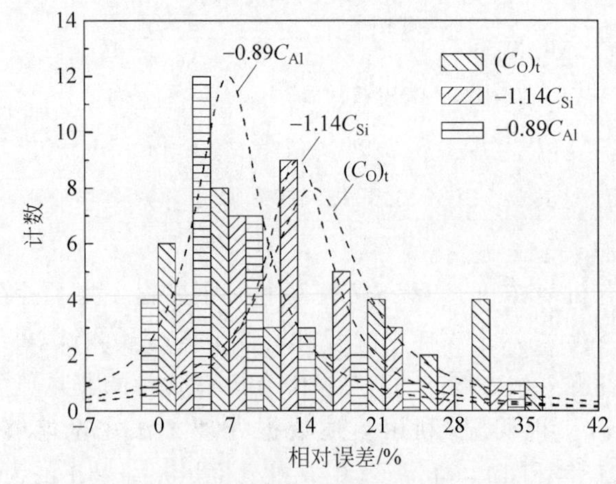

图 8.36　式(3.10)中三项因式测值的相对误差分布，测试煤样为 9#～14# 六组煤样，每组煤样各测 5 次

N(Ⅰ)746.8 nm 来作参考线,这是因为 Si 和 N 的发射谱线位于光谱仪不同的通道中,会由 CCD 的光谱响应及光学传输损耗等不同而引入额外的误差。

综上所述,针对在空气中对煤粉中有机氧含量的测量,我们提出了一种新的可行的数据处理方法,这在其他文献中没有见到过相关报道。这种处理方法主要集中于对煤粉中全氧含量和无机氧含量的定标和计算。对于前者,运用了最佳分析线选择法、多线法、内标法及温度校正等方法来增强测量的可靠性；对于后者,则作了煤中无机氧全部存在于 SiO_2 和 Al_2O_3 中的假设。当然,这种假设仅适合于对一般煤种的测量,而对于其他一些特殊的煤种,则要根据其具体的化学性质作出相应的改变。从实验测量结果来看,对有机氧测量的精度为 1.15%～1.37%,测量的平均相对误差为 19.39%。

8.4　煤的工业分析

煤的工业分析也叫实用分析或技术分析,是煤质化验的常规项目,其内容主要包括固定碳($(FC)_{ad}$)、水分(M_{ad})、灰分(A_{ad})、挥发分(V_{ad})及发热量(Q_{ad})(ad 是"air dried"的缩写,代表分析基或空气干燥基)。对燃煤电厂来说,将所测的元素含量转化为相应的工业分析结果是极为重要的,因为工业分析结果更为直观,工作人员可以方便地根据各参数的变化及时地调整锅炉运行状态,从而有效提高锅炉的燃烧效率和机组的发电效率。但由于 LIBS 原理的限制,目前还无法实现对煤中固定碳、水分和挥发分的测量,所以本实验研究中只建立了对煤的灰分及发热量的转化模型。

8.4.1　灰分

对煤中灰分进行测量的方法是,先求得煤中各成灰元素的含量,然后将这些元素含量换算成其各自的氧化物含量再进行累加[78],最后将该累加值代入反映氧化物含量累加值与标准灰分含量间关系的定标式中来求得该煤样的灰分值。

在 8.2.4 节中进行无机氧的测量时,我们曾将煤中除 SiO_2 和 Al_2O_3 外的其他氧化物忽略,这是因为这些氧化物所占比例非常小,并且其氧化物化学式中氧元素所占比例也很小,因而可以忽略。而此处进行灰分测量时,则无法忽略掉其他一些微量元素的氧化物,否则就会造成测量误差过大。因而,这里采用 Si、Al 和 Ca 三种主要的成灰元素来实现对煤中灰分的定标和测量。首先利用 1＃～9＃煤样的 Si、Al、Ca 的标准含量求得其各自氧化物含量的累加值,并将该值与标准灰分间进行线性拟合,拟合结果如图 8.37 所示,其线性相关系数 R 为 0.98。然后,利用 8.2.3 节中对 10＃～14＃煤样中 Si、Al、Ca 的定量分析结果(每组煤样各测量 5

次),并利用所求得的灰分定标式,对这几组煤样中的灰分进行了计算,计算结果与标准值间的比较如图 8.38 所示。由图可见,对灰分 A_{ad} 的计算结果与标准值非常接近,其最大相对标准偏差为 7.3%。

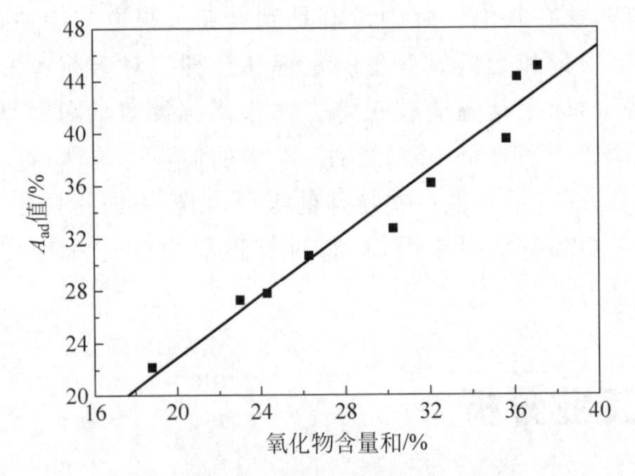

图 8.37 煤中 SiO_2、Al_2O_3 以及 CaO 三种物质的含量之和与灰分值 A_{ad} 间的关系,所用数据为 1#～9# 煤样的标准数据

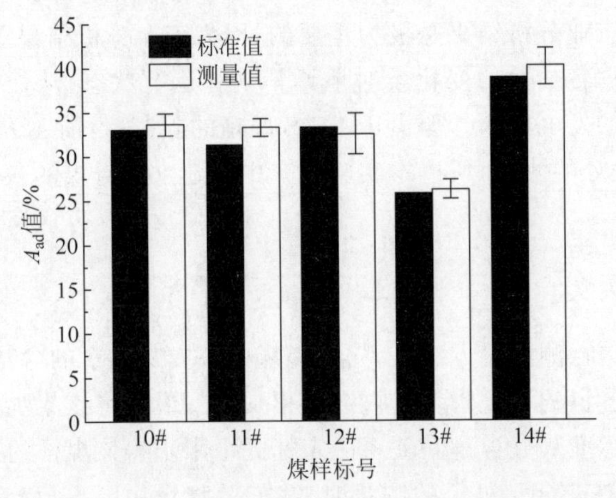

图 8.38 对 10#～14# 煤样灰分 A_{ad} 的测量值及其标准值

8.4.2 发热量

煤的发热量分为高位发热量($Q_{gr,\ ad}$)和低位发热量($Q_{net,\ ad}$)两种,由于低位发热量的计算需要用到水分值,所以我们这里所说的发热量是指高位发热量。

对煤的高位发热量的计算可以根据如下的公式进行[79, 80]:

$$Q_{ad}=0.3491C_C+1.1783C_H+0.1005C_S-0.0151C_N-0.1034C_O-0.0211A_{ad} \tag{8.12}$$

式中，除了N元素由于其煤中含量过低而空气中N含量又过高而未能求得外，其他元素C、H、S、O(有机氧)的含量及灰分A_{ad}值都已能够求得。因此，计算中忽略了式中的$-0.0151C_N$项。

利用前面测量得到的相应数据，我们对10＃～14＃煤样的发热量进行了计算，并将其与标准值进行了比较，结果如图8.39所示。由图可见，所计算的结果大致能够反映出所测煤的真实发热量变化，其相对标准偏差小于11.6%。

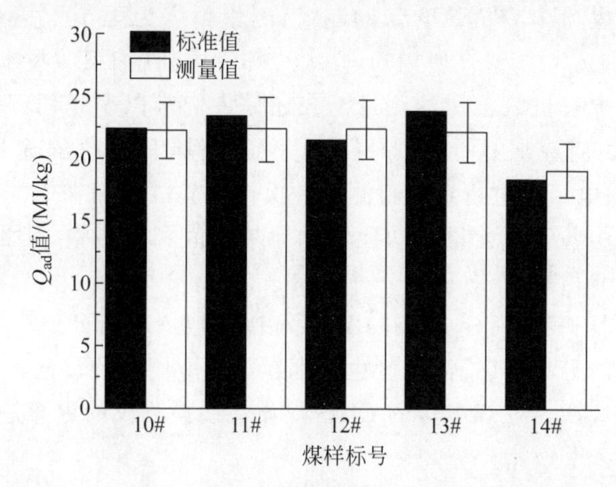

图8.39　对10＃～14＃煤样发热量Q_{ad}的测量值及其标准值

8.5　小结

煤作为一种特殊的分析对象，组分复杂，几乎包括了元素周期表中所有元素，同时，煤质的好坏直接影响了燃煤电厂的发电效率。因此，对煤质的分析虽然困难重重，但却非常重要。

本章首先建立起了“单色仪+Boxcar” LIBS系统，用其对煤饼进行了测量，得到了煤饼的等离子体谱图以及各元素的特征谱线，并利用含碳量不同的煤样对C发射谱线强度的变化进行了定标测量，初步证实了LIBS技术应用于煤质检测的可行性。

然后，建立起了可进行快速分析的光谱仪LIBS系统，并对其各项参数进行了优化，结果表明，最佳的参数设置应当是将激光脉冲能量设为120 mJ/pulse，光谱仪的曝光延迟时间设为200 ns，激光聚焦点位于样品表面以下3～5 mm，样品池转速设为 2.7 rev/min，并在激光束的出射光路中设置中心频率为 1064 nm 的窄带滤波片及直径为 1.5 mm 的光阑。

最后，利用该 LIBS 系统从两个方面对煤质进行了分析，即煤的元素分析和煤的工业分析。在煤的元素分析中，C、H、Si、Al、Ca、S 等元素的数据处理方法基本相同。所不同的是，在测量 S 时需要将激光脉冲能量调至 160 mJ/pulse 才能够观测到煤中 S 的发射谱线。对这些元素进行定量分析的结果表明，对 C 元素测量的标准偏差小于 1.6%，而对 S、Si、Al、Ca 和 H 等元素测量的相对标准偏差则分别小于 23.1%、9.6%、9.3%、7.4%和 3.8%。另外，我们通过采用特殊的数据处理方法首次实现了对煤粉中有机氧含量的测量，测量精度为 1.15%～1.37%，测量的平均相对误差为 19.39%。众所周知，在大气环境中利用 LIBS 技术来对有机-无机混合物（如煤粉）中有机氧含量的测量至今还是人们难以逾越的巨大障碍，无论如何，这项工作为如何克服这个障碍提供了一条便捷和可行的途径，并可作为将 LIBS 应用于燃煤电厂中进行在线检测的一次初步尝试。而在煤的工业分析中，我们将所测得的煤中各元素含量成功地转化为灰分值和发热量，其测量的相对误差分别小于 7.3%和 11.6%。

由此可见，利用我们所建立的 LIBS 系统以及数据分析处理模型，在 22 s 内就可以实现对煤质的分析，其检测精度也大都在工业应用所允许的范围内。因此，将其开发成可直接应用于燃煤电厂的 LIBS 煤质在线检测仪的方案是可行的。

参考文献

[1] KASKI S, HÄKKÄNEN H, KORPPI-TOMMOLA J. Determination of Cl/C and Br/C ratios in pure organic solids using laser-induced plasma spectroscopy in near vacuum ultraviolet[J]. J. Anal. At. Spectrom., 2004, 19: 474-478.

[2] SALLÉB, LACOUR J L, MAUCHIEN P, et al. Comparative study of different methodologies for quantitative rock analysis by laser-induced breakdown spectroscopy in a simulated Martian atmosphere[J]. Spectrochim. Acta. B, 2006, 61: 301-313.

[3] BARRETTE L, TURMEL S. On-line iron-ore slurry monitoring for real-time process control of pellet making processes using laser-induced breakdown spectroscopy: graphitic vs. total carbon detection[J]. Spectrochim. Acta. B, 2001, 56: 715-723.

[4] ITOH S, SHINODA M, KITAGAWA K, et al. Spatially resolved elemental analysis of a hydrogen-air diffusion flame by laser-induced plasma spectroscopy (LIPS) [J]. Microchim. J., 2001, 70: 143-152.

[5] MUKHERJEE D, RAI A, ZACHARIAH M R. Quantitative laser-induced breakdown spectroscopy for aerosols via internal calibration: Application to the oxidative coating of aluminum nanoparticles[J]. J. Aerosol Sci., 2006, 37: 677-695.

[6] HAHN D W, CARRANZA J E, ARSENAULT G R, et al. Aerosol generation system for development and calibration of laser-induced breakdown spectroscopy instrumentation[J]. Rev. Sci. Instrum., 2001, 72: 3706-3713.

[7] YU L Y, LU J D, CHEN W, et al. Analysis of pulverized coal by laser-induced breakdown spectroscopy[J]. Plasma Sci. Technol., 2005, 7(5): 3041-3044.

[8] 吴戈，陆继东，余亮英，等. 激光感生击穿光谱技术测量飞灰含碳量[J]. 热能动力工程，2005，20(4)：365-368.

[9] HILBK-KORTENBRUCK F, NOLL R, WINTJENS P, et al. Analysis of heavy metals in soils using laser-induced breakdown spectrometry combined with laser-induced fluorescence[J]. Spectrochim. Acta B, 2001, 56: 933-945.

[10] SIRVEN J B, BOUSQUET B, CANIONI L, et al. Laser-induced breakdown spectroscopy of composite samples: Comparison of advanced chemometrics methods[J]. Anal. Chem., 2006, 78(5): 1462-1469.

[11] ARAGON C, BENGOECHEA J, AGUILERA J A. Influence of the optical depth on spectral line emission from laser-induced plasmas[J]. Spectrochim. Acta B, 2001, 56: 619-628.

[12] ROSENWASSER S, ASIMELLIS G, BROMLEY B, et al. Development of a method for automated quantitative analysis of ores using LIBS[J]. Spectrochim. Acta B, 2001, 56(6): 707-714.

[13] BENEDETTI P A, CRISTOFORETTI G, LEGNAIOLI S, et al. Effect of laser pulse energies in laser induced breakdown spectroscopy in double-pulse configuration[J]. Spectrochim. Acta B, 2005, 60(11): 1392-1401.

[14] ASIMELLIS G, GIANNOUDAKOS A, KOMPITSAS M. Phosphate ore beneficiation via determination of phosphorus-to-silica ratios by Laser Induced Breakdown Spectroscopy [J]. Spectrochim. Acta B, 2006, 61(12): 1253-1259.

[15] CARRANZA J E, FISHER B T, YODER G D. On-line analysis of ambient air aerosols using laser-induced breakdown spectroscopy[J]. Spectrochim. Acta B, 2001, 56(6): 851-864.

[16] CREMERS D A, RADZIEMSKI L J. Detection of chlorine and fluorine in air by laser-induced breakdown spectroscopy[J]. Anal. Chem., 1983, 55: 1246-1252.

[17] LITHGOW G A, ROBINSON A L, BUCKLEY S G. Ambient measurements of metal-containing PM2.5 in an urban environment using laser-induced breakdown spectroscopy [J]. Atmos. Environ., 2004, 38: 3319-3328.

[18] WAINNER R T, HARMON R S, MIZIOLEK A W, et al. Analysis of environmental lead contamination: comparison of LIBS field and laboratory instruments[J]. Spectrochim. Acta B, 2001, 56(6): 777-793.

[19] DE GIACOMO A, SHAKHATOV V A, DE PASCALE O. Optical emission spectroscopy and modeling of plasma produced by laser ablation of titanium oxides[J]. Spectrochim. Acta B, 2001, 56(6): 753-776.

[20] MUKHERJEE D, RAI A, ZACHARIAH M R. Quantitative laser-induced breakdown

spectroscopy for aerosols via internal calibration: Application to the oxidative coating of aluminum nanoparticles[J]. J. Aero. Sci. ,2006,37: 677-695.

[21] 满宝元,王公堂,刘爱华,等.不同气压背景下激光烧蚀Al靶产生等离子体特性分析[J].光谱学与光谱分析,1998,18(4): 411-415.

[22] BASSIOTIS I, DIAMANTOPOULOU A, GIANNOUDAKOS A, et al. Effects of experimental parameters in quantitative analysis of steel alloy by laser-induced breakdown spectroscopy[J]. Spectrochim. Acta B,2001,56(6): 671-683.

[23] ARCHAMBAULT J F, VINTILOÌU A, KWONG E. The effects of physical parameters on laser-induced breakdown spectroscopy analysis of intact tablets[J]. AAPS. PharmSci. Tech,2005,6(2): 253-261.

[24] BENEDETTI P A, CRISTOFORETTI G, LEGNAIOLI S, et al. Effect of laser pulse energies in laser induced breakdown spectroscopy in double-pulse configuration[J]. Spectrochim. Acta B,2005,60(11): 1392-1401.

[25] HILBK-KORTENBRUCK F, NOLL R, WINTJENS P, et al. Analysis of heavy metals in soils using laser-induced breakdown spectrometry combined with laser-induced fluorescence[J]. Spectrochim. Acta B,2001,56(6): 933-945.

[26] 雷永平,史耀武,周家谨.脉冲Nd: YAG激光表面熔凝流场与热场的数值模拟[J].激光技术,1996,23(4): 369-376.

[27] 高昕,宋宙模.强脉冲激光金属表面烧蚀热场的数值仿真[J].红外与激光工程,2000,29(4): 62-67.

[28] KUZUYAU M, ARANAMI H. Analysis of a high-concentration copper in metal alloys by emission spectroscopy of a laser-produced plasma in air at atmospheric pressure[J]. Spectrochim. Acta B,2000,55: 1423-1430.

[29] 于瑞生,伦国瑞.利用煤的热值和工业分析数据计算煤中各主量元素含量[J].华东电力,1996,3: 33-36.

[30] BODY D, CHADWICK B L. Optimization of the spectral data processing in a LIBS simultaneous elemental analyses system[J]. Spectrochim. Acta B,2001,56: 725-736.

[31] ARAGÓN C, AGUILERA J A, PEÑALBA F. Improvements in quantitative analysis of steel composition by laser-induced breakdown spectroscopy at atmospheric pressure using an infrared Nd: YAG laser[J]. Appl. Spectrosc. ,1999,53(10): 1259-1267.

[32] SHERBINI A M E, SHERBINI T M E, HEGAZY H, et al. Evaluation of self-absorption coefficients of aluminum emission lines in laser-induced breakdown spectroscopy measurements[J]. Spectrochim. Acta B,2005,60: 1573-1579.

[33] AMOUROUX D A. Time-resolved laser-induced breakdown spectroscopy: Application for qualitative and quantitative detection of F, Cl, S, and C in air[J]. Appl. Spectrosc. ,1998,52(10): 1321-1327.

[34] ARCHAMBAULT J F, VINTILOÌU A, KWONG E. The effects of physical parameters on laser-induced breakdown spectroscopy analysis of intact tablets[J]. AAPS. PharmSci. Tech,2005,6(2): 253-261.

[35] WERITZ F, RYAHI S, SCHAURICH D, et al. Quantitative determination of sulfur

content in concrete with laser-induced breakdown spectroscopy[J]. Spectrochim. Acta B, 2005,60: 1121-1131.

[36] PETER L, STURM V, NOLL R. Liquid steel analysis with laser-induced breakdown spectrometry in the vacuum ultraviolet[J]. Appl. Opt. ,2003,42(30): 6199-6204.

[37] STURM V, PETER L, NOLL R. Steel analysis with laser-induced breakdown spectrometry in the vacuum ultraviolet[J]. Appl. Spectrosc. ,2000,54(9): 1275-1278.

[38] GONZÁLEZ A, ORTIZ M, CAMPOS J. Determination of sulfur content in steel by laser-produced plasma atomic emission spectroscopy[J]. Appl. Spectrosc. ,1995,49: 1632-1635.

[39] NOLL R, BETTE H, BRYSCH A, et al. Laser-induced breakdown spectrometry — applications for production control and quality assurance in the steel industry [J]. Spectrochim. Acta B, 2001, 56: 637-649.

[40] YAMAMOTO K Y, CREMERS D A, FERRIS M J, et al. Detection of metals in the environment using a portable laser-induced breakdown spectroscopy instrument[J]. Appl. Spectrosc. ,1996,50: 222-233.

[41] BARBINI R, COLAO F, FANTONI R, et al. Semi-quantitative time resolved LIBS measurements[J]. Appl. Phys. B, 1997, 65: 101-107.

[42] DUDRAGNE L, ADAM P, AMOUROUX J. Time-resolved laser-induced breakdowns-pectroscopy: application for qualitative and quantitative detection of fluorine, chlorine, sulfur, and carbon in Air[J]. Appl. Spectrosc. ,1998,52: 1321-1327.

[43] BREWER P, VAN NEEN N, BERSOHN R. Two-photon induced fluorescence and resonance-enhanced ionization of sulfur atoms [J]. Chem. Phys. Lett. , 1982, 91 (2): 126-129.

[44] BETTE H, NOLL R. High speed laser-induced breakdown spectrometry for scanning microanalysis[J]. J. Phys. D: Appl. Phys. ,2004,37: 1281-1288.

[45] LORENZEN C J, CARLHOFF C, HAHN U, et al. Applications of laser-induced emission spectral analysis for industrial process and quality control[J]. J. Anal. Appl. Spectrom. , 1992,7: 1029-1035.

[46] STURM V, VRENEGOR J, NOLL R. Bulk analysis of steel samples with surface scale layers by enhanced laser ablation and LIBS analysis of C, P, S, Al, Cr, Cu, Mn and Mo[J]. J. Anal. At. Spectrom. ,2004,19: 451-456.

[47] SALLÉB, LACOUR J L, VORS E, et al. Laser-induced breakdown spectroscopy for mars surface analysis: capabilities at stand-off distances and detection of chlorine and sulfur elements[J]. Spectrochim. Acta B, 2004, 59: 1413-1422.

[48] HEMMERLIN M, MEILLAND R, FALK H, et al. Application of vacuum ultraviolet laser-induced breakdown spectrometry for steel analysis—comparison with spark-optical emission spectrometry figures of merit[J]. Spectrochim. Acta B, 2001, 56: 661-669.

[49] RADIVOJEVIC I, HAISCH C, NIESSNER R, et al. Microanalysis by laser-induced plasma spectroscopy in the vacuum ultraviolet[J]. Anal. Chem. ,2004,76: 1648-1656.

[50] NIST 数据库. [2009-07-21]. [2014-11-15]. http://physics.nist.gov/PhysRefData/ASD/index.html.

[51] TAKEYA G. Studies of the structure of coal and coal hydrogenation process[J]. Pure Appl. Chem. ,1978,50: 1099-1115.

[52] TAN Y,CROISET E,DOUGLAS M A,et al. Combustion characteristics of coal in a mixture of oxygen and recycled flue gas[J]. Fuel,2006,85(4): 507-512.

[53] HANNAN M A,OLUWOLE A F,KEHINDE L O,et al. Determination of oxygen, nitrogen,and silicon in Nigerian fossil fuels by 14 MeV neutron activation analysis[J]. J. Radioanal. Nucl. Chem. ,2003,256(1): 61-65.

[54] BROWN R M,JR FRY R C. Near-infrared atomic oxygen emissions in the inductively coupled plasma and oxygen-selective gas-liquid chromatography[J]. Anal. Chem. ,1981, 53: 532-538.

[55] TRAN M,SUN S,SMITH B W,et al. Determination of C: H: O: N ratios in solid organic compounds by laser-induced plasma spectroscopy[J]. J. Anal. At. Spectrom. , 2001,16: 628-632.

[56] LO L W,HUANG S H Y,CHANG C H,et al. A phosphorescence imaging system for monitoring of oxygen distribution in rat liver under ischemia and reperfusion[J]. J. Med. Bio. Eng. ,2003,23: 19-27.

[57] KOBAN W,SCHORR J,SCHULZ C. Oxygen-distribution imaging with a novel two-tracer laser-induced fluorescence technique[J]. Appl. Phys. B,2002,74: 111-114.

[58] ROY S,DUKE S R. Visualization of oxygen concentration fields and measurement of concentration gradients at bubble surfaces in surfactant-contaminated water[J]. Exp. Fluid. ,2004,36: 654-662.

[59] SALLÉ B,LACOUR J L,MAUCHIEN P,et al. Comparative study of different methodologies for quantitative rock analysis by laser-induced breakdown spectroscopy in a simulated Martian atmosphere[J]. Spectrochim. Acta B,2001,61: 301-313.

[60] ITOH S,SHINODA M,KITAGAWA K,et al. Spatially resolved elemental analysis of a hydrogen-air diffusion flame by laser-induced plasma spectroscopy (LIPS) [J]. Microchim. J. , 2001,70: 143-152.

[61] FERIOLI F,PUZINAUSKAS P V,BUCKLEY S G. Laser-induced breakdown spectroscopy for on-line engine equivalence ratio measurements[J]. Appl. Spectrosc. ,2003,57(9): 1183-1189.

[62] MORENO C L,PALANCO S,LASERNA J J,et al. Test of a stand-off laser-induced breakdown spectroscopy sensor for the detection of explosive residues on solid surfaces [J]. J. Anal. At. Spectrom. ,2006,21: 55-60.

[63] BARRETTE L,TURMEL S. On-line iron-ore slurry monitoring for real-time process control of pellet making processes using laser-induced breakdown spectroscopy: graphitic vs. total carbon detection[J]. Spectrochim. Acta. B,2001,56: 715-723.

[64] SAMEK O,BEDDOWS D C S,TELLE H H,et al. Quantitative laserinduced breakdown spectroscopy analysis of calcified tissue samples[J]. Spectrochim. Acta B,2001,56: 865-875.

[65] BARBINI R,COLAO1F,FANTONI R,et al. Semi-quantitative time resolved LIBS measurements[J]. Appl. Phys. B,1997,65: 101-107.

[66] LUCENA P, CABALÍN L M, PARDO E, et al. Laser induced breakdown spectrometry of vanadium in titania supported silica catalysts[J]. Talanta, 1998, 47: 143-151.

[67] SATTMANN R, MÖNCH I, KRAUSE H, et al. Laser induced breakdown spectroscopy for polymer identification[J]. Appl. Spectrosc., 1998, 52: 456-461.

[68] ST ONGE L, KWONG E, SABSABI M, et al. Quantitative analysis of pharmaceutical products by laser-induced breakdown spectroscopy[J]. Spectrochim. Acta B, 2002, 57: 1131-1140.

[69] KASKI S, HÄKKÄNEN H, KORPPI-TOMMOLA J. Determination of Cl/C and Br/C ratios in pure organic solids using laser-induced plasma spectroscopy in near vacuum ultraviolet[J]. J. Anal. At. Spectrom., 2004, 19: 474-478.

[70] MUKHERJEE D, RAI A, ZACHARIAH M R. Quantitative laser-induced breakdown spectroscopy for aerosols via internal calibration: Application to the oxidative coating of aluminum nanoparticles[J]. J. Aerosol Sci., 2006, 37: 677-695.

[71] BASSIOTIS I, DIAMANTOPOULOU A, GIANNOUDAKOS A, et al. Effects of experimental parameters in quantitative analysis of steel alloy by laser-induced breakdown spectroscopy[J]. Spectrochim. Acta. B, 2001, 56: 671-683.

[72] DAVIES C M, TELLE H H, MONTGOMERY D J, et al. Quantitative-analysis using remote laser-induced breakdown spectroscopy (LIBS) [J]. Spectrochim. Acta B, 1995, 50: 1059-1075.

[73] HAHN D W, CARRANZA J E, ARSENAULT G R, et al. Aerosol generation system for development and calibration of laser-induced breakdown spectroscopy instrumentation[J]. Rev. Sci. Instrum., 2001, 72: 3706-3713.

[74] ARAGON C, AGUILERA J A, CAMPOS J. Determination of carbon content in molten steel using laser-induced breakdown spectroscopy [J]. Appl. Spectrosc., 1993, 47: 606-608.

[75] SABSABI M, CIELO P. Quantitative analysis of aluminum alloys by laser-induced breakdown spectroscopy and plasma characterization [J]. Appl. Spectrosc., 1995, 49: 499-507.

[76] ADRAIN R S, WATSON J. Laser microspectral analysis: a review of principles and applications[J]. J. Phys. D: Appl. Phys., 1984, 17: 1915-1940.

[77] NIST 数据库. [2009-7-21]. [2015-5-16]. http://physics. nist. gov/PhysRefData/ASD/levels_ form. html.

[78] BELBOT M D, VOURVOPOULOS G, WOMBLE P C, et al. Elemental on-line coal analysis using pulsed neutrons [J]. Conference on Penetrating Radiation Systems and Applications, SPIE, 2000, 3769: 168-177.

[79] LOO S V, KOPPEJAN J. Hand book of biomass combustion and co-firing [M]. Netherlands: Twente University Press, 2002.

[80] OBERNBERGER I, THEK G. Physical characterisation and chemical composition of densified biomass fuels with regard to their combustion behavior. Proceedings of the 1st World Conference on Pallets, 2002: 115-122.

第9章

LIBS在燃煤电厂入炉煤质在线检测中的应用

煤质的快速在线检测对燃煤电厂的能源利用效率、环境影响、安全生产都有重大影响和重要意义。

国际上通行的煤质在线检测方法普遍采用化学分析法及核分析法，相关的文献专利也比较多。例如，美国的 Babcock and Wilcox 公司[1]采用 4 只机械臂携带 4 个取样杯，利用电机的驱动来进行取样和将取样杯放置于化验的位置进行化学分析，但这种方法需要消耗大量的化学试剂且化验耗时长；美国 Cogent 公司[2]则采用中子源来轰击煤样，通过所产生的 γ 射线来进行元素分析和灰分分析，但这样的系统要求有严格的安全防护手段和措施，且体积庞大。虽然随着技术的发展其仪器价格有所降低，但其应用因越来越严格的环保政策而受到限制，且后继维护也冗繁复杂。

LIBS 作为一种新兴的光谱分析技术则不仅避免了上述的各种缺点，并且还具有分析速度快、可多元素同时检测、无污染无辐射及能够适应复杂环境等优点。近年来，有关 LIBS 基础研究和实验室原型机研究方面有了长足的发展。如何把这些研究成果及时地应用到生产实践中，又是一个非常具有挑战性的工作。

首先将 LIBS 技术应用于煤质在线分析的是澳大利亚洁净煤研究中心[3]，该中心研制了可用于对地下煤及电厂中传输带上煤进行分析的 LIBS 检测设备，但其在检测时需要将煤粉压制成饼状；国内华中科技大学的煤燃烧实验室[4]所申请的专利中公开了一种 LIBS 煤质分析仪，主要分为取样部分和分析部分，即利用旋风分离器收取煤粉并放入石英分析池内，然后进行检测。

对于智能燃煤电厂，燃烧效率工艺控制流程图如图 9.1 所示。风粉比控制阀受煤质分析结果控制，在风量(功率)确定的情况下根据煤的热值决定供给煤的多少，从而达到功率恒定。显然上述两种在线检测方式不能很好地满足要求。

为此，针对上述实际应用中遇到的一些问题，我们基于 SAF-LIBS 理论与技

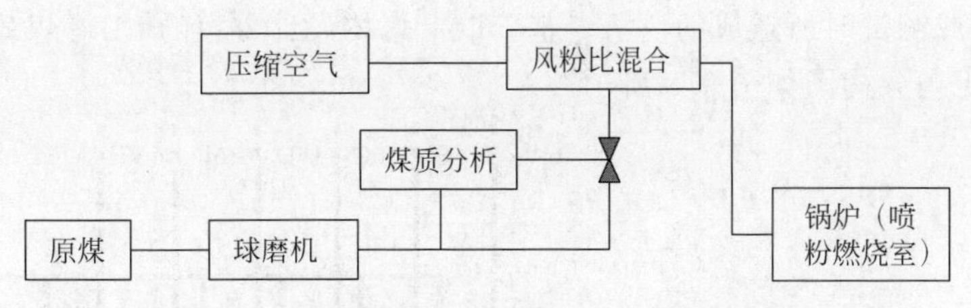

图 9.1 智能燃煤电厂燃烧效率工艺控制流程

术[5]，设计、研制出了一种可应用于智能燃煤电厂的新型 LIBS 煤质在线检测仪[6-10]，它能够对多路输煤管中的煤粉进行实时、在线自动取样和检测。本章将对其总体设计方案、各部分具体的结构、仪器的工作流程以及初步测试情况等进行详细介绍，其测量原理具体详见第 3～5 章，本章不再赘述。

9.1 总体设计方案

LIBS 煤质在线检测仪的整体方案设计如图 9.2 所示，主要由六部分组成，分别为煤粉自动取样装置、LIBS 检测装置、信号采集与控制模块、清洁装置、信号处理系统以及远程信号传输接口。其工作流程可以简单地表述为：首先，由自动取样装置对煤粉进行自动采样，然后将样品送至 LIBS 检测装置进行检测，所得到的光谱数据送至以计算机为主的信号处理系统中进行数据处理，并转化为相应的元素分析和工业分析指标。其中，信号处理系统通过信号采集与控制模块来实现对自动取样装置、分析箱中样品预处理单元以及清洁装置的控制，而清洁装置的作用是定时地对激光聚焦透镜及光纤前的微型聚焦装置进行吹扫除尘，以避免在煤粉

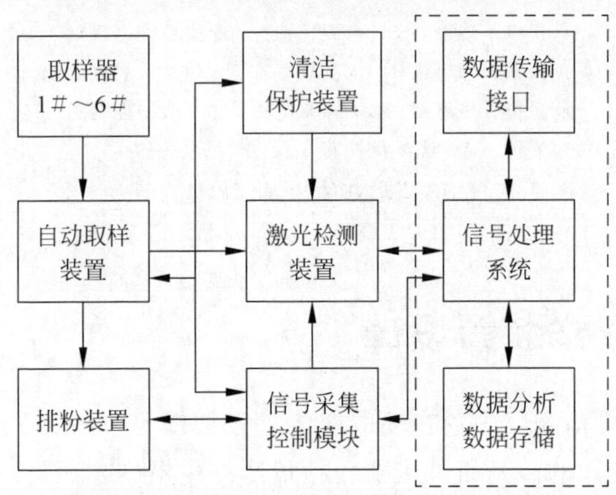

图 9.2 LIBS 煤质在线检测仪总体设计方案

导入、导出或测量时所造成的沾污。基于以上总体设计方案的 LIBS 煤质在线检测仪的总体工艺架构图如图 9.3 所示。

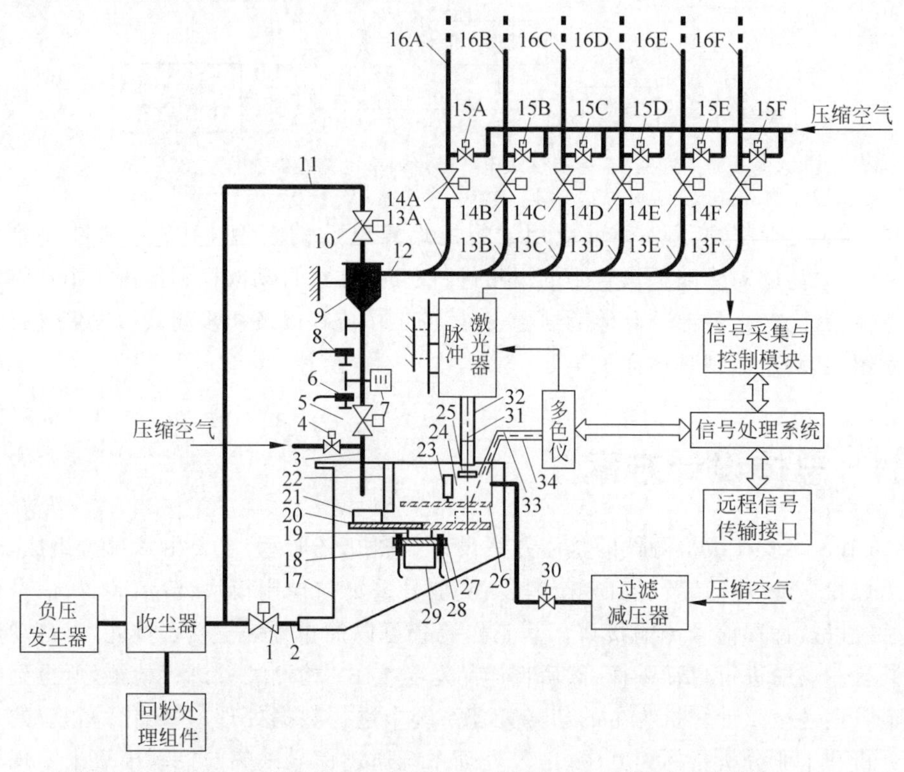

1—排粉阀；2—排粉管；3—放粉管；4—吹扫阀；5—放粉阀；6—下粉位测量传感器；7—振动器；8—上粉位测量传感器；9—旋风集粉器；10—负压控制阀；11—抽气管路；12—取样母管；13—耐磨弯管 A～F；14—取样控制阀 A～F；15—反吹控制阀 A～F；16—取样管路 A～F；17—分析箱壳体；18—放粉位置传感器；19—旋转轴；20—旋转支撑板；21—测量分析池；22—煤粉刮板；23—保护挡板驱动电机；24—测量室；25—激光束聚焦透镜；26—保护挡板；27—横向支撑梁；28—测量位置传感器；29—控制电机；30—清扫控制阀；31—滤波片；32—防护套管；33—传输光纤；34—光纤保护套管。

图 9.3 LIBS 煤质在线检测仪总体工艺架构图

9.2 自动取样装置设计

LIBS 煤质在线检测仪中的自动取样装置架构图见图 9.4，是基于空气动力学中的负压原理而设计的。其组件主要包括负压发生器、收尘器、回粉处理组件、排粉阀、排粉管、放粉管、吹扫阀、放粉阀、振动器、下粉位测量传感器、上粉位测量传感器、

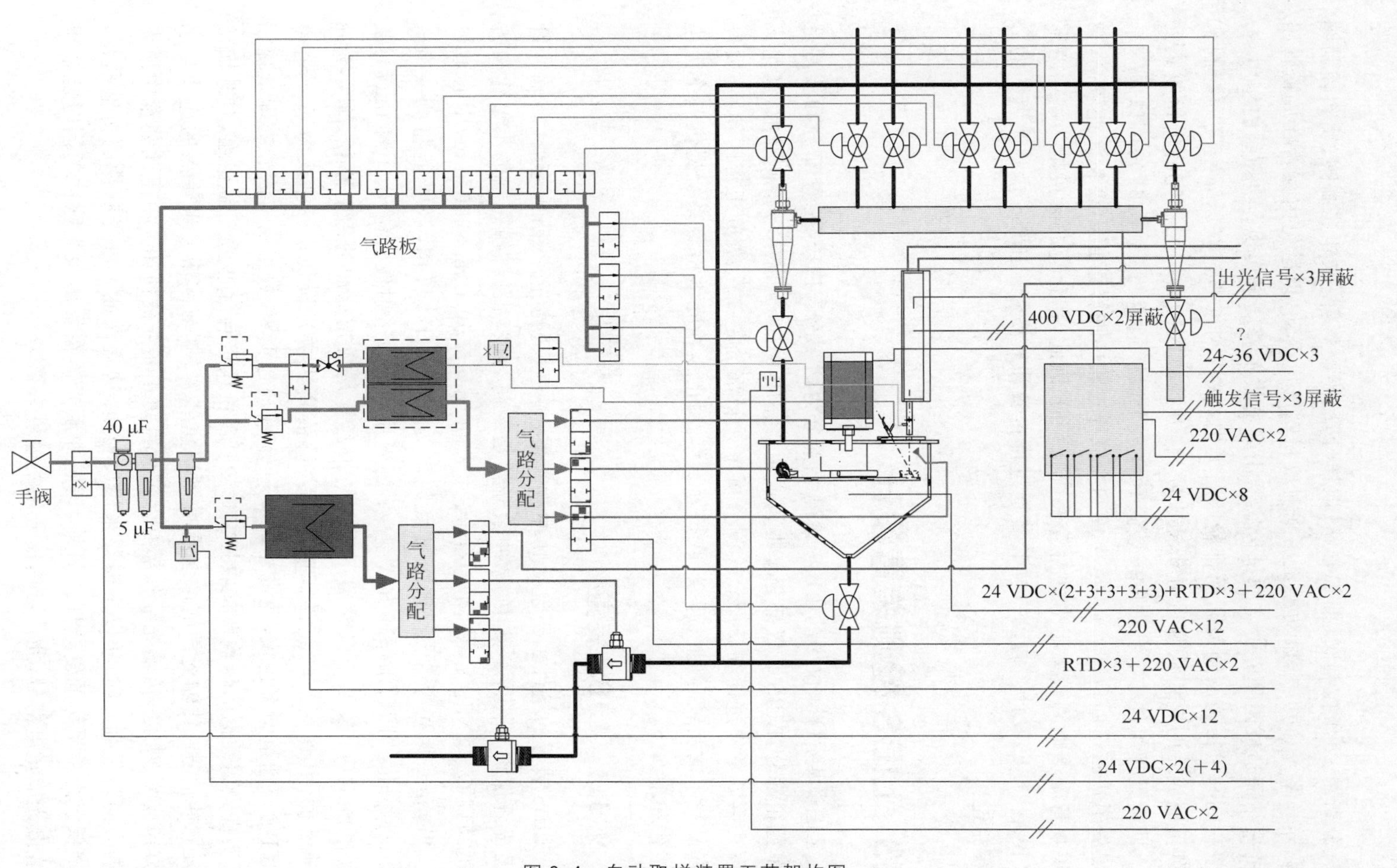

图 9.4 自动取样装置工艺架构图
（请扫Ⅹ页二维码看彩图）

旋风分离器、负压控制阀、抽气管路、取样母管、耐磨弯管、取样控制阀、反吹控制阀和取样管路等。其中,振动器是用来对放粉阀产生振动,以避免由煤粉在放粉管路中的聚结而造成阻塞;粉位测量传感器用光电收发模块来实现;吹扫阀的作用是,在放粉阀和负压控制阀关断而排粉阀打开时,吹扫阀可通过对压缩空气的控制来将测量完成后的煤粉从测量分析池中吹出,并经过收尘器将测量完的煤粉收集并排入回粉处理组件中;自动取样装置具有六个取样通道(16A～16F),可以对六个输煤管道进行巡回取样。此外,考虑到在取样过程中取样管道内煤粉流速较高,在管道拐弯处会遇到较大阻力并对管壁造成磨损,因此,在管道的会接处为耐磨弯形管(13A～13F)设计。自动取样装置通过排粉管和放粉管与 LIBS 检测装置中的分析箱相连。

9.3 LIBS 检测装置设计

LIBS 煤质检测仪中的 LIBS 检测装置分为两部分: LIBS 装置部分和检测分析单元箱部分,LIBS 装置部分基本构成主要完成 LIBS 光谱信号检测获取,其组成原理在第 8 章作过详细介绍;检测分析单元箱部分是一个微负压密闭箱,主要完成样品粉末的装载、测量、卸载、吹扫等工作,目的是给光学检测系统提供一个无尘的工作环境。

9.3.1 LIBS 装置

LIBS 装置的组件主要包括脉冲激光器、多色仪、滤光片、防护套管、传输光纤以及光纤保护套管等。其中,脉冲激光器是专门为该项目自行研制的小型化长方体被动调 Q 式 Nd: YAG 激光器,尺寸为 90 mm×90 mm×390 mm,中心波长为 1064 nm,脉宽为 8 ns,脉冲重复频率为 1～10 Hz 可调,激光能量为 120～160 mJ/pulse 可调,水循环方式制冷;滤光片的中心透射波长位于 1064 nm,与激光波长相对应;安装于激光器下方的防护套管是激光脉冲的出射路径,垂直于分析池平面,其作用是防止操作或维修人员被高能激光误伤;多色仪为 AvaSpec-2048FT 双通道型多色仪,通过光纤来采光,并通过 USB 数据线与信号处理系统相连,实现光谱数据的传输及接收控制命令;多色仪也与脉冲激光器相连,对其输送触发脉冲信号;传输光纤前部装有微型聚焦装置,其与准激光聚焦点的连线与水平方向成 45°夹角,传输光纤外部有保护套管防止光纤被损坏。由于此装置中激光器的方向为竖直方向,所以不需要采用反射镜,这就保证了激光脉冲的传输质量,也降低了光学系统的复杂性。另外,该脉冲激光器在发出激光脉冲的同时能输出代表激光能量电信号,此信号由信号采集模块来采集。

9.3.2　检测分析单元箱

检测分析单元箱结构图见图 9.5。主要包括激光束聚焦透镜、放粉位置传感器、测量位置传感器、横向支撑梁、控制电机、旋转轴、旋转支撑板、煤粉刮板、保护挡板、驱动电机、测量分析池、测量室等。其中，控制电机固定在横向支撑梁的下方，通过旋转轴来带动旋转支撑板转动；测量分析池固定在旋转支撑板上，在控制电机作用下可随其做圆周运动(图 9.6)；放粉位置传感器和测量位置传感器为两个光电收发模块，固定在横向支撑梁上，用于对支撑板的位置进行确定；测量室可以对样品池转载煤粉及吹出煤粉过程中所产生的粉尘起到隔离作用，从而防止聚焦透镜及光纤前的微型聚焦装置受污染；圆形保护挡板上有小孔使激光通过，同时可起到光阑的作用；保护挡板驱动电机装于测量室的外侧，可带动保护挡板转动，当样品池处于样品装载或吹出过程中时，保护挡板就会将测量室关闭，而当样品池位于测量位置时，保护挡板就会旋转一定角度使激光可通过小孔照射至样品上。

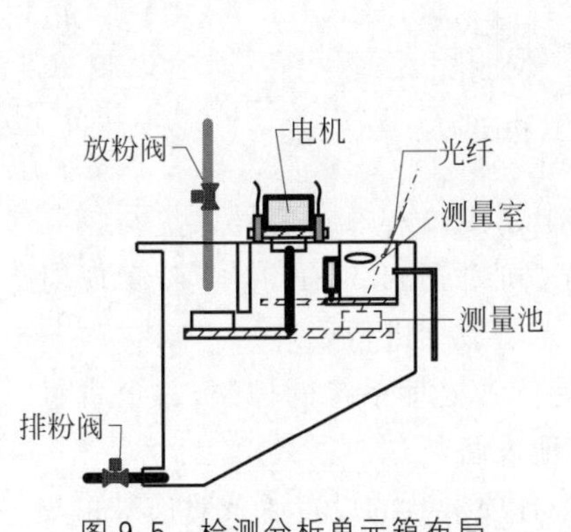

图 9.5　检测分析单元箱布局

(请扫 X 页二维码看彩图)

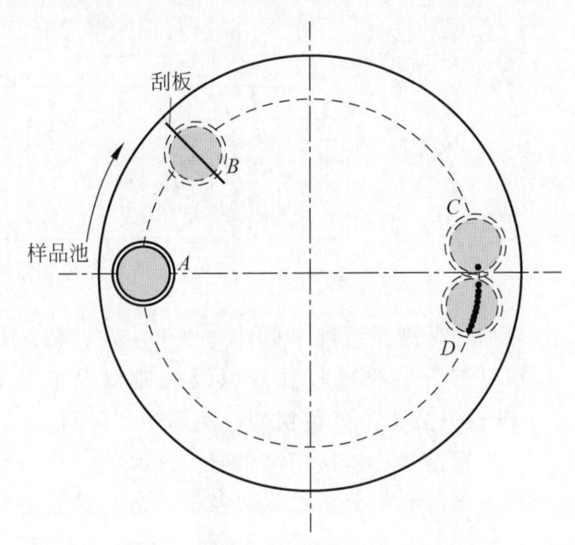

图 9.6　测量分析池工作位置俯视图

9.4　其他部分的设计

这一部分的设计包括对信号采集与控制模块、清洁装置、信号处理系统、远程信号传输接口以及软件的设计。

9.4.1 信号和控制系统

信号采集与控制模块与仪器中各组件的连接示意图如图 9.7 所示，实现功能见图 9.8 所示。由图可见，该模块负责对脉冲激光器的激光功率信号、自动取样装置中的上下粉位测量传感器以及分析箱中的放粉位置传感器和测量位置传感器等五路信号进行采集，同时负责对自动取样装置中的振动器、放粉阀、排粉阀、吹扫阀、负压控制阀、取样控制阀、反吹控制阀，分析箱中的控制电机、保护挡板驱动电机以及清洁装置中的清扫控制阀等十个组件的控制。该模块主要采用可编程逻辑控制器(PLC)来实现，其型号为 Siemens S7-200 CN。

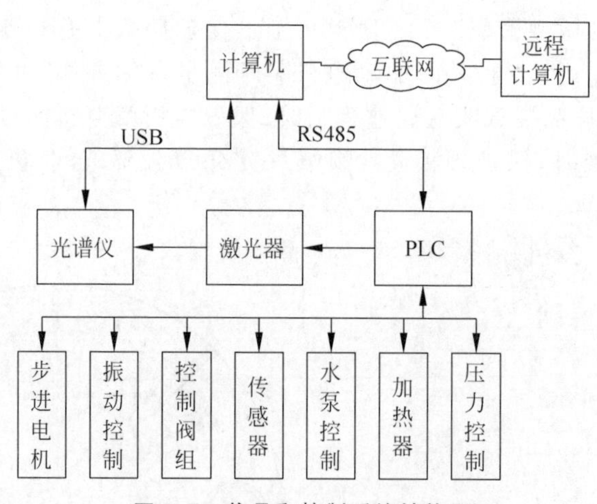

图 9.7 信号和控制系统结构图

信号处理系统以工业计算机为主，它通过 RS485 接口实现对信号采集与控制模块反馈信号的接收处理以及控制命令的执行，同时通过 USB 接口来实现对 LIBS 检测装置中多色仪的控制，并对其所传输的光谱数据进行处理。

远程信号传输接口与信号处理系统相连，接受信号处理系统的控制，并负责将仪器当前的元素分析结果以及工业分析结果向其他设备传送。

软件采用 VC 编写，在界面上即能实现对仪器中各项参数的设置以及对信号采集与控制模块的控制，并能够对当前的各项分析结果以及煤质变化趋势进行实时显示。

9.4.2 清洁装置

清洁装置主要包括过滤减压器以及清扫控制阀，其管路与分析箱中的测量室相连，管路出口则对准激光聚焦透镜以及传输光纤前端的微型聚焦装置。仪器运行中每隔一段时间，压缩空气就会经过过滤减压器并在清扫控制阀的控制下对聚焦镜及微型聚焦装置的表面进行清扫。

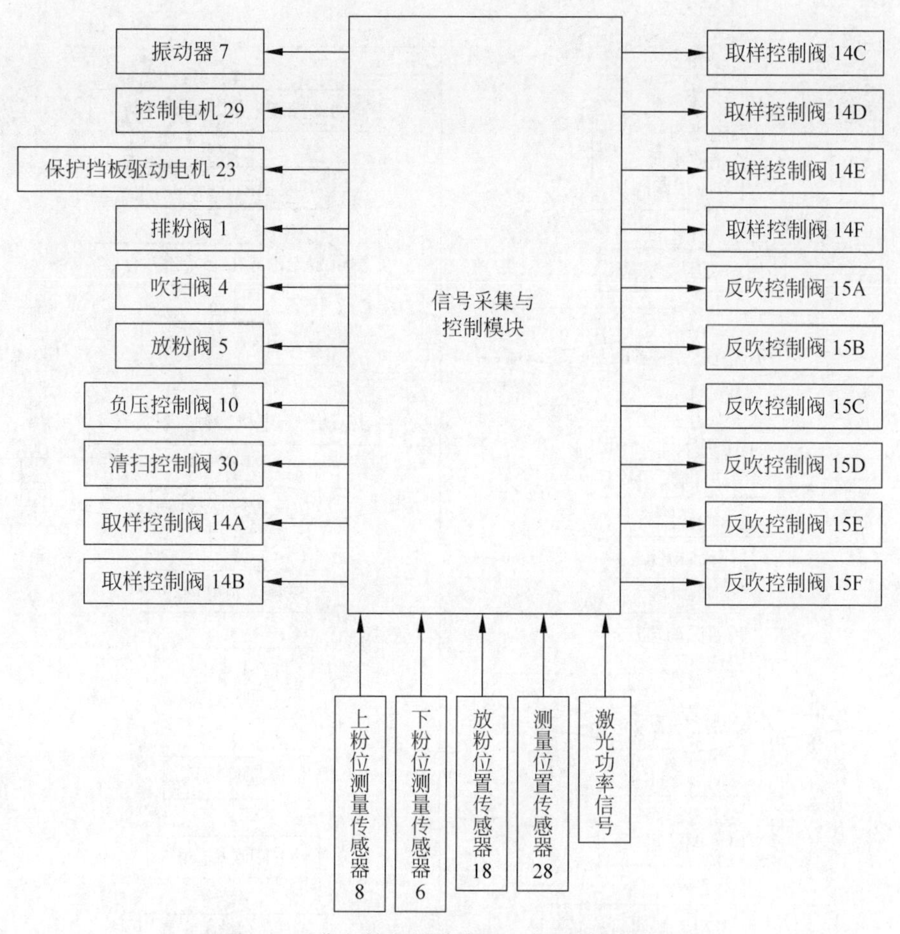

图 9.8　采集与控制模块中所采集和控制的信号

9.5　工作流程

煤质在线检测仪对六个取样通道进行巡回取样和检测之前，各取样控制阀处于关闭状态，接着对通道 A 进行取样和检测，这个过程按照对单一通道进行取样检测过程进行工作，具体流程如图 9.9 所示。在单一通道取样检测过程中，首先关闭放粉阀和排粉阀，打开负压控制阀建立负压取样通路，接着启动负压发生器，煤粉在负压产生的吸力的作用下被吸到旋风集粉器，然后落入其下方的管道中，当上粉位置传感器发出信号后，表示取回的煤粉已经满足分析所需的数量，此时关闭负压控制阀并停止负压发生器，接着打开放粉阀，启动振动器，使煤粉落入下方的测量分析池内，当下粉位测量传感器输出为 0 时，表示所取回的煤粉已经全部落入分

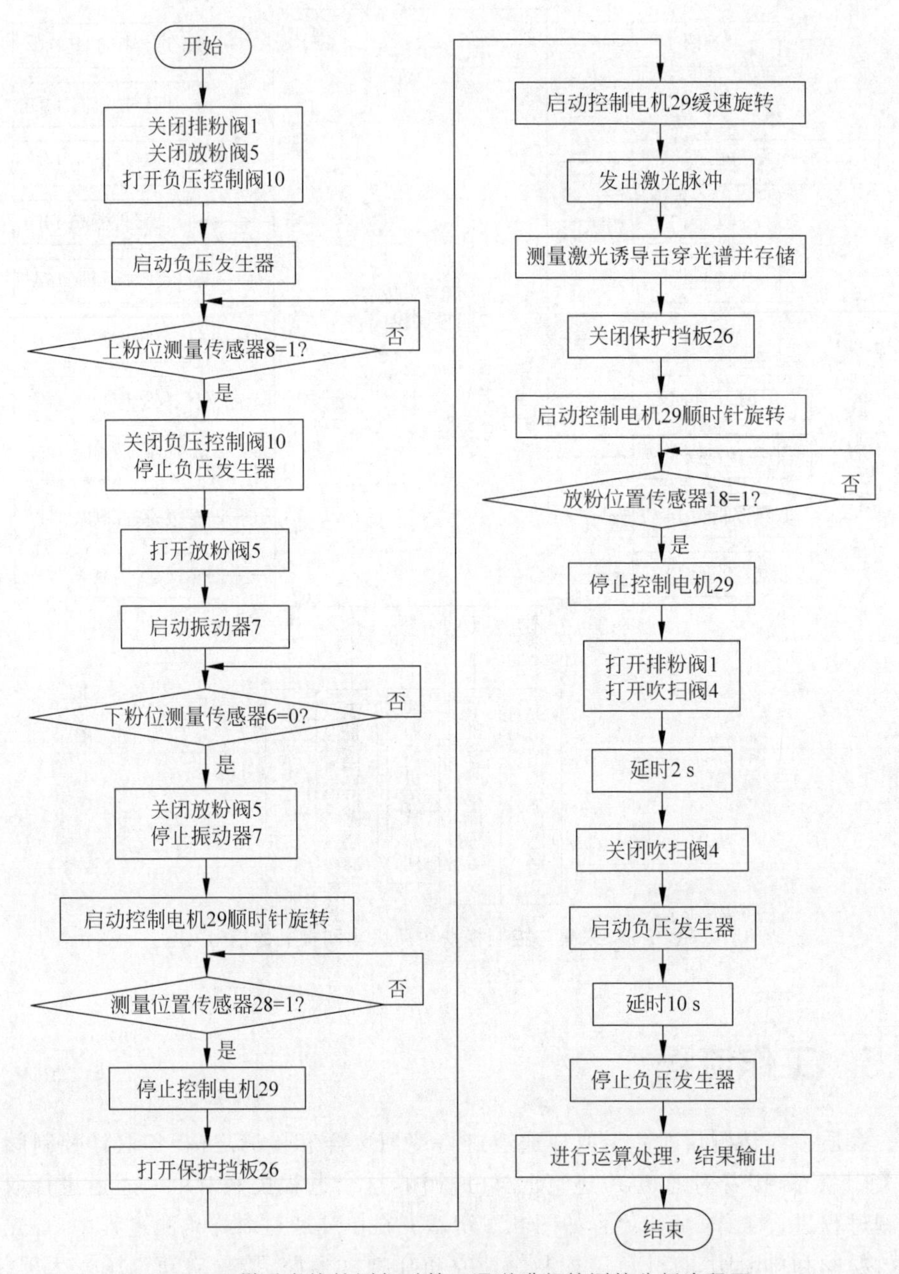

图 9.9　煤质在线检测仪对单一通道进行检测的分析流程图

析池中，然后关闭放粉阀，停止振动器。测量分析池工作位置的俯视图如图 9.6 所示。在 A 处测量分析池装满煤粉，启动控制电机带动旋转支撑板顺时针中速旋转，当转至 B 处时，经过煤粉刮板的作用，分析池内上方的煤粉被刮平，转到 C 处时，测量位置传感器输出信号 1，停止控制电机并打开保护挡板，之后开启控制电机让其缓速旋转，以接受 LIBS 检测，由信号处理器向多色仪发出命令来控制脉冲激光器发出激光脉冲，激光照射在样品表面靶点处(图中用黑点表示)，产生等离子体，多色仪对其光谱进行采集和存储，当脉冲个数达到设定值时，测量分析池刚好转至 D 处，激光测量过程完毕，此时信号处理器也将会对所用光谱数据进行处理并得出煤质结果。此时，关闭保护挡板，并使控制电机以中速顺时针旋转，当再次旋转到 A 时，放粉位置传感器输出信号 1，停止控制电机，打开排粉阀和吹扫阀，利用压缩空气将检测完后的煤粉从测量分析池中吹出，延时 2 s 后，关闭吹扫阀，启动负压发生器，将吹出的煤粉吸到收尘器中并排到回粉处理器中，延时 10 s 后关闭负压发生器，至此，对一个通道的取样分析结束。然后切换取样通道，重复上述过程，即可实现对六个通道的巡回处理。

9.6　测试与优化

经以上各项设计后生产制造出的 LIBS 煤质在线分析仪实物图见图 9.10。现场实验在山西某电厂举行。因现场只有一台喷粉燃煤机组工作，仅采用一号取样管路对该机组球磨机后输粉管道进行负压自动进粉煤粉的连续取样和检测，现场测试工作情况见图 9.11。现场测试数据显示见图 9.12，检测时间以 30 min 为一个考核对比单位[11]。LIBS 检测装置的参数优化设置为：激光器的脉冲能量和重复频率分别为 120 mJ/pulse 和 10 Hz，多色仪的延迟时间和积分时间分别为 200 ns 和 10 ms，采集次数为 100 次，激光焦点位于样品表面以下 5 mm，旋转支撑板在测量位置处缓速旋转时的角速度为 0.04 rad/s，在其他位置时的角速度为 0.79 rad/s。最后共得到了 34 个 C 元素的归一化发射强度值，本 LIBS 检测仪的单个取样检测周期约为 53 s。实验测得 C(Ⅰ)247.8 nm 谱线的归一化强度值如图 9.13 所示，可以看出，这些测值略呈下降趋势，如线性拟合线所示(用虚线表示)，这可能是由于，样品桶中上层的煤粉暴露在空气中而比较干燥，而下层煤粉则水分较大，而且上下层的煤质并不完全相同，从而使测值降低。但即使如此，这些强度归一化数值的相对标准偏差仍小于 2.1%。由此可推断，本 LIBS 煤质检测仪的精度可以与实验室中的多色仪 LIBS 系统基本一致，因而能够满足工业上在线检测的要求。为了更好地适应现场检测要求，我们根据所研制的 LIBS 煤质在线检测仪的工作流程以及现场运行测试状况，进行了如下改进。

(1) 检测仪在检测时，应在分析箱的测量室中通入少量的保护气(如惰性气体或氮气)，这样做有三个优点：其一可以为检测提供单一的背景气体，降低光谱的背景噪声，从而提高检测精度；其二是该保护气还可以起到防污作用，即防止粉尘

图 9.10　燃煤电厂 LIBS 煤质在线检测仪

图 9.11　基于 SAF-LIBS 的煤质在线检测仪器在某燃煤电厂现场调试实验情况

对测量室内聚焦镜及光纤头等光学系统的污染；另外，还可以避免高能激光作用下煤粉的爆燃。

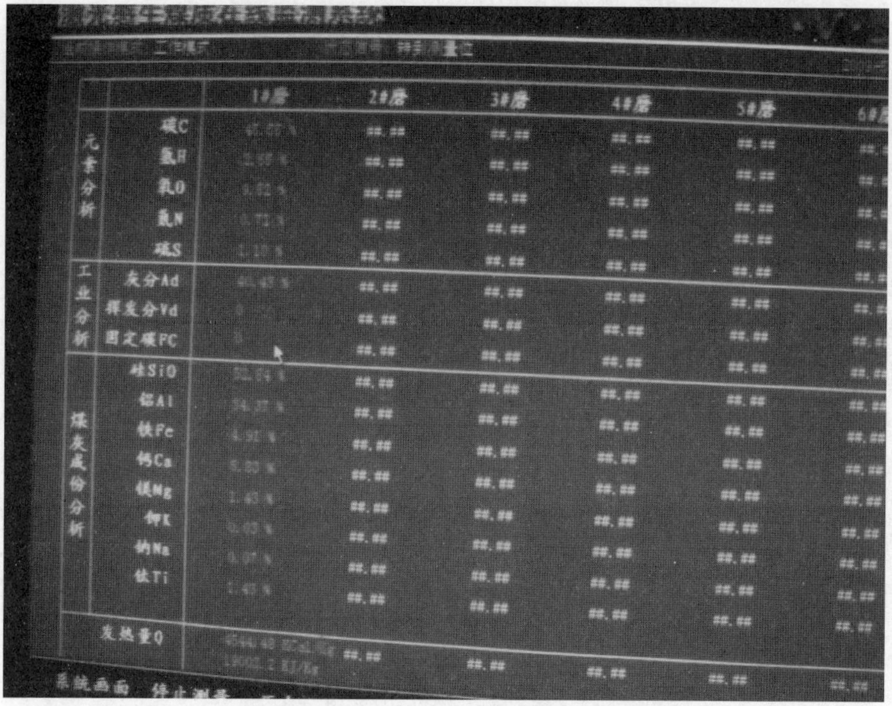

图 9.12　用于智能燃煤电厂的煤质在线检测仪器数据显示界面

（请扫Ⅹ页二维码看彩图）

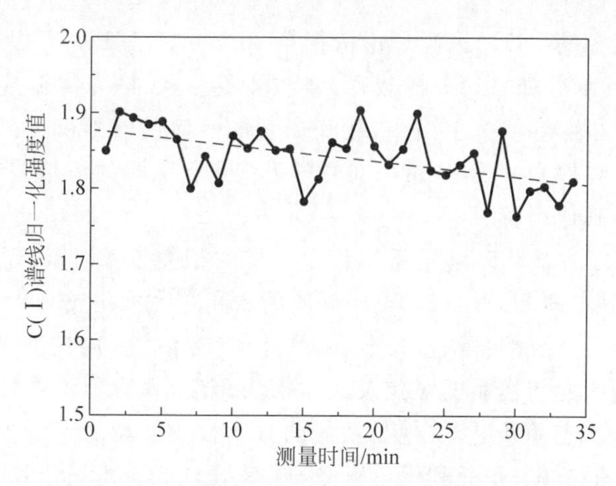

图 9.13　使用 LIBS 检测仪连续测量 30 min 所得到的 C(Ⅰ)247.8 nm 谱线的归一化强度值变化趋势

（2）由于多色仪中的 CCD 图像传感器对热噪声比较敏感，所以为消除热噪声所带来的检测误差，应该给多色仪中的 CCD 传感器加上温控模块，使其处于低温恒温环境中。

(3) 在测量S元素时激光能量需要提高至160 mJ/pulse,而对其他元素测量时应为120 mJ/pulse,这就给实际应用带来了困难,这里建议可以根据工业中的具体需要,采用循环检测方式,即每对其他元素测量数次就对S含量进行一次测量。

(4) 测试中发现,由控制电机带动的旋转支撑板在测量前转速较快,当其在放粉位置A处样品装载完成后启动时或在测量位置C处停止时,其突然的加速或减速导致了测量分析池中煤粉表面的倾斜不平以及部分煤粉的振落,这就会给测量结果造成一定的误差,因此,在这两个地方应该由PLC给控制电机加上渐变的频率信号,以避免上述情况的发生。

(5) 为了更加适应于燃煤电厂的应用,本检测仪除了具有元素分析以及部分工业分析功能外,还应能对煤样的汽化参数(如结渣指数、灰熔点等)、水分等指标有所反映,针对前者拟采用神经网络样本训练法或偏最小二乘法等方法来实现,对于后者则拟在本检测仪中引入微波测水仪来实现。

9.7 小结

本章是我们基于SAF-LIBS理论和技术在煤质在线检测应用范例,给出了基于激光煤质在线检测仪的总体设计方案,并对各部分的具体组件、工作流程、测试情况等进行了介绍。

本应用装置中的LIBS检测理论依据第4章SAF-LIBS理论和第5章SAF-LIBS技术。其他部分如自动取样装置、清洁装置、远程信号传输接口等则是为方便于LIBS技术在燃煤电厂的实际应用而研发的。该仪器不仅可以完成对六路输煤管的巡回采样和检测,而且还带有对光学系统进行除污的清洁装置,并能将所测结果远程传输给其他设备。

本应用发展了在恶劣环境下系统稳定工作的相关技术,解决了恶劣环境下系统稳定工作的问题,研制了燃煤发电中煤质的激光在线检测成套装备。

本应用发展了系统的自调整校准及清洁保护技术。采用校准光源的光斑成像经电控单元控制激光与样品的对焦及光学探头角度,解决了工作环境变化引起系统偏离最佳工作状态的问题,实现了系统的自调整校准功能。粉尘污染是影响光学系统正常工作的难题,我们利用正压保护和高压吹扫技术,进行光学系统的即时吹扫除尘,解决了光学系统受工业粉尘污染的问题。

本应用发展了脉冲激光负反馈功率稳定技术。将测得的激光功率信号与设定值进行比较,经PID处理后反馈调整激光电源的氙灯供电电压来纠正功率偏离,实现脉冲光功率的长期稳定。解决了由环境温湿度变化而导致的光功率漂移问题,长时间的功率稳定度提高到了±1.5%。

目前，燃煤电厂、煤化工行业迫切需要快速的煤质检测仪器。因此，该LIBS煤质在线检测仪的成功研发，无论是对LIBS技术在我国的应用推广，还是对提高燃煤电厂的发电效率，以及对煤化工行业安全生产，都具有重要意义。

参考文献

[1] BOHL T L. On-line coal analyzer US Patent：4562044[P].[1984-08-27]

[2] WORMALD M R. Coal analysis US Patent ：4841153[P].[1988-07-27]

[3] Leonard C B. Laser-induced ionisation spectroscopy，particularly for coal US Patent：6771368[P].[2001-04-05]

[4] 陆继东，余亮英，沈凯，等. 激光感生击穿光谱煤质分析仪：CN 1480722 A [P].[2006-02-22]

[5] HOU J J，ZHANG L，ZHAO Y，et al. Resonance/non-resonance doublet-based self-absorption-free LIBS for quantitative analysis with a wide measurement range. Optics Express 27(3) (2019)：3409.

[6] YIN W B，ZHANG L，DONG L，et al. Design of a laser-induced breakdown spectroscopy system for on-line quality analysis of pulverized coal in power plants [J]. Applied Spectroscopy，2009，63(8)：865.

[7] ZHANG L，HU Z Y，YIN W B，et al. Recent progress on laser-induced breakdown spectroscopy for the monitoring of coal quality and unburned carbon in fly ash[J]. Frontiers of Physics in China，2012，7(6)：690-700.

[8] ZHANG L，MA W G，DONG L，et al. Development of an apparatus for on-line analysis of unburned carbon in fly ash using laser-induced breakdown spectroscopy (LIBS) [J]. Applied Spectroscopy，2011，65(7) ：790-796.

[9] ZHANG L，DONG L，DOU H P，et al. Laser-induced breakdown spectroscopy for determination of the organic oxygen content in anthracite coal under atmospheric conditions [J]. Applied Spectroscopy，2008，62(4)：458-463.

[10] ZHANG L，YIN W B，DONG L，et al. Stability enhanced on-line powdery cement raw materials quality monitoring using laser-induced breakdown spectroscopy [J]. IEEE Photonics Journal ，2017，9(5) ：6804010.

[11] SHETA S，AFGAN M S，HOU Z Y，et al. Coal analysis by laser-induced breakdown spectroscopy：a tutorial review[J]. Journal of Analytical Atomic Spectrometry，2019，34：1047.

第10章

LIBS在洗煤厂煤质检测分析中的应用

在第8章里我们论述了煤炭资源对我国经济的重要作用，自2013年开始，我国每年煤炭消耗总量在40亿吨以上。煤炭自开采出后需要经过洗选煤工序后才能用于炼焦或精细煤化工。这就需要洗选煤场(厂)有高效、快速的煤质分析能力。一般地，一个大型洗选煤场每天大约有600个煤样需要分析化验，以便作为生产质量控制和出厂结算依据。使用传统的方法费时费力、成本高，对生产会造成一定的影响。如前所述，全国每年要消耗40亿吨煤炭，传统的煤质分析方法显然已不能适应目前大量的快速的煤质分析要求，所以市场希望有一种能替代传统方法满足国标GB/T 212—2008的新的快速煤质分析方法。

在第9章里我们讨论了LIBS在燃煤电厂的在线分析应用，其很多思路和方法均可移植到洗煤厂煤质检测应用中。但洗煤厂对煤制分析结果需要出具检测报告，因此在一些具体指标的要求上要高于在线分析设备，这导致应用于洗选煤场的设备需要进行针对性设计。

10.1 总体设计

基于对激光检测技术的原理探索和实验研究，针对洗选煤厂实际应用中所遇到的系列问题及产品化要求，这里设计适合于工业现场和恶劣环境中应用的，集光、机、电一体化的快速煤质分析仪。设备主要由光学系统、光谱采集测量室、数据处理与控制模块、辅助装置与远程信号传输接口等部分组成。设计严格按照工业标准，充分考虑可靠性和可维护性，并具有分析、记录、数据远传等功能，可提供煤的元素分析结果和工业分析结果；设备要成本适中，运行稳定。

图10.1是专为洗煤厂设计的出厂煤质分析仪整体结构图。该分析仪包括光学系统、光谱采集测量分析系统、数据处理与控制模块、辅助装置与远程信号传输

接口四个部分。

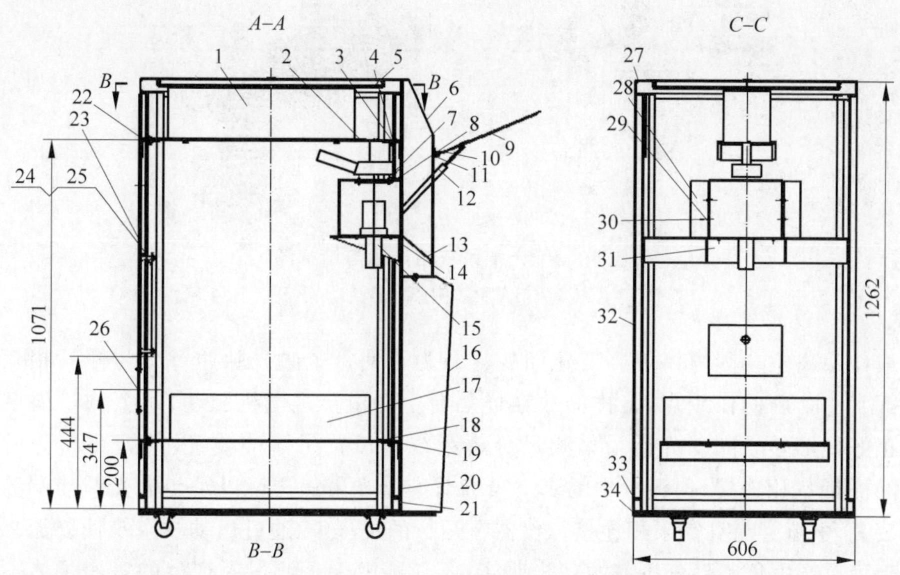

1—激光器；2—激光器板；3,7,29—内六角圆柱头螺钉；4—标准型弹簧垫圈；5—顶门；6—上窗；8—钢化玻璃；9—观察窗；10—垫条；11—铰链；12—气弹簧；13—过渡室；14—样品室；15—电机；16—下窗；17—激光电源；18—电源支撑板；19,22,28—热轧等边角钢；20—前门；21—前底筋；23—支撑柱；24,25—仪器板；26—电气板；27—侧顶横筋；30—六角螺母；31—样品室支架；32—右侧门；33—侧底横筋；34—底座；35—后门；36—立柱；37—左侧门 1；38—锁；39—前顶横筋。

图 10.1　煤质分析仪整体结构图

10.1.1　光学系统

光路系统如图 10.2 所示，采用半密封结构。激光器为采用水冷循环制冷的 Nd：YAG 脉冲激光器，工作波长为 1064 nm，脉宽为 8 ns 左右。密封防护结构保护整个激光路径，套管接口处设有可开闭阀门，分析仪在测量期间，控制系统会自动控制打开阀门以便测量；当分析仪不测量时，控制系统会控制关闭阀门，保证在不测量时防止灰尘以及颗粒状物质进入而污染光学透镜。聚焦透镜也安装在了密封防护套结构内，同时设有锁定的卡套，便于竖直上下调节脉冲激光焦点的位置，调节范围为 ±20 mm，能够保证脉冲激光焦点与样品表面之间保持最佳的测量距离。

洗选煤厂工作环境较为恶劣，为防止光谱仪中的光栅受热效应而产生波长漂移，这里设计了能够对光谱仪进行循环水冷却的装置（图 10.3）。这样可以保证光谱仪长期工作而不受环境温度影响，同时兼具了防尘隔振作用。

10.1.2　光谱采集测量分析系统

分析仪的光谱采集测量分析系统结构见图 10.4，主要包括样品台、步进电机、射流泵。其中，样品台里面有一个弹簧来保证在测量时样品表面与聚焦透镜之间

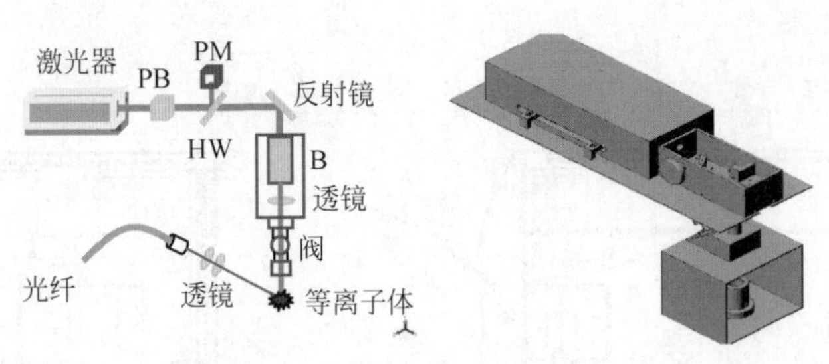

图 10.2　光学系统组成图与结构图
（请扫 X 页二维码看彩图）

的最佳距离不会因煤饼厚度变化而变化。为了使每个激光脉冲每次与样品相互作用都有一个新的作用点，将样品放在样品台上并由步进电机驱动，每个测量周期样品正好能够转一圈。光谱采集测量分析系统里设置了清洁装置，其管路与分析箱中的测量室相连接，射流泵中的真空吸嘴对准激光聚焦透镜以及传输光纤前端的聚焦装置，引流管与真空泵相连接。仪器在运行的过程中，通过启动真空泵使射流泵真空吸嘴口产生负压将分析室的灰尘吸走，不仅能够保证测量时产生的等离子体不受气溶胶的影响还能够保持测量室的清洁，延长清洁分析装置里面透镜的使用寿命。

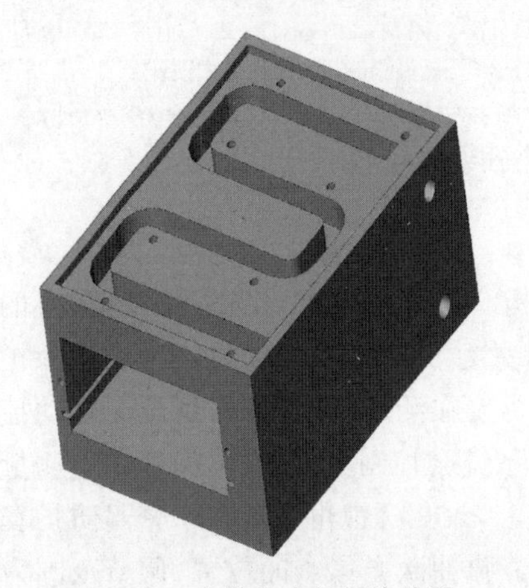

图 10.3　光谱仪冷却保护装置

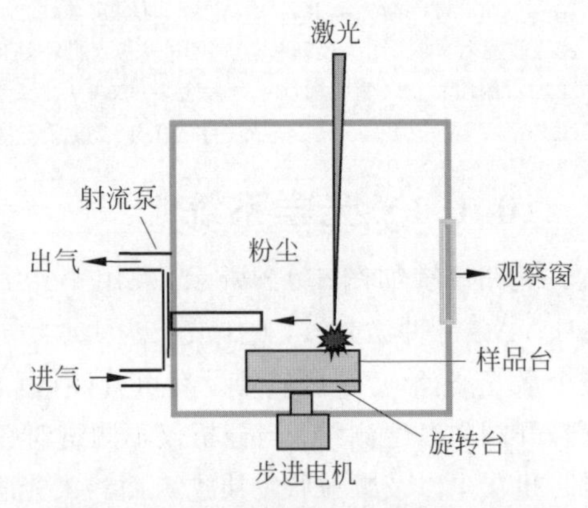

图 10.4　光谱采集测量分析系统结构图
（请扫 X 页二维码看彩图）

10.1.3　数据处理与控制模块

分析仪的控制模块主要包括激光功率稳定系统和数据处理系统，控制模块前面板如图 10.5 所示，可实现对该仪器的全自动控制，操作简单，可一键测量。在该模块当中可以根据测试需求，对激光脉冲能量、采集的次数、光谱仪的延迟时间和积分时间、步进电机的转速等参数进行设置，还可以根据激光功率的稳定情况来决定是否启动激光功率稳定系统。数据处理系统用 LabView 以及调用的 MATLAB 程序来运行，测量结果可直接显示在远程微机界面上。

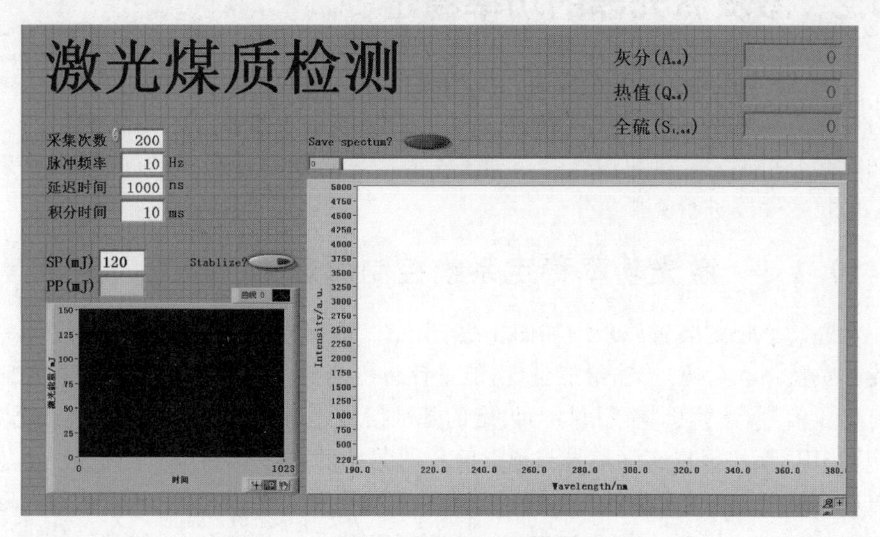

图 10.5　激光煤质检测设备程序控制界面

10.1.4　辅助装置与远程信号传输接口

为保证激光器和光谱仪能长期稳定工作，分析仪配置有水冷系统；为保证光谱采集测量分析系统不受粉尘干扰，分析仪配有负压洁净系统和真空泵。整个系统由远程信号传输接口接受远端计算机控制程序控制。其实际整机见图 10.6。

图 10.6　洗煤厂用煤质分析仪实物图

10.2 激发激光器的功率稳定

LIBS技术需要激光激发样品产生等离子体。在实际应用中脉冲激光功率起伏会使光谱信号不稳定，因而会导致SAF-LIBS技术中最佳光谱采集时间的变动进而引起分析误差。针对激光器长期工作时激发光功率不稳定的问题，需要采用一定的技术手段进行克服。

10.2.1 激光功率稳定系统控制原理

激光功率稳定装置原理图如图10.7所示。输出光经分束棱镜将分出的一部分光作负反馈光(NF)传输给能量计，能量计将检测到的光功率值转换成相对应的直流电压信号，计算机将该信号与设定的基准信号进行比较产生功率误差信号，程序中的PID模块根据实际信号与预设信号的偏差的大小得到相应的控制量，然后通过改变氙灯供电电压(XLV)，使得激光功率稳定到某个设定值，从而达到稳定激光功率的目的。其中，PID参数的选取直接影响到系统对功率稳定的控制效果，因此在工程中需根据稳定后的能量的振荡幅度、达到稳定时间的响应时间等选取最佳的PID参数值。

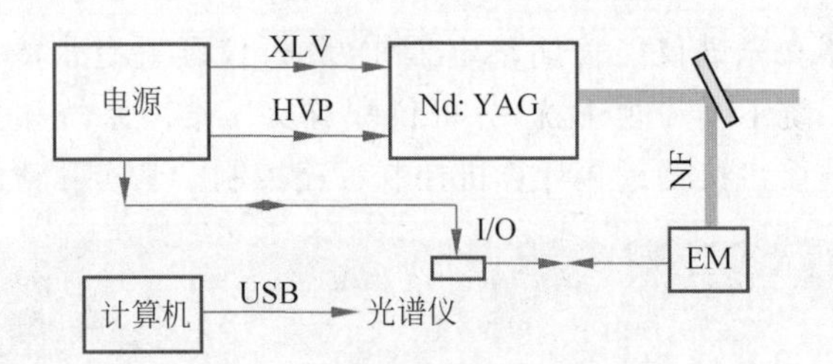

XLV—氙灯供电电压；HVP—高压脉冲；EM—能量计；NF—负反馈光。

图10.7 激光功率稳定原理图

(请扫Ⅹ页二维码看彩图)

10.2.2 激光功率稳定程序

由LabView编写的激光光率稳定程序见图10.8。

利用偏振分光棱镜与1/2波片组合可以改变激光的偏振态，通过转动波片来改变负反馈光的功率值大小。结合上述程序，旋转波片在一定范围的角度转动，负反馈光的分光比例也会发生变化，改变激光经过偏振分光棱镜的分光比例，比较不同分光比例下激光功率锁定至某一功率(如60mW)时的响应时间和激光输出功率的标准偏差(RSD)可以对稳定效果进行评估。

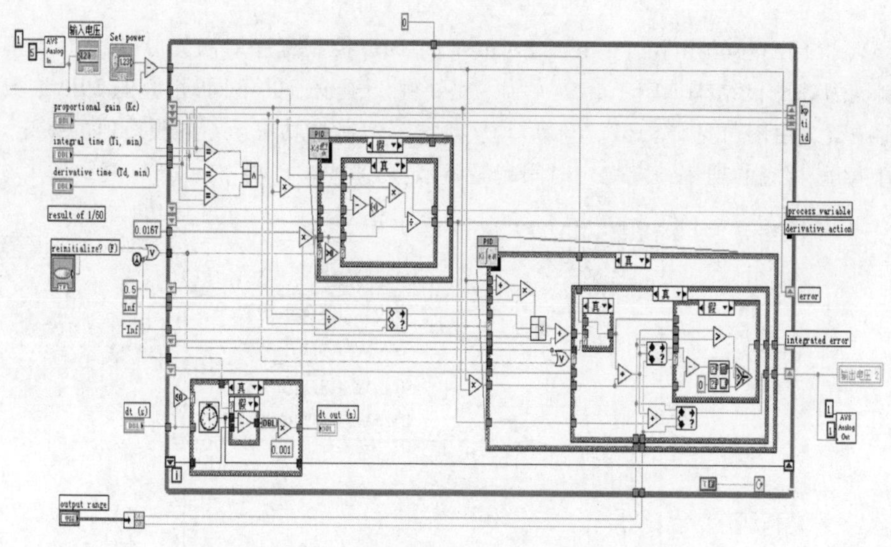

图 10.8　激光功率稳定 LabView 程序图

（请扫Ⅹ页二维码看彩图）

10.2.3　不同分光比例的激光功率稳定测试

不同分光比例的激光功率稳定测试结果如图 10.9 所示。从图中可看出，响应时间随着分光比例的增加也随之增加，但分光比例对激光的输出功率的稳定性没有显著影响。

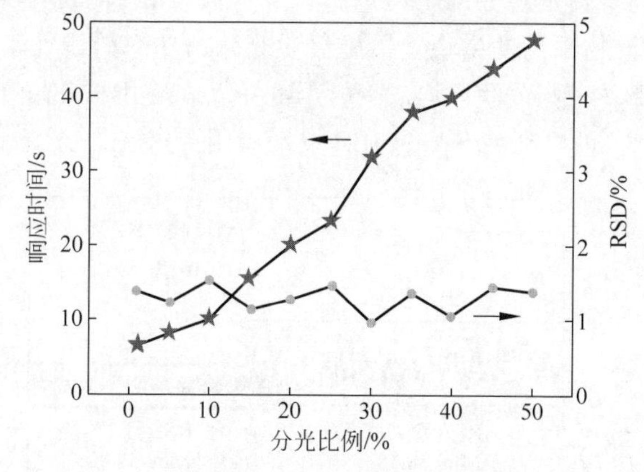

图 10.9　不同分光比例时激光功率锁定至 60 mW 所需的响应时间和 RSD 值

（请扫Ⅹ页二维码看彩图）

10.2.4　不同预设值的激光功率稳定测试

为了研究激光功率稳定在不同的功率值的稳定情况，需要考察预设值分别为

40 mW、50 mW、60 mW、70 mW、80 mW 时 PID 控制程序对激光脉冲输出功率的控制能力。测试结果如图 10.10 所示。此处由于预设值的不同，相应的 PID 参数也有所调整。由图可见，经 PID 控制后均实现了激光脉冲功率至不同预设值的锁定，预设值越高，相应的功率锁定响应时间越短，锁定后激光输出功率的 RSD 值约为 1%。

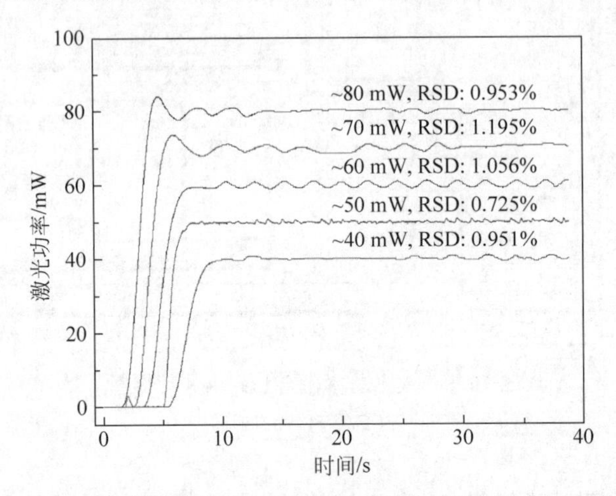

图 10.10　不同分光比例时激光功率锁定至 60 mW 所需的响应时间和 RSD 值

(请扫Ⅹ页二维码看彩图)

10.2.5　长期运行时的功率稳定测试

将激光输出功率锁定在 60 mW，进行 6 h 连续测试，测试结果如图 10.11 所示。从图中可以看出，采用功率稳定措施后激光输出功率始终处于预设区间内，整个测量的过程中脉冲激光的平均功率为 59.95 mW，RSD 值由自由运行时的 2.4%降低至 1.1%，可以满足 SAF-LIBS 技术应用要求。

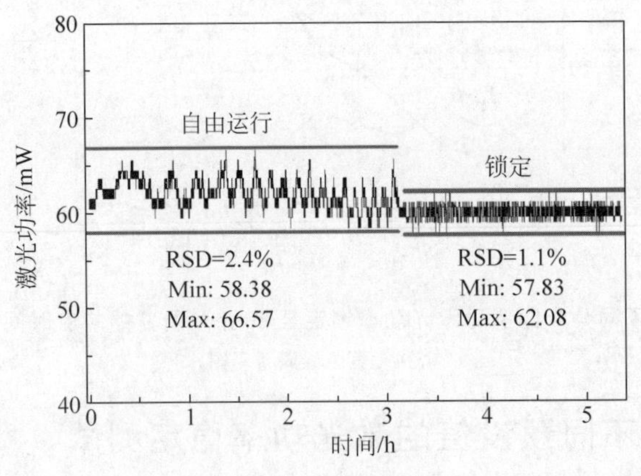

图 10.11　激光器在 60 mW 处锁定前后长时间运行时输出功率对比

(请扫Ⅹ页二维码看彩图)

10.3　分析仪工艺参数确定

分析仪工艺参数包括激光脉冲能量和激发频率、激发激光聚焦位置、自动压样机压强选择等，这些参数需要通过理论指导实验确定后作为设计参考。

10.3.1　激光脉冲能量和激发频率

在脉冲激光与样品相互作用产生等离子体的过程中，脉冲激光的能量对等离子体的形成有很大的影响[1,2]，在 5.1 节有过详细的讨论。在此设计应用中也遵循该理论与实验结果。在此仅从工程角度对能量优化作一些表述。

假如作用在样品表面的脉冲激光能量过大，产生的等离子体发射的谱线就会很强，很容易发生自吸收效应，使煤样品中含量相对较大元素的原子谱线处于饱和状态或者强度略有下降，影响元素对应光谱强度的计算，能量过大还会引起样品表面空气的电离击穿。当脉冲激光能量选择得比较小时，聚焦点处的激光功率没有达到待测元素的击穿阈值。同时，要考虑到激光脉冲能量与激光脉冲频率之间的相互影响对光谱的影响[3,4]。光谱仪的积分时间和探测延时分别为 10 ms 和 2 μs，当频率分别为 1 Hz、5 Hz 和 10 Hz 时，氙灯电压从 620～870 V，间隔 50 V 变化调整。每次试验在样品表面激发 600 次，然后将这 600 组数据作为分析数据。元素谱线强度的信噪比(SNR)和相对标准偏差(RSD)与脉冲激光电源的氙灯电压和脉冲频率之间的变化关系如图 10.12 所示。C 元素谱线的 SNR 会随着激光氙灯电压的增大而增强，谱线的波动性会随着氙灯电压的增大而减小，当激光氙灯电压为 770 V 时，C(247.8 nm)元素谱线的 SNR 为最大，对应的谱线强度的 RSD 值为最小。当激光氙灯电压大于 770 V 时，等离子体中元素谱线发生自吸收效应，谱线强度出现饱和或减小，且随着激光脉冲能量的继续增大元素谱线的 SNR 在逐渐地减小，RSD 在逐渐地增大。当激光电源氙灯电压为 770 V 时，C 元素谱线 SNR 随着激光脉冲频率的增大而增大，元素谱线强度的 RSD 随着激光脉冲频率的增大而减小。因此，可以认为在 LIBS 煤质分析时的最佳激光氙灯电压和脉冲频率分别为 770 V 和 10 Hz。

10.3.2　激发激光聚焦位置

激光脉冲经过聚焦透镜聚焦到样品表面激发形成等离子体，聚焦点的位置在很大程度上影响着 LIBS 谱线强度[5,6]。当激光聚焦点的位置在样品表面上方，则会引起样品表面上方的空气电离，这样不仅损耗激发煤饼的激光脉冲能量，同时降低了光谱的质量。当激光聚焦点的位置在样品表面下方太深时，也会导致激光脉冲能量的损耗。根据 10.3.1 节讨论结果，将氙灯电压设为 770 V，激光脉冲频率

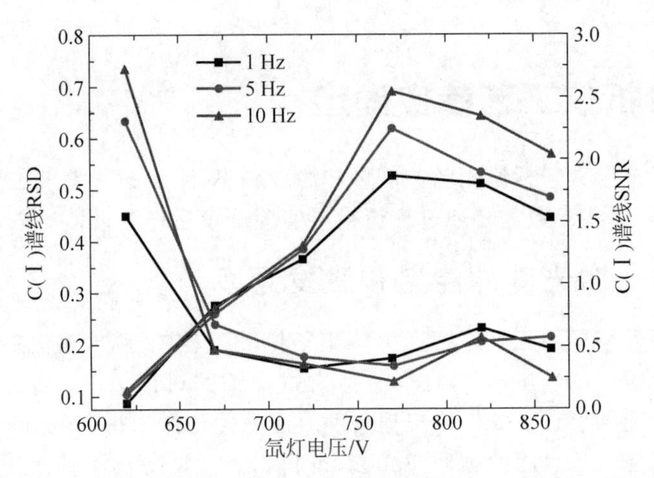

图 10.12 元素谱线 SNR 和 RSD 随激光脉冲能量和脉冲频率之间的变化

(请扫Ⅹ页二维码看彩图)

为 10 Hz,光谱仪的积分时间和探测延时分别为 10 ms 和 2 μs。假设将透镜焦平面位置设置在样品表面为 0,规定样品上面为负,下面为正。我们将激光聚焦点与样品表面之间的距离在−6～+14 mm 移动,得到 C(247.8 nm)和 Si(288.2 nm)的 SNR 和 RSD 如图 10.13 所示。从图中可知随着激光聚焦点与样品之间的距离的变化,光谱的 SNR 和 RSD 都有明显变化。且当激光聚焦点与样品之间的距离为 6～8 mm 时,光谱信号的质量达到最佳。因此,可以认为 LIBS 煤质分析时的激光聚焦点与样品的最佳距离为 6～8 mm。

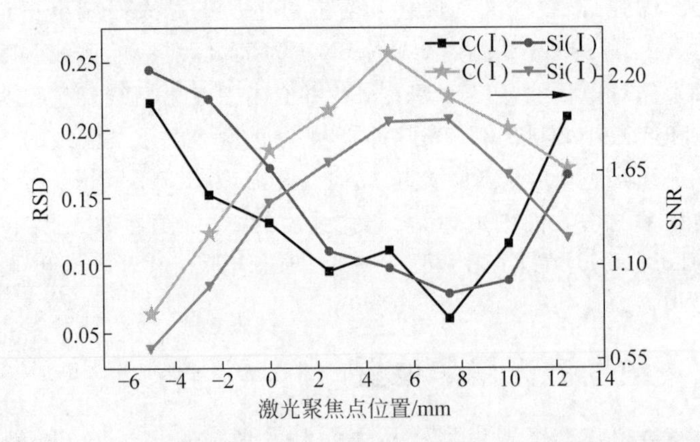

图 10.13 C 和 Si 元素谱线 SNR 和 RSD 随激光聚焦点与样品之间距离的变化

(请扫Ⅹ页二维码看彩图)

10.3.3 自动压样机压强选择

采用样品压饼分析方法可以增加煤样品的均匀性,使 LIBS 煤质测量更加准确而满足洗选厂的技术指标要求。实践表明压样时所用压力对分析结果有较大影响。分别采用 5 MPa、10 MPa、15 MPa、20 MPa、25 MPa、30 MPa 压强对同一批样品进行压样，用分析仪对这些样品进行测试，元素谱线 C(247.9 nm)和 Si(288.2 nm)的 SNR 和 RSD 的值如图 10.14 所示。测试结果表明，压样机采用不同的压强会导致元素谱线强度的变化，SNR 随着压强的增大而增大，相反 RSD 随着压强的增大而减小。当自动压样机的压强设为 25 MPa 时，元素谱线 C 和 Si 达到最大的 SNR 值，同时 RSD 值达到最小。因此，在进行样品制备的时候，自动压样机的压强的最佳值应设置为 25 MPa。

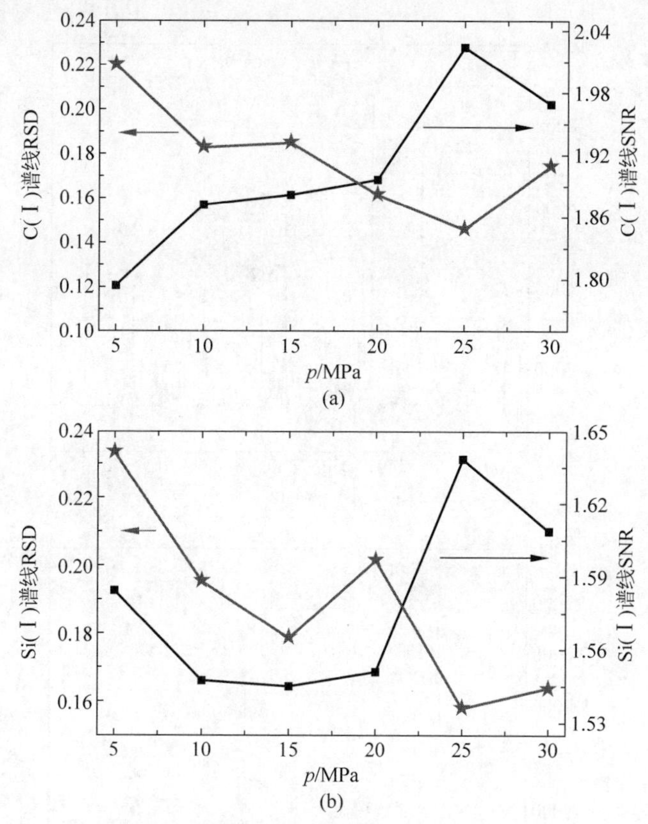

图 10.14　C(247.9nm)(a)和 Si (288.2nm)(b)元素谱线的 SNR 和全谱面积归一化后谱线强度 RSD 值

(请扫Ⅹ页二维码看彩图)

10.4　光谱数据处理

工业环境中电磁环境十分恶劣，虽然分析仪具有较强的抗电磁干扰设计，但在实际运行中仍有可能对光谱数据造成干扰，因此需要对光谱数据进行处理。主要处理措施是筛选、归一化、定标等。

10.4.1 光谱的测量

LIBS 光谱的测量采用上述确定的工艺参数。其中，脉冲激光的氙灯电压设置为 770 V，激光脉冲的重复频率为 10 Hz，光谱仪的积分时间和探测延时分别为 10 ms 和 2 μs，以及激光聚焦点与样品之间的距离为 7 mm，压样机压煤饼的压强为 25 MPa，然后对煤饼进行测量且每次测量采集 600 组光谱。图 10.15 为测量时光谱仪采集到的等离子体光谱，通过与国际原子标准谱线（NTST）的原子光谱数据

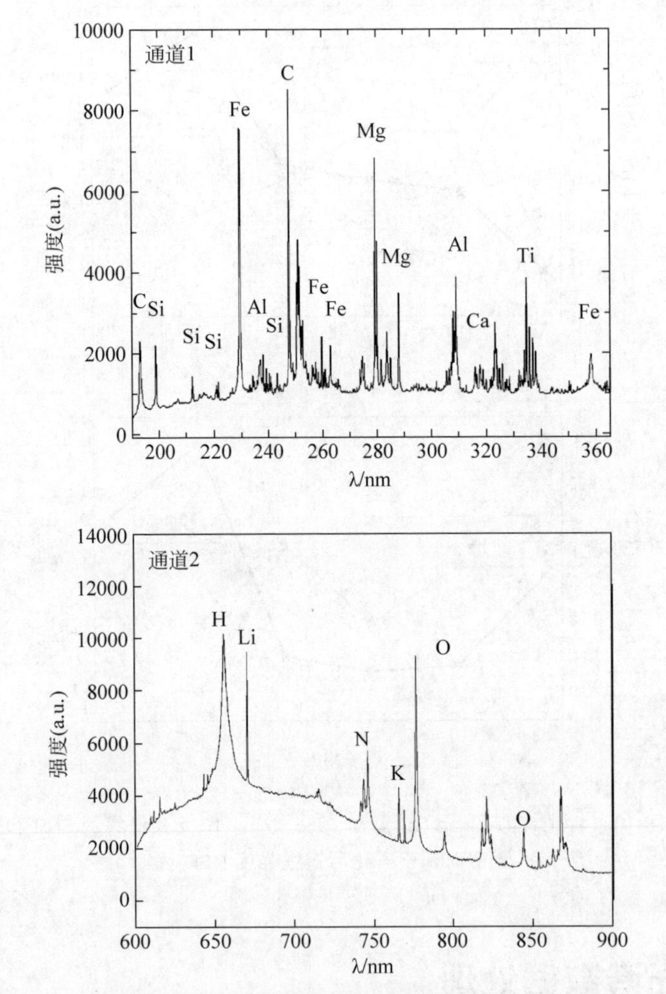

图 10.15 双通道光谱仪测得的煤饼样品在 196～370 nm 和 586～1116 nm 波段的等离子体光谱图

（请扫Ⅹ页二维码看彩图）

库进行谱线波长的比对，最终确定元素分析特征谱线见表 10.1，包括 C、H、O、N、Al、Si、Fe、Ca 等元素。由于煤中元素众多，部分元素发射谱线存在相互重叠现象[7,8]，需要依据数据库中所列谱线的跃迁概率来判定对应谱线归属哪些元素；另一方面也可依据相同等离子体态条件下，同种元素临近跃迁能级的谱线族谱线一般同时存在可以作为谱线归属标定的一个主要技术依据。例如，Mg Ⅱ(279.55 nm)和 Mg Ⅱ(280.27 nm)、Ca Ⅱ(315.89 nm)和 Ca Ⅱ(317.93 nm)一般成对出现。

表 10.1 煤中元素特征谱线

有机元素特征谱线/nm	矿质元素特征谱线/nm		
C(Ⅰ)193.09	Si(Ⅰ)288.16	Fe(Ⅰ)229.4	Ti(Ⅰ)334.9
C(Ⅰ)247.86	Si(Ⅰ)198.9	Fe(Ⅰ)358.12	Ti(Ⅰ)334.94
H(Ⅰ)656.28	Si(Ⅰ)212.41	Fe(Ⅰ)259.94	Ti(Ⅰ)336.12
O(Ⅰ)776.7	Si(Ⅰ)220.8	Fe(Ⅰ)262.35	Li(Ⅰ)670.3
O(Ⅰ)844.1	Si(Ⅰ)221.67	Fe(Ⅰ)278.81	K(Ⅰ)765.9
N(Ⅰ)742.4	Si(Ⅰ)243.51	Al(Ⅰ)309.27	K(Ⅰ)769.2
N(Ⅰ)743.9	Mg(Ⅰ)280.27	Al(Ⅰ)237.31	Na(Ⅰ)818.33
N(Ⅰ)746.4	Mg(Ⅰ)285.21	Ca(Ⅱ)315.89	Na(Ⅰ)819.48
	Mg(Ⅱ)279.55	Ca(Ⅱ)317.93	

10.4.2 光谱谱线强度计算

应用 LIBS 技术进行煤质分析时，煤中主要元素的特种谱线的强度与元素浓度有着重要的关系，因此特征谱线强度的准确计算对 LIBS 煤质分析起着至关重要的作用。在进行 LIBS 光谱谱线强度的计算时，有两种计算方法来计算光谱谱线强度，第一种方法我们以 C 元素发射谱线为例来计算其谱线的强度，这种方法见 8.3.1 节，此处不再赘述。

第二种方法是通过 MATLAB 程序对元素光谱进行洛伦兹与线型相结合的拟合方式来计算特征谱线的强度[9]。在进行光谱测量时，脉冲激光与样品相互作用产生高温等离子体，此时会有很多因素引起特征谱线的展宽和漂移，其中包括：自然展宽(洛伦兹线型)，多普勒展宽(高斯线型)，斯塔克展宽(洛伦兹线型)，其中以电子与离子相互碰撞导致的斯塔克展宽为主要展宽机制。同时，等离子体中产生的光谱信号主要由光谱连续发射的背景谱线和环境噪声组成，连续光谱的背景噪声是由连续光谱发射所形成的，其特点是强度相对稳定。且环境噪声的特点也是分布相对均匀，因此可以用斜线拟合来表示激光诱导击穿光谱特征谱线下的背景噪声，用洛伦兹拟合和线性拟合相结合的方式进行光谱曲线拟合。

在进行曲线拟合时，如果特征谱线受其他谱线的干扰小，宜采用单峰拟合的方式来求谱线的强度，如果特征谱线受其他谱线的干扰比较大，宜采用双峰拟合的方式来对光谱谱线进行拟合计算光谱强度。我们基于 MATLAB 编制了曲线拟合及谱线强度计算的程序来对光谱中的单峰和双峰进行拟合，拟合示意结果见图 10.16 和图 10.17。

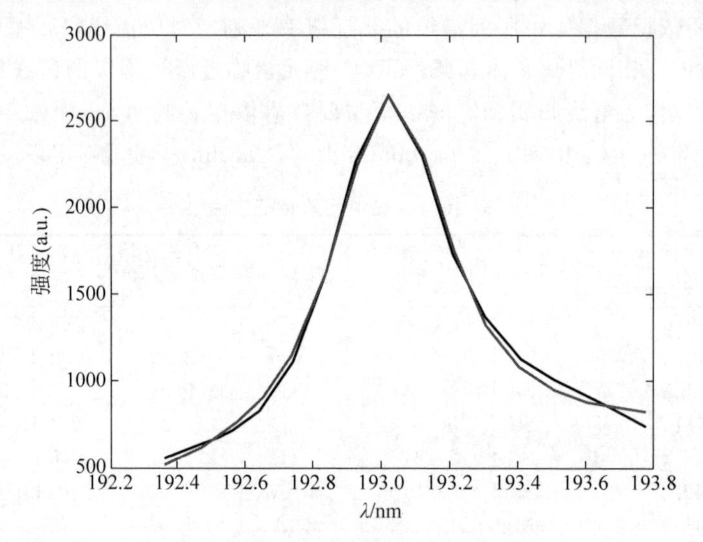

图 10.16　元素谱线单峰拟合效果示意图

（请扫Ⅹ页二维码看彩图）

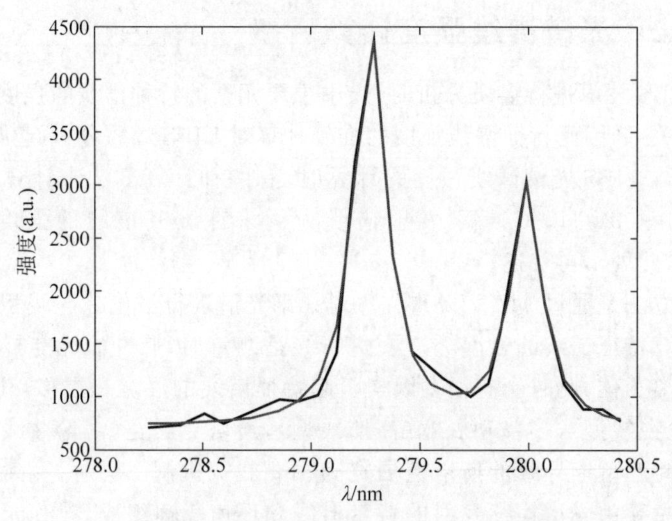

图 10.17　元素谱线双单峰拟合效果示意图

（请扫Ⅹ页二维码看彩图）

通过上述单峰和双峰拟合的方法，将表 10.1 中的元素全部进行拟合，拟合的结果如图 10.18 所示。拟合的过程中 MATLAB 程序会将对应谱线的强度计算出来。两种计算特征谱线强度的方法各有优缺点，第一种方法虽然计算简单，耗时短，但人为因素影响比较大；第二种方法虽然人为因素影响较小，但却耗时长。用两种方法分别获得的 C(247.8nm)谱线强度的 RSD 结果见图 10.19。由图中可以看出，第二种光谱强度计算方法的 RSD 比第一种方法小，所以优先采用第二种方法进行等离子体光谱强度的计算。

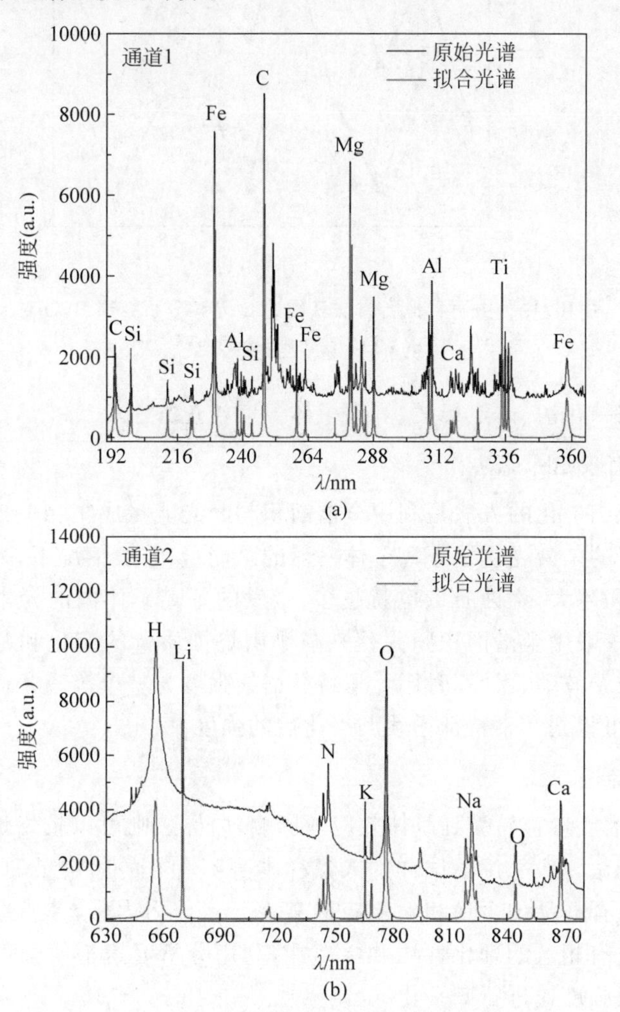

图 10.18　在图 10.15 光谱数据的基础上用 MATLAB 程序拟合的光谱强度

(请扫Ⅹ页二维码看彩图)

10.4.3　谱线强度归一化

元素特征谱线的强度除与该元素含量大小有关外，还受到激光脉冲能量的起伏、样品表面特性不均匀性、光电转换效率、等离子体温度变化等因素的影响。谱线强度归一化可以减小测量的不确定度，提高测量的准确性。归一化的方法主要

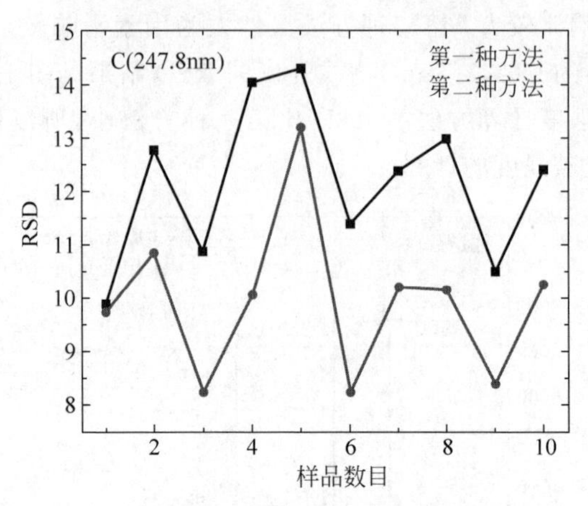

图 10.19 由两种拟合方法获得的 C 元素分析结果 RSD 对比

（请扫 X 页二维码看彩图）

有全谱面积归一化法、内定标法、等离子体温度校正方法等。

1. 全谱面积归一化法

全谱面积归一化的方法是利用全谱面积与激光能量成正相关这一关系。这里全谱面积代表的是激光诱导等离子体发射的总能量，一般情况下，入射的激光能量越大，全谱面积越大，烧蚀质量也就越多，激发的等离子体内的元素总粒子数也就越多。因此，一般用全谱面积归一化来减小由烧蚀质量的变化和基体效应的影响而引起的总粒子波动。计算时用元素特征谱线强度与整个等离子体辐射光谱的总强度相除，即可得到元素特征谱线归一化后的强度。

2. 内定标法

LIBS 光谱测量容易受到基体效应的影响，内标法则可以较好地抑制基体效应的影响。内标法一般采用给试样加入试样本身不含有的固定量的元素作为内标，或者是可以选择样品中含量相对稳定的某一元素作为内标，其所选内标元素应该和分析元素具有相近的理化性质和电离能，利用分析元素谱线强度与某种浓度恒定元素的谱线强度比进行归一化。

3. 等离子体温度校正方法

在计算等离子体温度时，我们假设等离子体处于局部热平衡（LTE）状态，计算等离子体温度主要有以下三种方法。

1）玻尔兹曼平面法

当等离子体在 LTE 状态下且忽略等离子体中的自吸收效应，则等离子体中各能级的原子数目满足玻尔兹曼分布：

$$N_e = N \frac{g_n \exp(-E_n / k_B T)}{Z(T)} \tag{10.1}$$

测量的原子或离子特征谱线强度可通过玻尔兹曼方程来计算，如下式所示：

$$I_\lambda^{ki} = FC_S \frac{g_k A_{ki} \exp(-E_k / k_B T)}{U_S T} \tag{10.2}$$

式中：F 是固定的实验条件下实验仪器常数；n 是特定元素原子或离子数密度；I_λ^{ki} 为特征谱线的积分强度；λ 为元素谱线对应的波长；k_B 和 E_k 代表玻尔兹曼常量和激发能量，$U_S(T)$和 A_{ki} 为在等离子体温度为 T 下的配分函数和统计权重；k 和 j 分别为特征谱线的上能级和下能级；C_S 为元素浓度。

两边取对数，

$$\ln\left(\frac{I_\lambda^{ki}}{g_k A_{ki}}\right) = -\frac{E_k}{k_B T} + \ln\left(\frac{C_S F}{U_S(T)}\right) \tag{10.3}$$

上式是以 $\ln\left(\frac{I_\lambda^{ki}}{g_k A_{ki}}\right)$为纵坐标，$E_k$ 为横坐标，$-\frac{1}{k_B T}$为斜率的直线方程，通过方程进行拟合可得

$$T = -\frac{1}{k_B m} \tag{10.4}$$

2）萨哈-玻尔兹曼法

在等离子体的谱线当中，可以找出同一元素不同电离态的谱线，通过使用萨哈方程变换进行等离子体温度的计算。

由萨哈-依革特公式：

$$\frac{n_e N_{\mathrm{II}}}{N_{\mathrm{I}}} = 2 \frac{Z_{\mathrm{II}}(T)}{Z_{\mathrm{I}}(T)} \left(\frac{m_e k T}{2\pi h^2}\right)^{3/2} \exp\left(-\frac{E_\infty - \Delta E}{kT}\right) \tag{10.5}$$

其谱线强度关系为

$$\frac{I_1}{I_2} = \frac{A_1 g_1 \lambda_2}{A_2 g_2 \lambda_1} \frac{2(2\pi m_e k)^{3/2}}{h^3} \frac{1}{n_e} T^{3/2} \times \exp\left(-\frac{E_1 - E_2 + E_{1P} - \Delta E}{kT}\right) \tag{10.6}$$

式中，h 为普朗克常量，E_{1P} 为低电离能级的电离能，m_e 为电子质量，ΔE 为等离子体中电子或离子之间相互作用产生的电离能修正值，可以表示为

$$\Delta E = 3 \frac{e^2}{4\pi\varepsilon_0} \left(\frac{4\pi n_e}{3}\right)^{1/3} \tag{10.7}$$

对式(10.6)两边取对数得

$$\ln\left(\frac{I_1 \lambda_1}{g_1 A_1}\right) - \ln\left(\frac{I_2 \lambda_2}{g_2 A_2}\right) = -\frac{E_1 - E_2 + E_{1P} - \Delta E}{kT} + \ln\left(\frac{2(2\pi m_e k)^{3/2}}{h^3} \frac{1}{n_e} T^{3/2}\right) \tag{10.8}$$

通过元素的原子和一次电离谱计算等离子体的温度。

3）双线法

从等离子体谱线当中选择同种元素不同电离能级的两条谱线，根据萨哈-玻尔兹曼变换可得

$$T=\frac{E_1-E_2+E_{1P}-\Delta E}{k\ \ln\left[\frac{I_1\lambda_1 g_2 A_2 h^3 n_e}{2g_1 A_1 I_2\lambda_2(2\pi m_e k_B T_0)^{\frac{3}{2}}}\right]} \tag{10.9}$$

等离子体温度计算得出后用元素谱线强度除以对应的等离子体温度来进行归一化。三种方法中双线法有较好的结果。

采用上述三种方法进行谱线强度归一化后的 RSD 值对比结果见图 10.20。从图中可以看出，采用全谱归一化后的 RSD 最小。然而经过全谱归一化后，理想情况下元素谱线的相对强度不应该随着总面积的波动而波动，但从图中可以看出还是有波动的，因此需要在归一化的过程当中加上校正因子，最终校正后的结果见图 10.20 中“全谱面积二次校正”那条曲线。

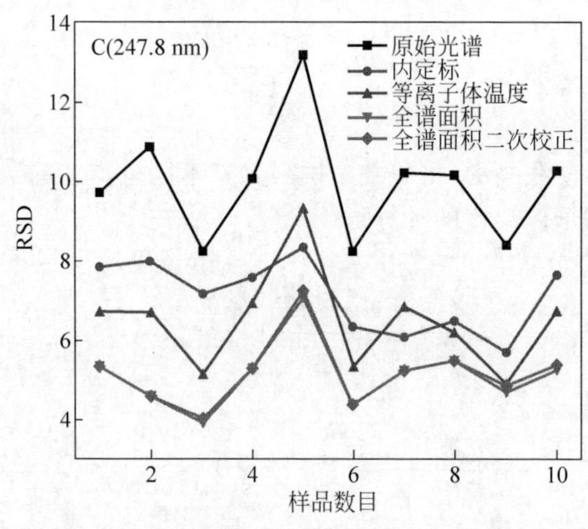

图 10.20　不同归一化方法效果比较，其中改进的全谱面积校正效果较好

（请扫Ⅹ页二维码看彩图）

10.4.4　谱线强度筛选

激光与样品表面作用点非常小，容易受到样品表面几何形状不规则、测量时的外部环境突变以及一些不可避免的随机因素的影响，导致某些谱线失真变形。为进一步提高测量的准确度，需要对这部分数据进行适当的剔除。首先是去掉光谱强度当中最大和最小的各 100 个数据，然后对剩余的光谱数据求平均值作为对应元素的特征谱线强度。

10.4.5　灰分定标

国标 GB/T 212—2008 中定义灰分是指将一定量的煤试样在 800℃的温度下完全燃烧，燃烧后剩余下来的残留物。灰分主要含氧化钙、氧化硅、氧化铝、氧化铁等组分，此外还含有少量的氧化钛、氧化镁、氧化钾及氧化锂。在复杂的煤灰体系中，高温条件下会发生一系列的分解、化合、聚合、熔合等化学物理反应，最终形成包含各元素熔融态的共熔体。采用 LIBS 技术进行灰分反演是通过对 Si、Al、Mg、Fe、Ca、K、Na、Li、Ti 等多个元素谱线强度进行回归分析实现的。回归分析方法主要有支持向量机回归分析法和偏最小二乘回归分析法两种。支持向量机(support vector machine，SVM)是一种监督式学习的方法，广泛地应用于统计分类以及回归分析。它是将向量映射到一个更高维的空间里，在这个空间里建立有一个最大间隔超平面。在分开数据的超平面的两边建有两个互相平行的超平面，分隔超平面使两个平行超平面的距离最大化。假定平行超平面间的距离或差距越大，分类器的总误差越小。对于线性可分的支持向量机求解问题实际上可转化为一个带约束条件的最优化求解问题。偏最小二乘回归(partial least squares regression，PLS)是一种集中了主成分分析的统计分析方法，其不是寻找超平面之间的最小方差和独立变量，而是通过投影分别将预测变量和观测变量投影到一个新空间，来寻找一个线性回归模型。

为了测试两种回归分析方法哪种更适合灰分定标，我们用 25 组煤样品作为测试样品，10 组样品作为预测样品，分别采用 SVM(事先进行参数寻优)、PLS 进行回归分析，其分析结果分别见图 10.21 和图 10.22。

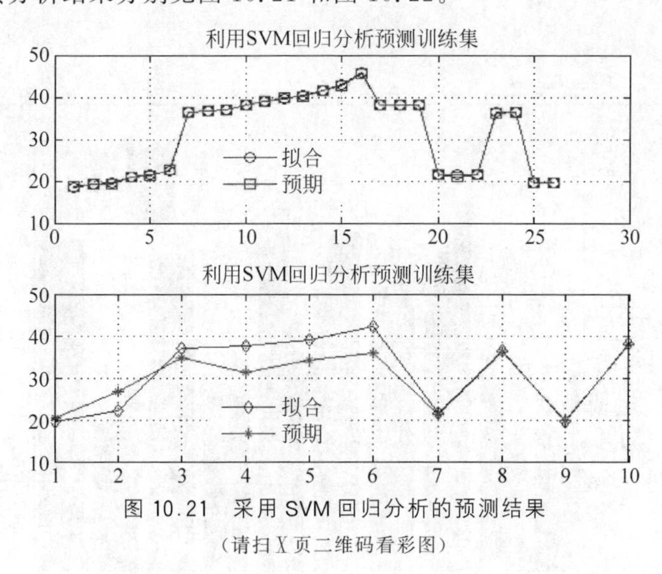

图 10.21　采用 SVM 回归分析的预测结果

(请扫 X 页二维码看彩图)

表 10.2 给出了两种回归分析方法对 10 个被测样品的具体预测数值，图 10.23 直观地展示了两种方法预测值的对比结果。可以通过计算两个回归分析方法的预测

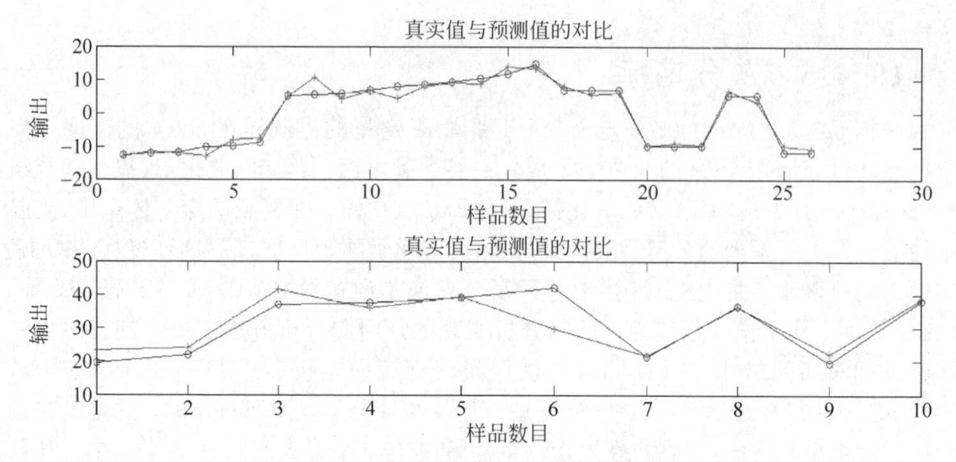

图 10.22　采用 PLS 回归分析的预测结果

(请扫Ⅹ页二维码看彩图)

表 10.2　SVM、PLS 两种回归分析方法对 10 个样品的预测值

标准灰分值	SVM 预测值	预测偏差	PLS 预测值	预测偏差
23.40448	20.30413	−3.10035	19.44	−3.96448
24.12254	25.51027	1.38773	22.07	−2.05254
41.61251	34.3872	−7.22531	36.93	−4.68251
35.78814	30.47555	−5.31259	37.49	1.70186
39.40498	33.35073	−6.05425	39.11	−0.29498
29.85983	37.59271	7.73288	42.11	12.25017
21.71663	21.19811	−0.51852	21.43	−0.28663
36.15475	36.10923	−0.04552	36.42	0.26525
22.16944	19.87171	−2.29773	19.44	−2.72944
38.57024	37.95257	−0.61767	38.15	−0.42024

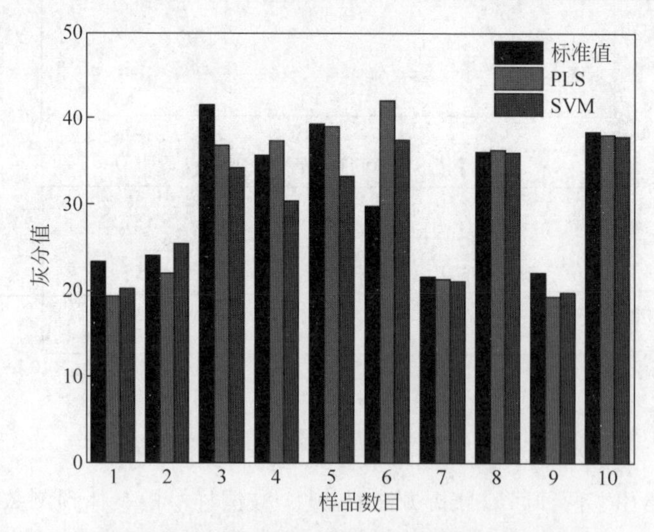

图 10.23　SVM 与 PLS 回归分析预测结果比较

(请扫Ⅹ页二维码看彩图)

均方根误差(RMSEP)来判断两种模型的预测性能。通过计算可知,PLS 回归分析的 RMSEP=4.5%,SVM 回归分析的 RMSEP=4.4%。从 RMSEP 来看差别不是很大,支持向量机的预测效果稍微好点,因此我们在煤质分析仪的数据处理模块中采用 SVM 进行灰分数据建模与预测。

10.5 煤质分析仪工业现场运行测试

煤质分析仪的工作流程为:将压样机压好的煤饼放入该仪器的分析室,设置激光脉冲能量、激光脉冲频率、光谱仪积分时间、检测延时等参数后,运行 LIBS 煤质检测的 LabView 控制程序,对分析室的煤饼进行测量。该分析仪的数据处理模块会将采集到的光谱数据进行处理与运算,转化工业分析并显示出结果。

现场测试选在中国中煤能源集团某洗选有限公司内,该公司是集煤炭生产、洗选加工、铁路外销为一体的现代化大型企业,年入选煤能力为 1000 万吨,主要为唐山某区电厂、天津某港电厂、某柳青电厂、某井电厂等多家电厂提供动力用煤,具有极好的代表性和示范性。现场共采集了煤样 550 个,压饼处理后,将其中 500 个煤样作为训练样本,剩余的 50 个煤样作为预测样本。采用 SVM 分别对煤的工业分析指标进行建模和预测。使用决定系数 R^2 和预测均方根误差(RMSEP)来评估模型性能。R^2 越接近于 1、RMSEP 越接近于 0 表明建立的模型性能越好。用平均绝对误差(AAE)和平均相对误差(ARE)来佐证预测的效果。

图 10.24 是煤质分析仪在现场测试时的工况,现场测试所在大楼为该洗选厂煤质化验大楼。图 10.25 是部分现场测试所用测试样品,其测试样品与化验大楼其他测试方法共用,以便比对结果。

10.5.1 煤中灰分的工业现场测试结果

煤灰分中 SiO_2、Al_2O_3、CaO、MgO、Fe_2O_3 占灰分总量的 95%以上,通过 Si、Al、Ca、Mg、Fe 等元素的谱线强度来计算煤的灰分值。将 $I_i/I_{总}$、$(I_i/I_{总})^2$ 作为输入变量,采用支持向量机进行回归建模,然后利用回归模型对 50 组预测样品进行预测,结果如图 10.26 所示。50 组预测样品的 RMSEP 为 1.82%,R^2 为 0.96,ARE 为 5.48%,当灰分值在 16%~30%时,AAE 为 1.37%,当灰分值大于 30%时,AAE 为 1.77%。

10.5.2 煤中挥发分的工业现场测试结果

挥发分是煤中可燃性和挥性的成分,主要是由 C(32%~52%)、H (5%~15%)、O (35%~40%)和 N 组成。这些元素浓度的统计经验值会随着煤种的变

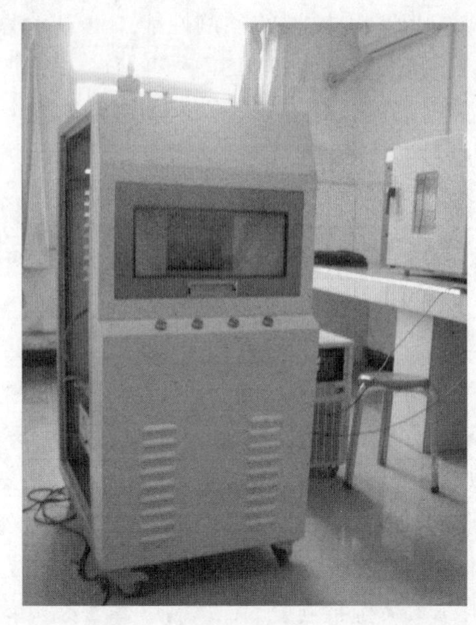

图 10.24　煤质分析仪在某洗选厂现场测试工况

图 10.25　煤质分析仪现场测试所用部分煤样

（请扫Ⅹ页二维码看彩图）

化而变化，因此挥发分的精度会受 C、H、O、N 元素分析的限制。考虑到煤炭分子结构比较复杂，当煤无氧条件下加热至 90℃时，煤的有机物质和相关的矿物质会分解，因此，挥发分与煤的化学组成有很大的关系，存在大量的容易电离的元素如 Si、Al、Ca、Fe 等，为了综合考虑煤中化学成分对挥发分的影响，我们通过相关性分析提取出主成分因子，将 $I_i/I_{总}$、$(I_i/I_{总})^2$ 作为输入变量通过支持向量机进行回归分析建立挥发分的数学模型，利用该模型对 50 组预测样品的挥发分进行预测，

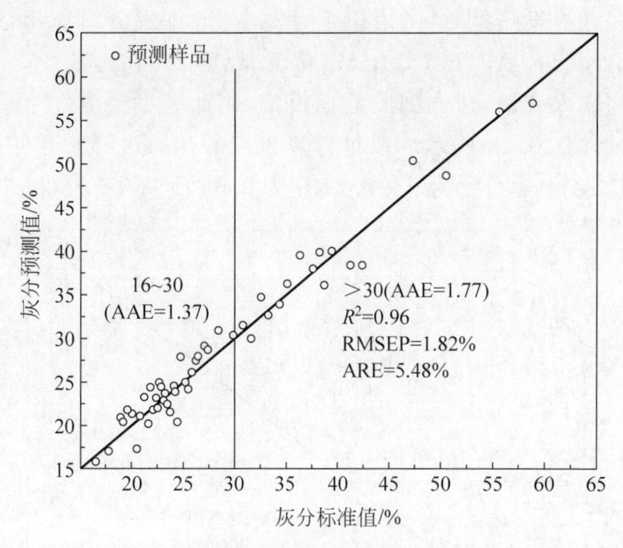

图 10.26　煤质分析仪对煤灰分工业现场测试结果

结果如图 10.27 所示，从中可以看出，50 组煤样挥发分的 RMSEP 为 1.22%，R^2 为 0.95，预测的 ARE 为 4.42%。当挥发分的值小于 20%时，预测的 AAE 为 1.09%，当挥发分的值大于 20%时，预测的 AAE 为 1.02%。

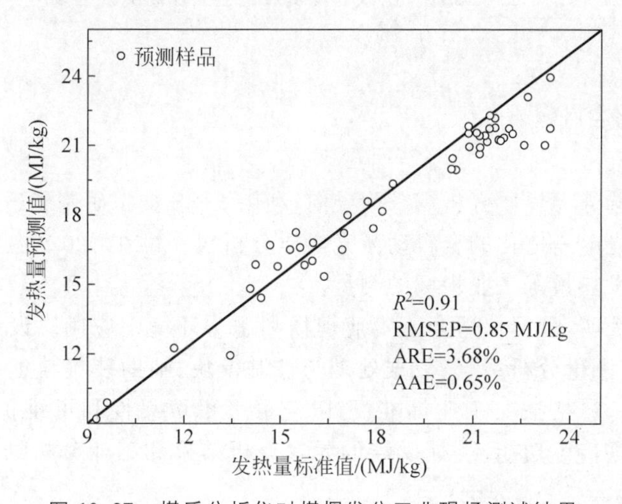

图 10.27　煤质分析仪对煤挥发分工业现场测试结果

10.5.3　煤中发热量的工业现场测试结果

单位质量的煤在完全燃烧后，燃烧产物冷却到燃烧前的温度时所释放出的热量称为煤的发热量。然而，前面计算的煤灰分和挥发分与煤的发热量有很大的关系。因此我们在计算发热量时,考虑以上计算灰分、挥发分时所考虑的元素谱线,包括 C, H, O, N, Si, Al, Fe, Ca, Mg 等元素,将 $I_i/I_{总}$、$(I_i/I_{总})^2$ 作为支持向量机回归建模的输入变量,建立回归数据模型,用此模型预测 50 组预测样品的发热量,预测结果如图 10.28 所示。通过计算可以看出,50 组预测样品的发热量的 RMSEP 为 0.85 MJ/kg, R^2 为 0.91,ARE 为 3.68%,AAE 为 0.65%。

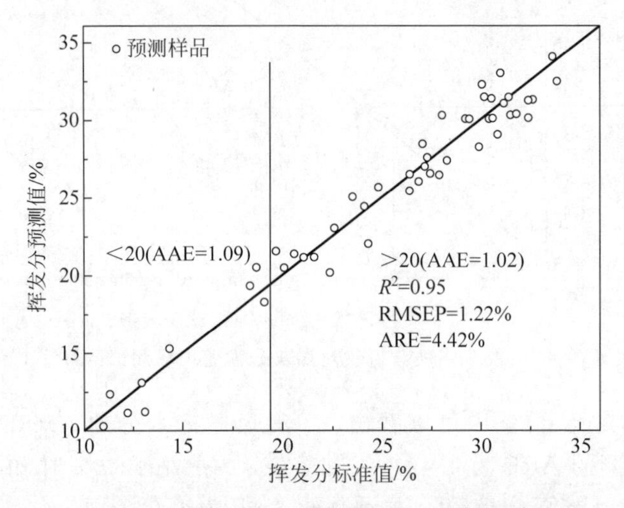

图 10.28　煤质分析仪对煤发热量工业现场测试结果

10.6　小结

本章以洗选煤厂煤质分析需求为导向,利用 LIBS 技术研制了适用于洗选煤厂化验室分析的光电一体化的全自动激光煤质分析仪。可在 120 s 内完成对煤样的灰分、挥发分、发热量等工业指标的测量。

现场测试表明,分析仪适合于工业现场和恶劣环境中应用。设备主要由光学系统、光谱采集测量分析系统、数据处理与控制模块、辅助装置与远程信号传输接口等部分组成。严格按照工业标准设计,充分考虑可靠性和可维护性,并具有分析、记录、数据远传等功能,可提供煤的元素分析结果和工业分析结果;设备成本适中,运行稳定。

在技术创新方面,本章建立了闭环负反馈式脉冲激光功率锁定装置,采用激光功率负反馈信号控制和锁定 Nd: YAG 激光器输出功率;研究了不同分光比例脉冲激光器锁定在设定输出功率,同一分光比例激光器锁定在不同输出功率以及长时间运行时的功率锁定;采用此装置进行功率锁定后,激光输出功率处于预设区间内,RSD 值由自由运行时的 2.4%降低至 1.1%;构建了实用有效的 LIBS 光谱数据预处理方法，采用 SVM 和 PLS 建立了煤炭灰分工业分析指标的定标模型，利用上述两种模型对煤灰分值进行预测，预测的均方根误差分别为 4.4%和 4.5%。

参考文献

[1] AGUILERA J A, ARAGÓN C, MADURGA V, et al. Study of matrix effects in laser induced breakdown spectroscopy on metallic samples using plasma characterization by emission spectroscopy[J]. Spectrochimica Acta Part B, 2009, 64: 993-998.

[2] KHATER M, COSTELLO J, KENNEDY E. Optimization of the emission characteristics of laser-produced steel plasmas in the vacuum ultraviolet: significant improvements in carbon detection limits[J]. Applied Spectroscopy, 2002, 56(8): 970-983.

[3] YAROSHCHYK P, BODY D, MORRISON R J S, et al. A semi-quantitative standard-less analysis method for laser-induced breakdown spectroscopy[J]. Spectrochimica Acta Part B, 2006, 61(1): 200-209.

[4] ROSENWASSER S, ASIMELLIS G, BROMLEY B, et al. Development of a method for automated quantitative analysis of ores using LIBS. Spectrochim[J]. Acta B, 2001, 56(6): 707-714.

[5] GAFT M, DVIR E, MODIANO H, et al. Laser induced breakdown spectroscopy machine for online ash analysis in coal[J]. Spectrochim. Acta B, 2008, 63: 1177-1182.

[6] BODY D, CHADWICK B L. Optimization of the spectral data processing in a LIBS simultaneous elemental analyses system[J]. Spectrochim. Acta B, 2001, 56: 725-736.

[7] OBERNBERGER I, THEK G. Physical characterisation and chemical composition of densified biomass fuels with regard to their combustion behavior[C]. Sweden: Proceedings of the 1st World Conference on Pallets, 2002: 115-122.

[8] LOO S V, KOPPEJAN J. Hand book of biomass combustion and co-firing [M]. Netherlands: Twente University Press, 2002.

[9] CREMERS D A, RADZIEMSKI L J. Detection of chlorine and fluorine in air by laser-induced breakdown spectroscopy[J].. Anal. Chem. , 1983, 55: 1246-1252.

第11章

LIBS在水泥品质控制中的应用

水泥是国民经济建设中非常重要的基础原材料，目前国内外还没有一种建筑材料可以替代水泥的地位。作为国民经济的重要基础产业，水泥工业已成为社会发展水平和综合实力的重要标志。中华人民共和国成立70多年来，我国水泥工业经历了跟随、追赶和超越引领三个阶段，实现了大发展，特别是在改革开放后的40多年来，水泥工业发展尤为迅猛，从1985年起我国水泥产量已位居世界第一位。

近年来，水泥工业向着规模化、自动化、智能化发展，新型干法水泥生产技术逐渐占据主导地位，水泥生产的产量和质量得到显著提升。保证三率值（即饱和比KH、硅率SM、铝率IM）的均匀稳定是新型干法水泥生产的关键技术和措施。从生料制备—熟料煅烧—水泥制成的生产流程看，入窑生料三率值的均匀稳定是保证水泥窑热工制度稳定的前提，直接影响水泥的质量和产量；从控制的角度看，生料制备也是全流程中最具弹性、可控性最好的环节。因此水泥生产过程质量控制中生料质量控制是保证生产优质熟料和确保水泥品质的基础。传统的过程质量控制均为预先控制、事后检验，存在调整滞后的风险，导致水泥产品质量波动大，从而给产品质量控制带来被动局面。特别是大型化、自动化的干法水泥生产，对水泥生产过程质量控制提出了更高的要求，传统耗时的化学分析方法逐渐显示出它的局限性；应运而生的在线中子活化分析仪，一定程度上改善了这一局面，但是该技术需要用到放射源，使得设备在操作、管理、维护等方面有诸多不便，而且该技术受到皮带上混合物料形状体积不均匀等条件的限制，测量稳定性较差使得水泥质量控制稳定性还有很大的提升空间。

利用SAF-LIBS理论与技术可以克服以上缺点，实现实时水泥生料成分检测并及时指导调整原料配比，显著提高水泥生料入窑合格率。该项技术带来另一个显著优势是可以将成分波动较大的石灰石矿开采废渣作为水泥生产原料，降低石灰石剥采比，提高低品级矿山的利用率，节约矿产资源并显著降低能耗，这在节能减排的大环境下具有重要的意义。

考虑到工业现场的恶劣环境，我们在第 3～5 章 SAF-LIBS 理论和技术的基础上，结合水泥工业特点，设计研制出了适合于水泥工业现场应用的水泥的 LIBS 在线检测分析设备，并正在逐步进行工业化应用。

11.1　水泥生产工艺概述

水泥是指以硅酸盐为主要成分的熟料，掺入适量石膏（主要含 $CaSO_4$）及其他混合材料，经磨细而成的胶凝粉末状水硬性无机材料。加入适量水后搅拌，可成为塑性浆体，能在水中或空气中硬化，并能将砂、石等材料胶结在一起，用于基础建筑中。生产硅酸盐水泥的主要原料有石灰质原料和硅铝质原料，有时也会根据水泥品种的需要，掺入校正原料以补充某些成分的不足。

水泥的生产流程如图 11.1 所示。多种生产原料依次经过粉碎、配料、磨细、均匀混合后变成水泥生料储存于生料均化库，接着生料均化库中的生料被送入水泥回转窑中经过煅烧而制成块状水泥熟料，最后将熟料中加入适量辅料，经均匀混合、磨细而制成水泥，其整个过程可以简单概括为“两磨一烧”。

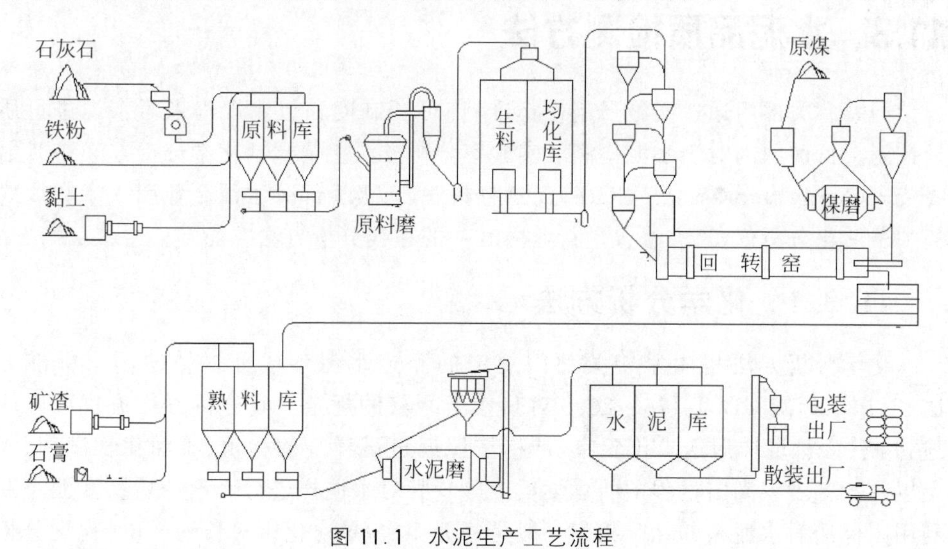

图 11.1　水泥生产工艺流程

11.2　水泥生料配比与品质控制意义

在整个水泥生产过程中，原料配比是决定水泥品质合格与否和成本高低的关键。及时掌握入窑水泥生料品质尤其是各种主量元素氧化物的含量，就能通过调整各原料皮带秤速率达到原料配比的最优化，从而提高入窑合格率，保证水泥产品质量。

水泥等级的划分是由水泥检测指标与行业标准对比后决定的。传统的做法是水泥厂质控部门对出磨生料、入窑生料和出窑熟料进行抽样化验来制备适当成分的水泥生料。这一过程对降低生产过程的能耗，提高水泥性能、混凝土标号、混凝土耐久性，延长建筑物使用寿命具有重要意义。

水泥行业最重要的化验环节就是对出磨生料的化验。其目的是，快速掌握生料中 CaO、SiO_2、Al_2O_3、Fe_2O_3 和 MgO 五种氧化物的绝对含量以及生料饱和比(KH)、硅率(SM)和铝率(IM)。KH、SM 和 IM 统称水泥三率值。水泥三率值是水泥等级分类的重要参考指标。一般来说，KH 值越大，则熟料强度指标会越高，但也越难烧成；SM 值过大则熟料很难烧成(影响成品率)，过低则熟料强度指标会变低，窑内易结大块，影响设备生产安全；IM 值过大则易引起熟料快凝，过低则对煅烧不利。总之，为了回转窑内熟料易于烧成且成品质量高，水泥行业必须根据经验并参考生料中氧化物含量的化验值及相应的三率值来对各原料皮带秤进行流量调节，以实现水泥生产的低能耗、高成品率高质量运行。所以，这就需要保证水泥入磨原料配比能实时快速地作出优化调整。

11.3 水泥品质检测方法

国家有关部门通过实施强制性标准、许可证制度和行业规程来对水泥进行质量控制。目前国内对于水泥检测的实验室分析方法主要包括化学分析方法和 X 射线荧光(X-ray fluorescence，XRF)光谱分析法，有极少部分水泥企业引入了在线式的中子活化分析仪，该方法曾是行业内唯一的在线分析方法。

11.3.1 化学分析方法

化学分析方法是国家相关部门规定的测定水泥各成分含量的国家标准方法[1]，国家标准 GB/T 176—2008 对其作了严格的规定。其分析方法流程可以简述为：代表性取样后送入化验室，严格按照通过试样烧灼称重、添加化学试剂、滴定以及人工观察滴定过程中的化学反应等步骤对水泥样进行元素分析。水泥企业利用国标法对水泥料的化验频率一般是每天 4 次，单次化验时长约 2 h。化学分析法不仅操作程序烦琐、条件要求苛刻、存在由人工操作造成的人为因素，而且耗时长，显然无法快速指导原料配比。

11.3.2 X 射线荧光光谱分析法

X 射线是指波长 0.001～50 nm 的电磁辐射，X 射线荧光光谱分析法[2]是用

X 射线撞击样品，由于 X 射线与样品中原子相互作用，打破原子的结构稳定性，使整个原子处于不稳定的激发态。样品中所含元素就会以特征发射线的形式辐射，产生荧光，通过分析发射光谱，可以进行物质成分的定量分析。

XRF 分析法作为一种成熟的光谱分析法已成功地在多数领域应用，由于减少了人为因素的影响，其测量重复性好比化学分析法要好。较低能量的 X 射线也可以容易被屏蔽而对环境、人员的影响较小。目前水泥企业普遍的 XRF 检测频率是 1 次/h，但检测仍需要人工取样、研磨、振荡、称量、压样等样品制备过程，整个样品制备和检测过程耗时约 0.5 h，所以检测效率虽然比化学分析法有较大的提高，但仍然不能满足水泥工业的要求。

11.3.3 中子活化分析法

中子活化分析法[3]曾是水泥行业唯一的水泥元素在线检测方法，其工作原理是：以一定能量和流束的中子轰击靶目标，中子冲向水泥试样附近时被元素的原子核吸收，此时原子核被活化，被活化的原子核非常不稳定，会释放出与元素对应的特征发射谱线——γ 射线（图 11.2），然后根据特征谱线的强度与波长对元素进行定量分析。

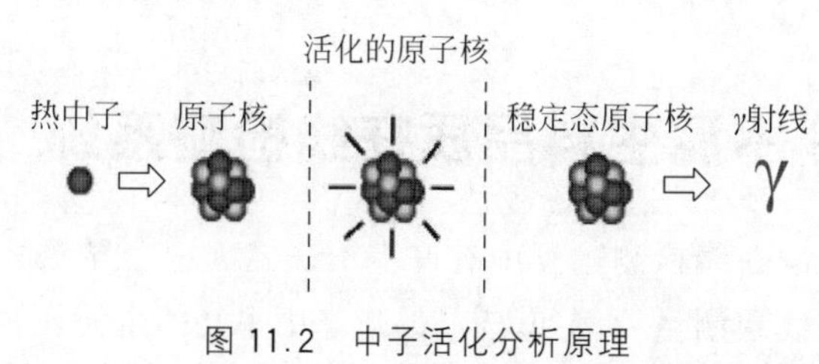

图 11.2 中子活化分析原理
（请扫 X 页二维码看彩图）

中子活化分析仪对试样的测量不需要做破坏性处理，具有对元素的在线分析速度快，效率高的优点，但因以放射性元素作为放射源，所以其对工作环境要求苛刻，特别是对操作人员的身体健康有潜在的危害，正因如此，政府相关部门才对该类设备的使用许可与审查相当严格，且对放射源使用的化学物质的流向都有严格的备案，需要获得批准后才允许由专业技术人员进行操作、安装。况且，中子活化仪的放射源需要定期由设备供应方更换，后期维护费用比较高，这些也正是限制其推广的原因。

11.3.4 激光诱导击穿光谱法

激光诱导击穿光谱（LIBS）法应用于水泥检测研究方面的报道有：Gondal 等[4]为了测量水泥混凝土中较难激发的 S 元素特征谱线，使用 1064 nm 和四倍频 266 nm 双脉冲激光结合 ICCD 来增强探测灵敏度；Wilsch 等[5]通过优化的 LIBS

装置，对水泥混凝土中的 Cl 元素进行了定量分析并获得了相应的探测极限；Labutin 等[6]使用双脉冲 LIBS 技术，通过 Cl(Ⅰ) 837.59 nm、S(Ⅰ) 921 nm 和 C(Ⅰ) 247.86 nm 三条原子谱线对混凝土中的 Cl、S、C 三种元素进行了定量分析；以上三组研究结果表明 LIBS 技术能够快速实现对水泥混凝土中元素的快速检测。水泥粉料检测方面，Mansoori 等[7]将水泥粉压制成水泥压片，在假设等离子体满足局部热平衡态的条件下，对压片中的 Ca、Si、K、Mg、Al、Na、Ti、Mn、Si 等元素进行了定量分析。但在水泥生料在线检测方面尚属空缺，为适应市场发展方向，我们开展了 LIBS 技术在水泥在线检测方面的开发与应用研究。

水泥工业生产中原料品质变化是随机发生变化的，定期化验会遗漏部分变化信息。及时检测原料变化有助于按设计要求实施工艺流程，提高生产效率，为企业赢得效益。对水泥行业来说，现代化的在线检测设备可以通过提供实时数据来提高企业的生产效率，保障产品质量。目前，国内多数企业还是靠传统的水泥化验方法，并根据人工经验来调整生料目标值，具有较大的局限性和盲目性，调整滞后的缺陷不可避免，不能满足水泥行业的时效性。如何快速准确地对水泥生料品质进行检测以及时指导原料配料，实现低成本高效运行，是当前节能减排大环境下整个水泥行业严重关切的问题。

11.4 LIBS 水泥生料品质在线检测系统

水泥生料品质的在线检测过程中有许多不确定因素会导致其实施难度远高于实验室环境下的离线式测量。例如，样品的形态由平整的水泥压片变成了具有流动性的水泥粉，这就为定量分析增加了更多的不确定性因素。要进行水泥品质的在线检测，首先要解决以下两个关键问题：①如何实现对生产线上水泥样品的连续取样、送样，并避免取送样过程中的断流或堵塞，这是需要解决的一个关键问题；②LIBS 光路易受工业现场随机因素的影响而使光谱产生误差和波动，从而降低定量分析精度，如何实现光路的优化和光学器件的防污，是需要解决的另外一个关键问题。

经过几年的现场工业试验、可靠性测试及优化改进，基于 SAF-LIBS 研制的在线水泥检测设备实物如图 11.3 所示，其基本参数见表 11.1。该设备可以实现在一个维护周期(60 天)内无故障连续工作，能够提供准确可靠的成分分析数据指导原料配比优化控制，确保生料配比的合格率达到产品标称数值。

表 11.1 基于 SAF-LIBS 的水泥生料品质控制设备基本参数

参　数	单　位	数　值
外形尺寸	mm	1600×750×1500(W×D×H)

续表

参 数	单 位	数 值
防护等级	—	IP65
工作环境温度	℃	－30～＋40
额定电压	VAC	220V
功率	kW	2～5(23℃平均功率)
检测时间	次/min	1/3/5/10 可选
通信方式	—	RJ45 转光纤传输

图 11.3 LIBS 水泥生料在线检控设备(工作现场)

设备由两部分构成,结构如图 11.4 所示。第一部分是水泥生料激光在线检测部分,包括水泥生料粉末取样、送样模块和 LIBS 检测分析模块;第二部分是上位机控制部分,包括程序控制模块和水泥生产线自动配料模块。设备工作时,首先由水泥生料粉末取样、送样模块将水泥粉末从生料输送管道中吸出并喷射成均匀的待检测气粉混合柱,然后由 LIBS 检测分析模块检测水泥生料的主要元素含量,检测结果由远程信号传输接口传入上位机,由上位机的程序控制模块根据当前原料数据,计算出合理的工艺配比并生成调节参数,再由水泥生产线自动配料模块通过集散控制系统(distributed control system,DCS)执行原料配比调整,最终实现原料配比的全自动化精确调节。

11.4.1 检测系统的连续取样、送样单元

水泥在线检测需要连续取样、送样。连续取样、送样系统依据空气动力学原理来实现水泥生料粉末的连续在线取样、送样,具体气路架构如图 11.5 所示。

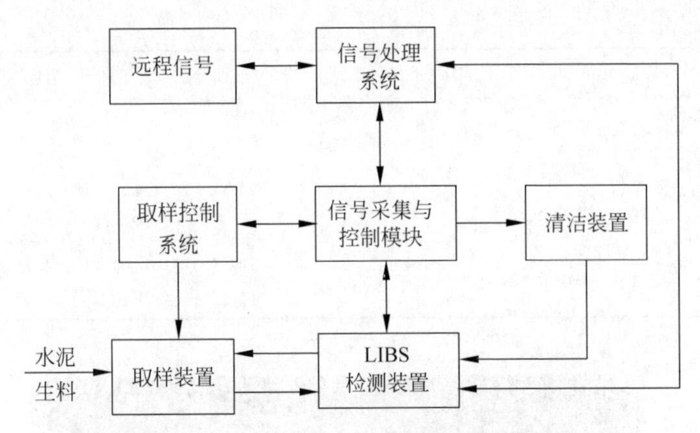

图 11.4　LIBS 水泥生料检测设备结构示意图

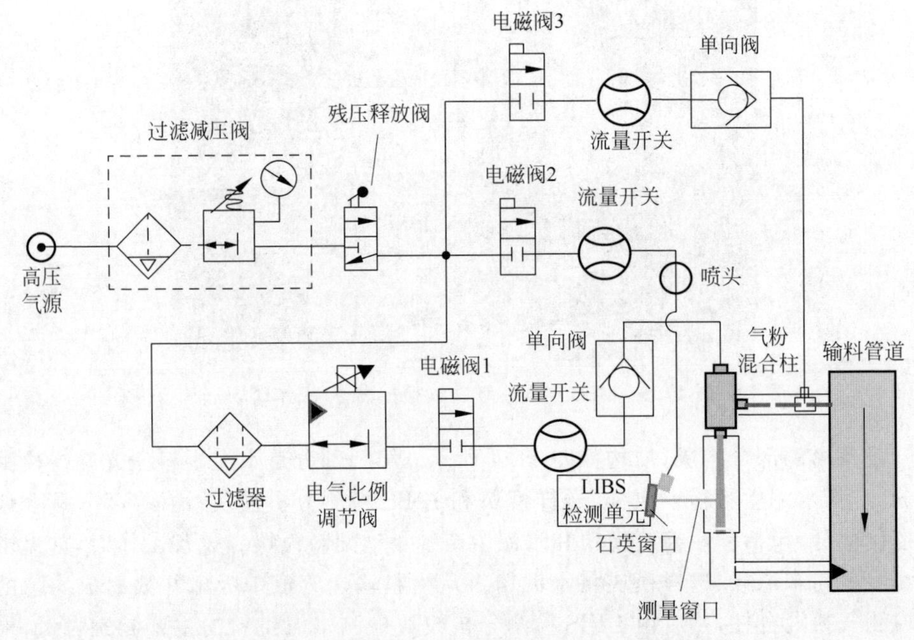

图 11.5　水泥生料气动自动取送样系统原理

高压气流源依次经过过滤减压阀和残压释放阀后，分成了三个支路；第一支气路依次经过过滤器、电气比例调节阀、电磁阀 1、流量开关和单向阀，单向阀与射流器相连，射流器取料口直接连接在水泥生产线上的输料管道侧壁；第二支气路依次经过电磁阀 2、流量开关和喷头，其作用是通过喷头喷射气流对 LIBS 检测单元的石英窗口进行持续清扫，防止石英窗口因粉尘附着而降低透光效率；第三支气路依次经过电磁阀 3、流量开关和单向阀后供气给取样管道，该支路为反吹气路，其作用是清理取样管道内的残余粉末，这样既能防止取料管道内壁因水泥生料粉末板结而发生堵塞，又能避免之前测量所残留的余料给下次测量带来干扰。

气动取送样系统中所有气路元件均采用日本气动元件综合制造商 SMC 公司的产品，各元器件在系统中的作用分别为：过滤减压阀将工业现场提供的高压气流进行一级干燥和输入气流的一级限流；残压释放阀是为了保护气路管道安全，在必要的时候排出管道内的气体以释放气压；第一支路中的过滤器是对取样气体进行二级油水过滤，避免潮湿的气流与水泥粉末在射流器内壁产生板结；电气比例调节阀可通过计算机编程来精确控制单位时间内通过射流器的气流量，从而实现对射流器出口处气粉混合浓度的微调；电磁阀是气路中的智能开关，可以高频率地打开与关断，实现各个支气路的交叉工作；流量开关可以实时显示气流数值大小；单向阀能够防止携带粉尘的气流回流，不仅可以保护各气动元器件，而且可以避免管道的堵塞；射流器属于真空发生器件，其结构如图 11.6 所示，工作气流从喷气嘴高速喷出，在喉管入口处因周围的空气被射流卷走而形成了低气压区域，然后在径向进料口的位置将极少量的生料粉末从生料输送管道中吸出，并喷射出用于 LIBS 检测的均匀待测气粉混合柱。

整个取送样系统的工作流程(图 11.5)为：打开电磁阀 3，第三支气路中的三通接头对取样管道的两头进行清扫；关闭电磁阀 3，打开电磁阀 1，即关闭了第三支气路而打开了第一支气路；5 s 后启动 LIBS 检测单元，检测完成后关闭 LIBS 检测单元；3 s 后关闭电磁阀 1、打开电磁阀 3，即关闭了第一支气路而打开了第三支气路，至此一个循环结束。在整个工作过程中，第二支气路始终处于工作状态。

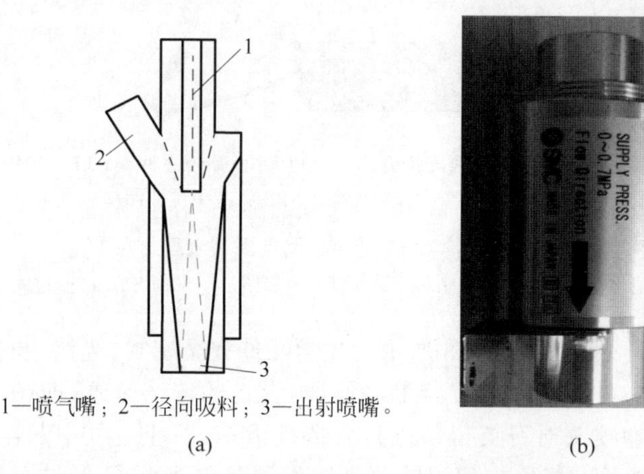

1—喷气嘴；2—径向吸料；3—出射喷嘴。

(a)　　(b)

图 11.6　射流器内部结构示意图(a)以及射流器实物图(b)

11.4.2 检测系统 LIBS 光学检测单元

水泥生料在线检测控制系统的 LIBS 光学检测系统光路如图 11.7 所示，主要由激光器、功率计、光谱仪、工业机、光学镜组等组成。激光器输出波长为 1064 nm、脉宽为 8 ns 的脉冲激光，其输出的单个脉冲能量可达 100 mJ，重复频率 1～20 Hz 可调；脉冲激光被分光镜分成两束，分光镜的反射光被功率计接收，利用该反射光功率信号作激光器功率反馈信号，来控制激光器的氙灯供电电压，从而将激光输出功率锁定在最佳值附近以提高系统的长期稳定，透射光则经过一系列光学镜组聚焦到射流器喷射出的高速气粉混合柱上，形成等离子体，光纤光谱仪对等离子体荧光进行分光和检测；光路中加有一束 405 nm 的紫外连续激光器，其输出光直接照射在气粉混合柱上并由光纤光谱仪探测其散射光，由于等离子体荧光在 405 nm 处没有任何谱线，所以我们可以通过分析 405 nm 光谱强度来判断当前水泥输料管道是否有料，如果有则触发 LIBS 检测系统工作，否则 LIBS 检测系统停止工作，以此避免产生无效光谱。

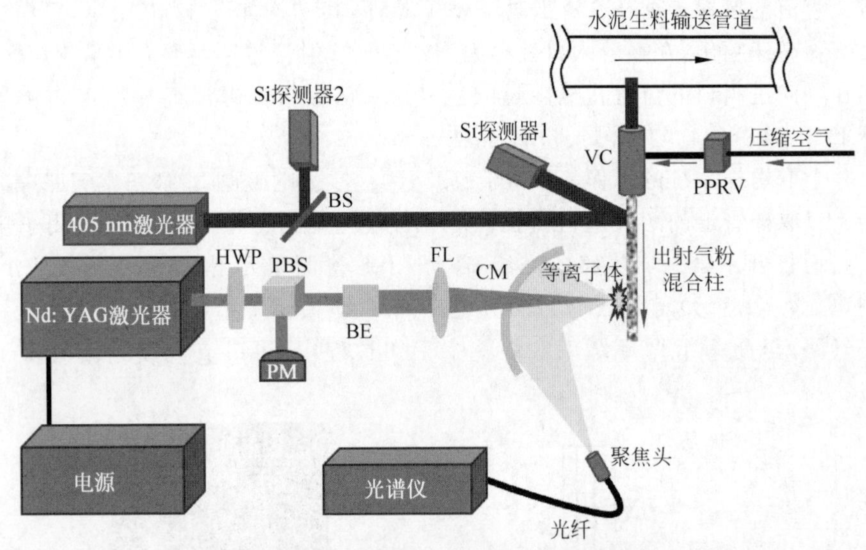

HWP—半波片；PBS—偏振分光棱镜；PM—功率计；BE—扩束镜；FL—聚焦镜；CM—反射镜；VC—真空输送器；PPRV—电气比例阀。

图 11.7 LIBS 光学检测单元装置图
（请扫Ⅹ页二维码看彩图）

光路整体设计效果如图 11.8 所示。光学元件完全密封，光路中只有光学密封模块的石英窗口与外界环境直接接触，所以本设备的清洁装置，即图 11.6 中所描述的第二支气路的喷头对石英窗口进行着持续清扫，防止空气中灰尘附着在石英窗口上而降低透光率；光路中使用的荧光激发源是电光调 Q 脉冲激光器，原理如图 11.9 所示。长时间的工业现场运行，设备面临如下实际问题，即脉冲激光器的泵浦源是氙灯，氙灯在连续工作状态下寿命仅维持60天左右就需要进行更换。为了避免传统激光器每次更换氙灯后都需对激光器进行校正，我们对激光器进行了精心改造，如图11.10所示，氙灯部分能够通过气缸实现侧向推拉以方便更换氙灯，更换后氙灯部分可以精准地恢复到原位，复位误差小于0.001 mm，可以保证复位后相同条件下的激光输出功率不变。图11.11横坐标表示在激光电源(北京博兴科源电子技术有限公司，型号QRP-Extra-200)在不同供电电压下使用功率计(以色列Ophir公司产的3A-P-V1型热电堆探测器)测得的工作频率20 Hz下的功率，纵坐标表示氙灯部分在拉出来后复位相同条件下测得的功率。可以看出，氙灯复位前后激光器输出功率不会变化，这样就为设备的快速维护提供了方便。

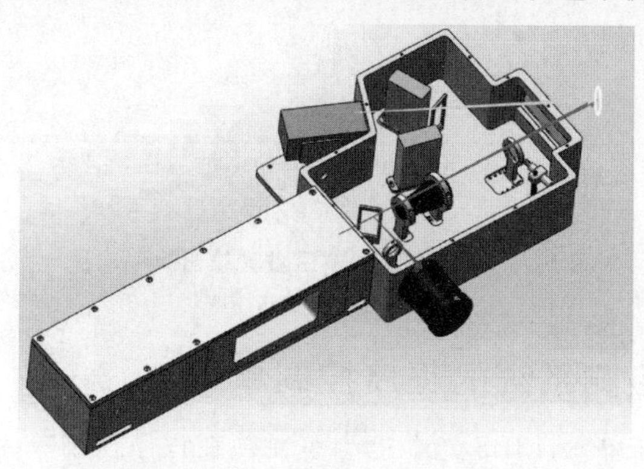

图11.8 光路整体结构示意图

(请扫X页二维码看彩图)

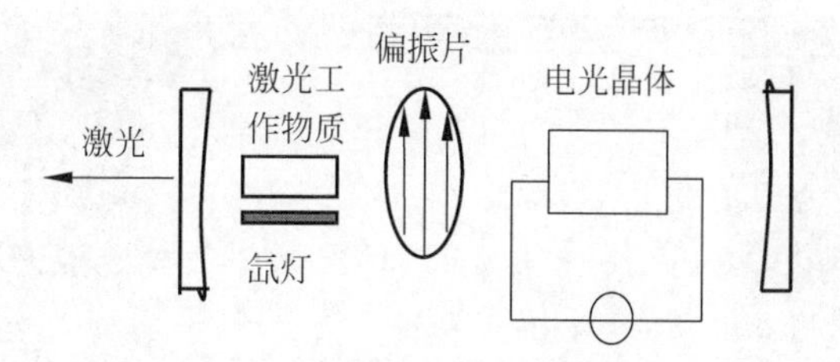

图11.9 电光调Q激光器示意图

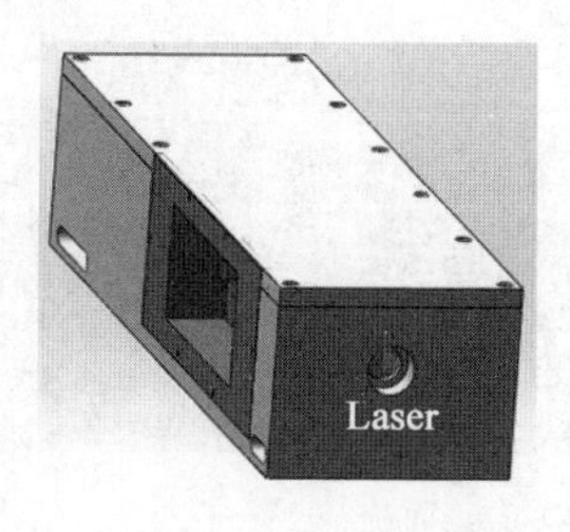

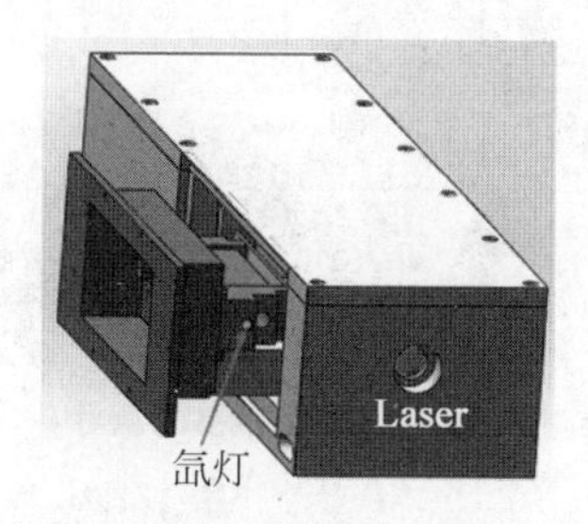

图11.10 推拉式更换氙灯的脉冲激光器设计

(请扫X页二维码看彩图)

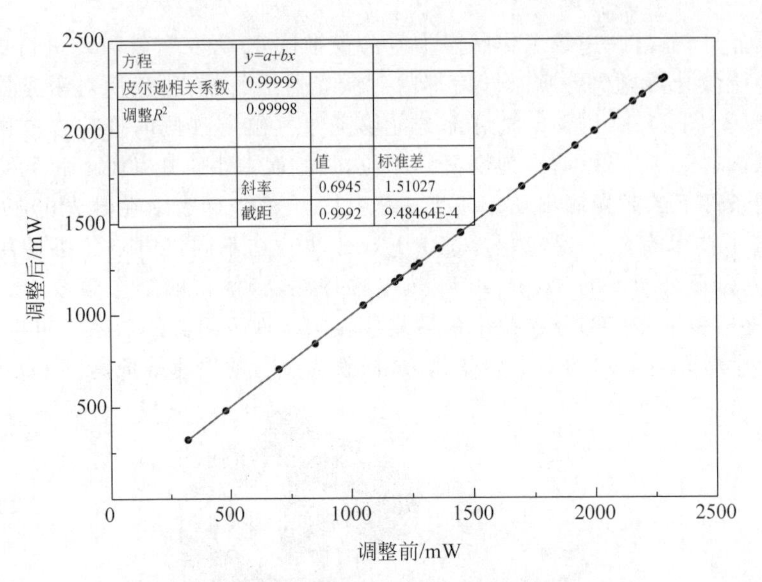

图 11.11　氙灯复位前后激光输出功率对比

（请扫Ⅹ页二维码看彩图）

11.4.3　检测系统的程序控制单元

气动取样、送样单元、LIBS 光学检测单元须在程序控制单元的统一协调指挥控制下运转。基于 LabView 开发平台二次开发包，我们编写了水泥生料品质控制软件。图 11.12 为程序控制的主面板。通过这个控制程序可以自动地完成检测并

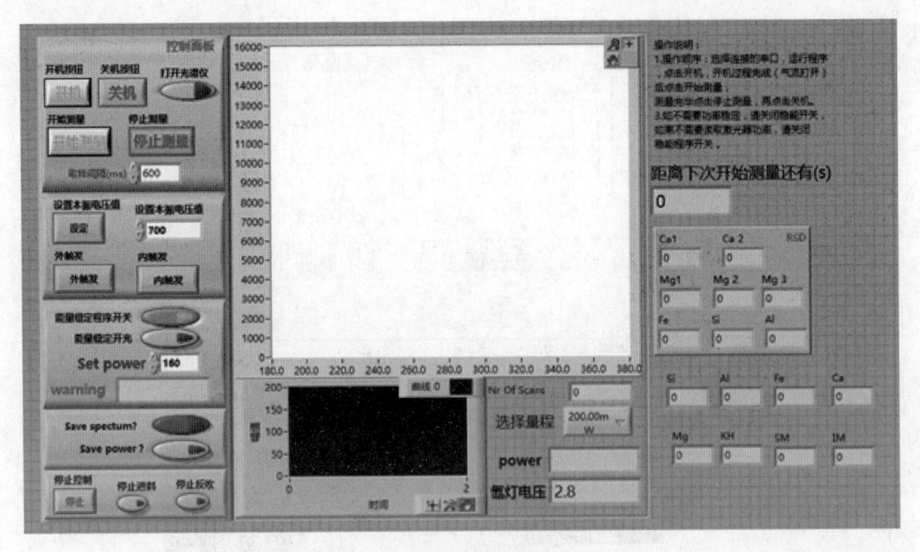

图 11.12　程序控制单元面板

（请扫Ⅹ页二维码看彩图）

显示结果，还可以设置设备和仪器的各个参量。使整套设备形成统一的整体。

软件面板的左半部分为设备控制及参数设置板块，右边为结果显示板块。左边部分从上至下依次为开关机、激光器控制、功率稳定参数设置、数据储存设置、气流应急停止板块。右边可以实时显示所测光谱数据、激光器功率值、检测精度、检测开始倒计时、每组光谱的稳定性、所测元素含量及三率值等。

11.5　水泥生料品质在线检测系统优化

11.5.1　气路优化

根据伯努利原理，流速快，则压强小，本连续取送样方案主要凭借工业用气在射流器中高速运动来实现取样，而气流的大小将直接影响到取样的稳定性。为此，我们对气路进行了优化，在气流可调节的范围内对不同气流下的特征谱进行了测量，分析了不同气流下各特征谱的信噪比（SNR）和相对标准偏差（RSD），结果如图 11.13 所示。由图可见，各元素的特征谱线对气流的变化不太敏感，但是气流变化对谱线的 RSD 影响明显，基本在气流为 0.42～0.45 kg/cm^3 的区间内，各特征谱线的 RSD 趋于最小，所以在系统运行过程中，气路单元中第一支气路的气流一直维持在 0.42～0.45 kg/cm^3。

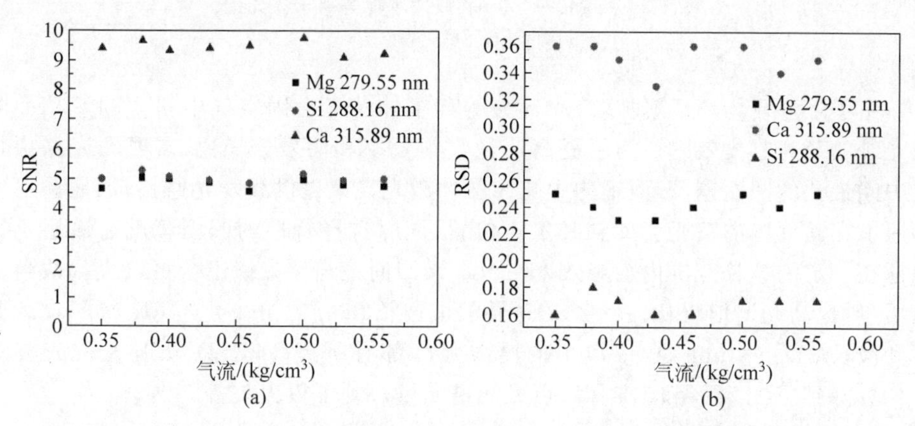

图 11.13　不同气流下各特征谱线的 SNR（a）以及不同气流下各特征谱线的 RSD（b）
（请扫 X 页二维码看彩图）

11.5.2　光路优化

光路装置的参数设计如下：光谱仪的积分时间设置为 10 ms，延迟时间设置为 2 μs，光学聚焦镜焦距为 15 cm，光谱仪单次测量采集 1800 组光谱，时长 3 min。图 11.14 为光谱仪采集到的典型的水泥生料等离子体光谱，通过与美国国家标准与技术研究院(NIST)的标准数据库进行比对,我们对光谱中 Fe、Mg、Si、Al、Ca、Ti 等元素的发射谱线及相应波长进行了标定。在实验现场中,由于样品周围环境空气中悬浮颗粒比较多,如若将激光直接聚焦到样品表面,会在聚焦点前面形成 7 mm 左右的一串等离子体线,不利于光谱仪对荧光的收集。于是,我们对聚焦前的激光进行了矫正,正如图 11.7 所示,分光镜前的凹透镜和第一凸透镜对光束进行扩束,扩束倍率为 4×,在进行光束扩束的同时也减小了光束的发散角[8],扩束后的光束再被第二聚焦镜聚焦后,会聚光斑的直径更小,能够达到更好的聚焦效果。

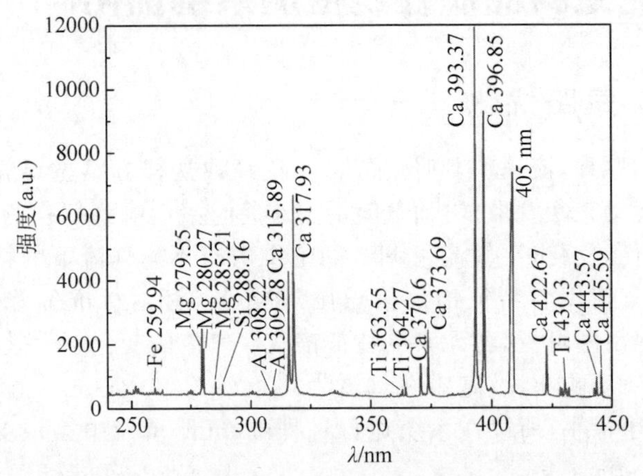

图 11.14 240～450 nm 波段水泥等离子体光谱

(请扫Ⅹ页二维码看彩图)

由于工业现场环境恶劣,有小部分等离子体荧光会因空气中粉尘的遮挡而降低光纤的荧光收集效率。为了提高荧光收集效率和信号信噪比,需要在光路中加入中间带孔的凹面镜,凹面镜的中孔为脉冲激光光束提供激发光通路,凹面镜可以将照射在其面内的荧光会聚到其焦点位置,同时选择合适的凹面镜反射镀层可以保证在一定的波长范围内会聚效率一致。该凹面镜与扩束镜组合可以大幅改善光束质量,提高光谱信噪比。图 11.15 显示了波长 279.55 nm 处的 Mg 离子谱线强度和波长 317.93 nm 处 Ca 离子的谱线强度都有所提高,RSD 分别从 5.75%和 3.49%降到了 3.22%和 1.34%,可见光谱质量得到了很大改善。

11.5.3 定标建模

利用元素与特征谱线的一一对应关系,我们可以对发射光谱进行定性研究;利用谱线强度与对应元素的浓度成正相关的关系,可以对发射光谱进行定量分析。水泥在线测量不同于实验室测量,在实验室测量中,我们可以对样品进行预处理,样品可以是一个表面平整的压样片,而在线测量方案中激光作用的样品为气粉混合柱,不平整的表面、高速的喷射以及气粉混合的状态等这些因素均会影响光谱质

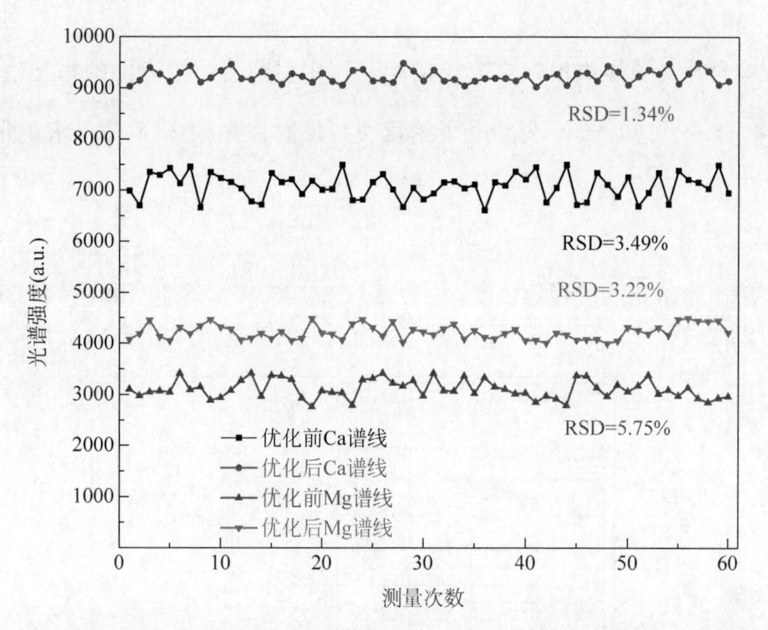

图 11.15　光路优化前 Ca(Ⅱ) 317.93 nm 和 Mg(Ⅱ) 279.55 nm 光谱质量对比

(请扫Ⅹ页二维码看彩图)

量。相对于实验室研究,水泥在线测量的定标建模更为复杂一些。为此,我们首先对采集到的光谱数据进行筛选和归一化等预处理,然后利用支持向量机算法完成水泥在线测得光谱的数学建模。

1. LTE 态判据

激光诱导等离子体定量分析的前提是系统处于局部热平衡状态,所以在有效数据筛选的第一步是该光谱数据电子密度满足阈值条件 $n_e > n_e^*$,其中,

$$n_e^* = 9 \times 10^{11} (E_2 - E_1)^3 T_e \tag{11.1}$$

式中:T_e 表示等离子体电子温度,单位是 K;$E_2 - E_1$ 表示第一激发态与基态的能级差,单位是 eV;n_e^* 表示临界电子密度,单位为个/cm^3。

由式(11.2)、式(11.3)求得电子密度 n_e:

$$\Delta\lambda_{1/2} = 2\omega\left(\frac{n_e}{10^{16}}\right) \tag{11.2}$$

$$T = \frac{E_1 - E_2 + E_{1P} - \Delta E}{k \ln\left[\dfrac{I_1 \lambda_1 g_2 A_2 h^3 n_e}{2 g_1 A_1 I_2 \lambda_2 (2\pi m_e k_B T_0)^{\frac{3}{2}}}\right]} \tag{11.3}$$

式中,I 为谱线强度,λ 为波长,g 为权重统计,A 为跃迁概率,m_e 为电子质量,k_B 为玻尔兹曼常量,h 为普朗克常量,E_{1P} 为低电离级次的电离能,$\Delta E = 3\ \dfrac{e^2}{4\pi\varepsilon_0}$ ·

$\left(\frac{4\pi n_e}{3}\right)^{1/3}$ 为等离子体中由带电离子的相互作用而产生的电离能的修正值。

由式(11.2)可知，若要求得电子密度 n_e，我们首先根据下式[9]求解谱线的半峰全宽 $\Delta\lambda_{1/2}$：

$$\Delta\lambda_{1/2}=\frac{2S}{a}\sqrt{\frac{\ln 2}{\pi}} \tag{11.4}$$

式中，a 为图 11.16 谱线的峰值强度；S 为图 11.16 谱线轮廓所包阴影区域的面积，该区域面积可以通过积分计算。图 11.17 是 100 组光谱的等离子体电子密度计算结果。

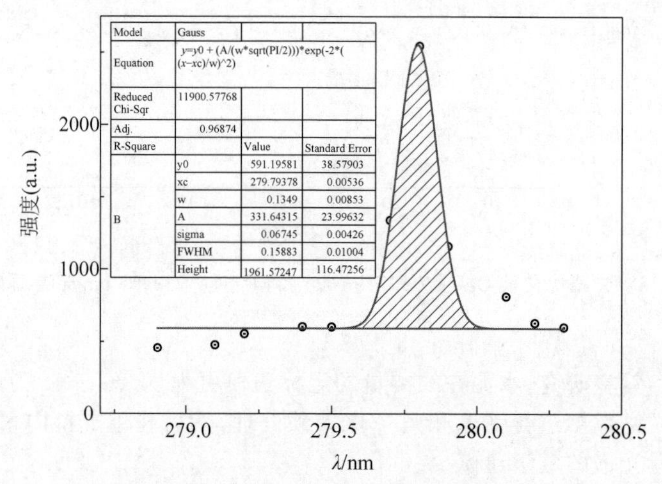

图 11.16　279.55 nm 处的 Mg 离子发射谱

(请扫Ⅹ页二维码看彩图)

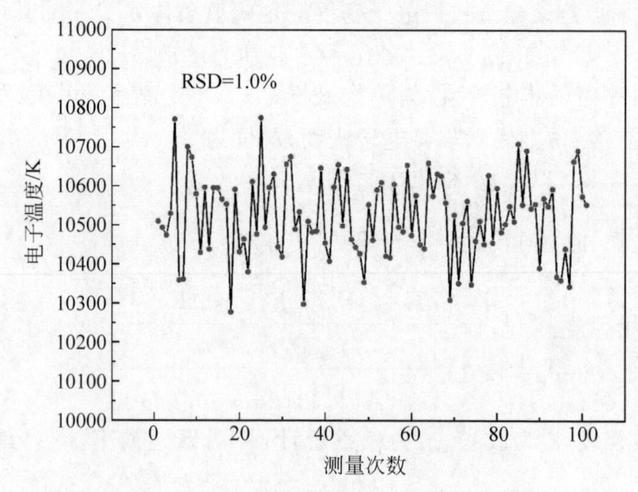

图 11.17　等离子体电子温度计算结果

(请扫Ⅹ页二维码看彩图)

关于电子温度的计算，我们根据式(11.3)，采用 Mg 的 285.21 nm 原子线和 279.55 nm 离子线计算，表 11.2 列出了这两条特征谱线对应的部分参数，等离子体电子温度计算结果如图 11.14 所示。最后，计算机控制程序根据式(11.1)以及计算得到的等离子电子密度与电子温度判断该光谱数据是否满足关系 $n_e > n_e^*$，如若满足，则该光谱数据为有效数据；如若不满足，则该光谱数据无效，不参与后续的定量分析。

表 11.2　测等离子体温度所用 Mg 线参数

λ/nm	E_k/eV	g_k	A_{ki}/s^{-1}	E_{1P}/eV	ω/Å
Mg(Ⅰ) 285.21	4.3458026	3	4.91×10^{8}	7.646235	4.13×10^{-3}
Mg(Ⅱ) 279.55	4.433784	4	2.60×10^{8}	—	7.92×10^{-4}

2. 谱线归一化

在等离子体光谱采集过程中，激光脉冲能量的波动、样品基体变化、等离子体温度变化等因素都会造成光谱强度的波动。为了降低波动，我们在满足局部热平衡态的条件下，对光谱进行了归一化处理。这里分别采用了全谱面积归一化、以 Ca 为内标元素的归一化、等离子体温度矫正归一化三种方法对光谱数据进行归一化处理。图 11.18 给出了三种不同方法对 Mg 279.55 nm 谱线归一化效果的比较。由图可见，全谱面积归一化所获 RSD 值最小，所以在数据建模需先对光谱强度进行全谱面积归一化处理。这里，全谱面积代表激光诱导等离子体发射的总能量，进行全谱面积归一化的目的是减小基体效应和由于激光烧蚀量的变化引起的荧光信号波动。在计算时，用元素特征发射谱线的积分面积与整个等离子体发射光谱积分面积相除，即可得到特征谱线的全谱面积归一化强度。

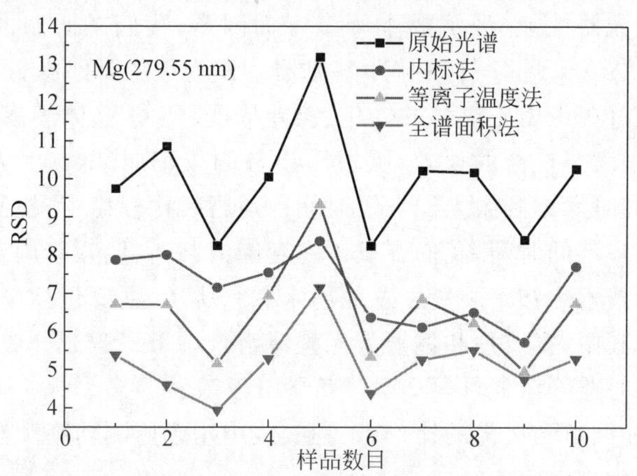

图 11.18　以 279.55 nm 的 Mg 线为例，不同方法对光谱归一化的比较

(请扫Ⅹ页二维码看彩图)

3. 光谱谱线强度筛选

每周期测量获得的1800组光谱中,高速运动样品的不规则几何形状和激光与样品作用点的微位移,会导致光谱仪收光效率也在不断地发生变化。为进一步提高定标精度,对1800组归一化的光谱进行了强度筛选,剔除掉其中最大和最小的各100组,剩余的1600组光谱用于定标建模。

4. 定标建模

水泥在线测量主要采用支持向量机(SVM)原理对数据进行定标建模。SVM是数据挖掘中的一项新技术,是依据Cortes和Vapnik[10]统计理论发展而来的,SVM是一种数学实体,形式上类似于神经网络,可以通过实例学习对目标归类[11]。SVM的基本思想是:先通过非线性变化,将非线性问题转为高维空间中的线性问题,再在变换空间求最优分类面。该方法通过结构风险最小化来提高学习机的泛化能力。

具体过程是,将SVM工具包内置于数据处理软件MATLAB的Toolbox中,调用SVM中的相关函数并根据物理背景编写下层语言对符合条件的光谱数据进行数据建模。我们采用138组水泥生料样品进行建模,在此过程,我们首先需通过传统化验方法取样、制样,并使用X荧光仪测量了水泥生料中的Al_2O_3、CaO、Fe_2O_3、MgO、SiO_2等含量,并对对应样品的光谱数据进行了处理。为了达到用于定标的样品尽可能覆盖整个水泥生产过程中生料成分的波动范围的目的,我们设定的取样间隔为两小时一次,取样周期为1个月,最后利用SVM对在线水泥生料测量所建的定标曲线如图11.19所示。

11.5.4 脉冲激光功率稳定

综合考虑激光器性能、经济成本等多方面因素,我们在研制的设备中采用了1064 nm的Nd:YAG调Q灯泵脉冲激光器。作为LIBS的激发源,调Q灯泵脉冲激光器在使用过程中由于氙灯的老化、温差形变、调Q晶体潮解等,输出功率会逐步降低,从而增大了检测的误差,缩短了设备的校正周期[12]。为了能让激光器长期稳定运行,同时考虑到激光器在短时间内运行时比较稳定,检测激光器运行的功率计响应需要一定的时间,我们开发了一套阈值判断、低频率调节的脉冲激光功率稳定反馈调节技术。技术装置示意如图11.20所示,主要包括半波片、偏振分光棱镜和功率计。其中,半波片和偏振分光棱镜组合用于将激光分成两束,一束导入功率计中用于实时监测激光功率,另一束则用于激发等离子体;固定偏振分光棱镜,旋转半波片能调节两束光的比例,工程实践中用于监测功率和激发等离子体的两束激光强度比为1:9。

图11.21为脉冲激光功率反馈调节流程图,功率计实时监测激光器的分光功

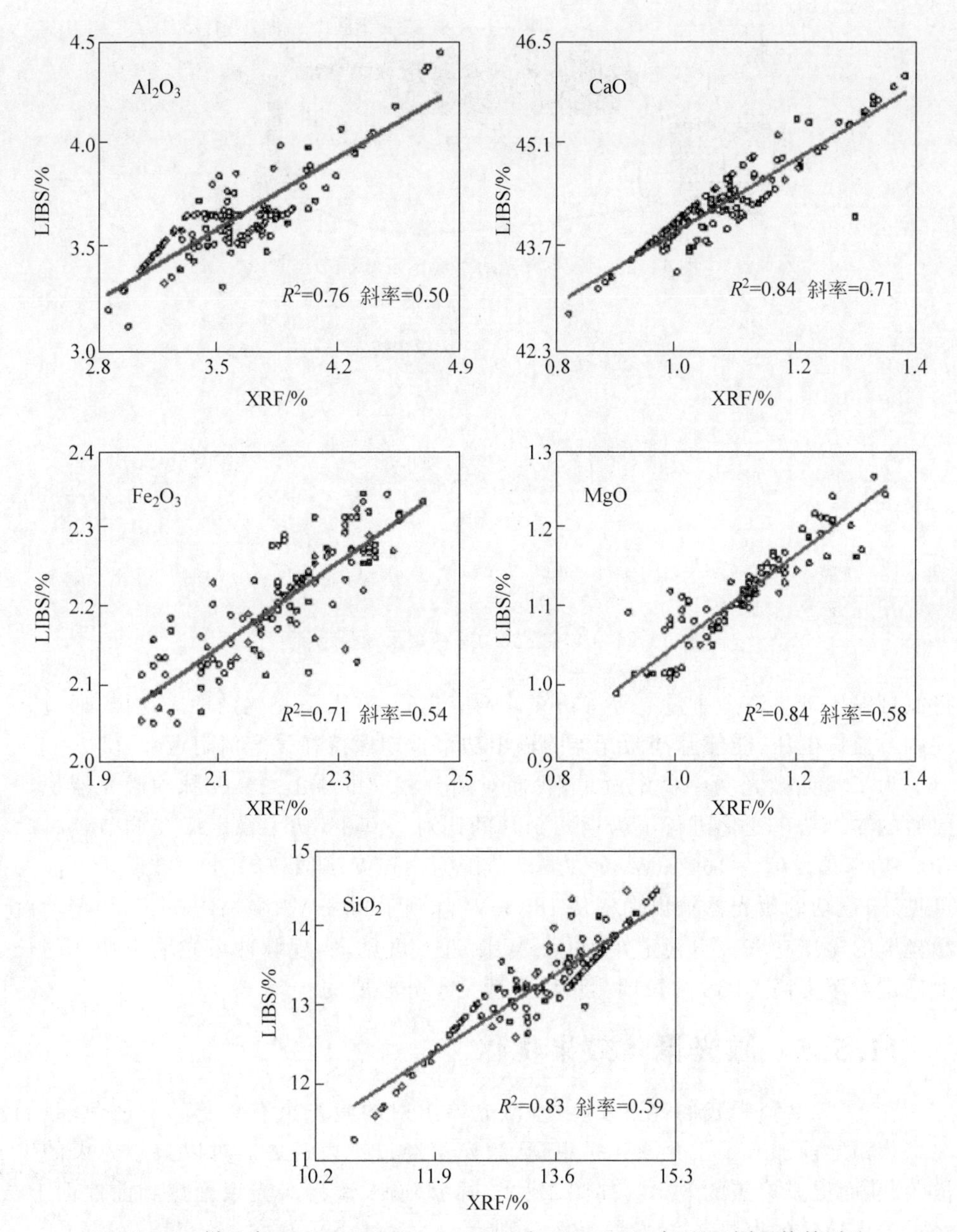

图 11.19　样品中 Al_2O_3、CaO、Fe_2O_3、MgO 和 SiO_2，LIBS 与 XRF 测量值的对比

（请扫Ⅹ页二维码看彩图）

率。计算机采集功率计的探测信号并与预设值进行比较，如果其差值在允许波动的范围内则不进行处理，直接进入延时等待。超出了允许范围，则进行如下判断：如果检测值高于预设值，就将氙灯的电压降低一个小量，如果检测值小于预设值就

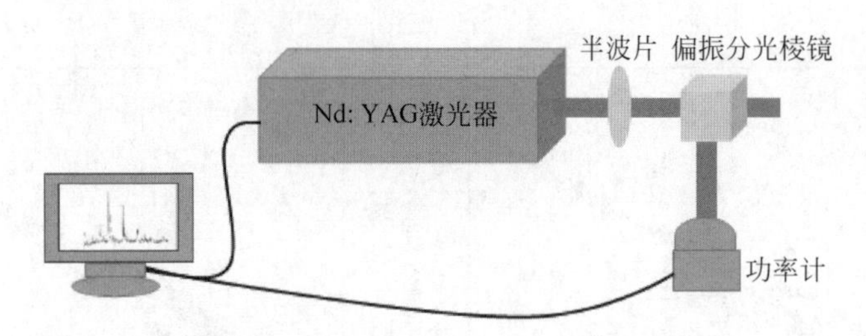

图 11.20 脉冲激光功率稳定反馈调节装置

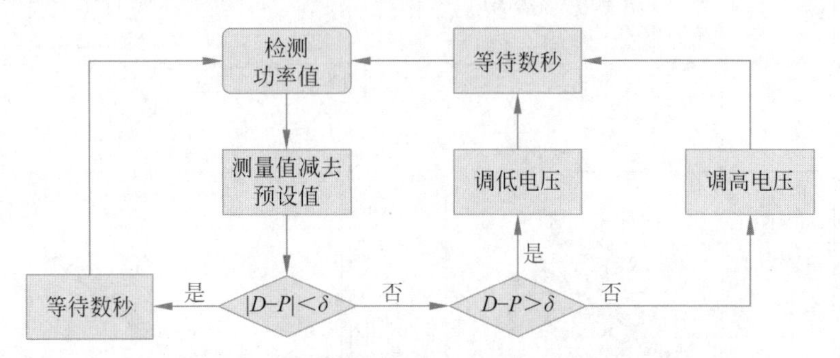

图 11.21 脉冲激光功率稳定反馈调节流程

将氙灯电压升高一个小量。等待功率计响应之后,进入下一次循环。这样,通过合理调节氙灯电压,能使脉冲激光器的输出功率长期保持在设定值附近。

为了验证激光功率稳定效果,我们对两台相同的 Nd: YAG 脉冲激光器稳功前后的输出功率变化进行了为期两个月的比对。其中,功率稳定反馈调节延时为 10 s,功率预设值为 160 mW,允许波动范围为 4 mW,结果如图 11.22 所示。由图可见,未稳功的激光器输出功率从 160 mW 降到了 90 mW,降幅达 56%,而稳功后激光器的输出功率一直稳定在 160 mW 附近。可见,实现脉冲激光输出功率的长期稳定对于提高 LIBS 的长期测量稳定性是十分必要的。

11.5.5 激光聚焦效果优化

在 11.5.2 节中我们曾述及,由于激光器出射的激光束有一定的发散角,我们在聚焦镜之前加入了一个激光扩束镜,激光束经过扩束镜之后可以减小光束的发散角,从而提升聚焦的效果。如图 11.23 所示,输入镜将激光束聚焦到前焦面上,经过输入镜后的束腰 ω_0'和发散角 θ'分别为

$$\omega_0'=\frac{f_1}{\pi\omega} \quad 和 \quad \theta'=\frac{2\lambda}{\pi\omega_0'} \tag{11.5}$$

由于入射激光束在入射镜上的半径为

$$\omega(l)=\omega_0\sqrt{1+\left(\frac{l\lambda}{\pi\omega_0^2}\right)^2} \tag{11.6}$$

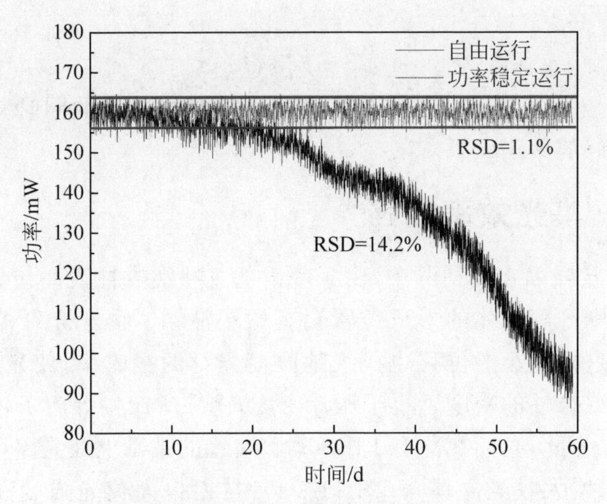

图 11.22　调 Q 激光器加入闭环反馈前后输出功率对比

（请扫Ⅹ页二维码看彩图）

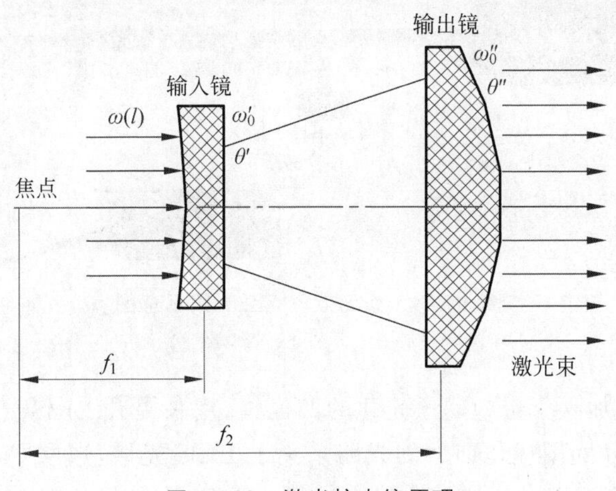

图 11.23　激光扩束镜原理

（请扫Ⅹ页二维码看彩图）

式中，l 是入射激光束腰到入射镜面之间的距离。准直倍率

$$T=\frac{\theta}{\theta''}=T_1\sqrt{1+\left(\frac{l\lambda}{\pi\omega_0^2}\right)^2} \tag{11.7}$$

式中，$T_1=f_2/f_1$，θ 和 ω_0 是入射光的发散角和束腰。经过扩束镜后，束腰 ω_0''和发散角 θ''为

$$\omega''_0=\frac{\lambda}{\pi\omega'_0}f_2 \quad 和 \quad \theta''=\frac{\theta}{T} \tag{11.8}$$

从而

$$\omega''_0 = T_1 \omega(l) \tag{11.9}$$

由式(11.8)和式(11.9)可见，扩束镜可以在扩宽光束的同时减小光束的发散角，从而获得更好的聚焦效果。

11.5.6 集光效率增强

在LIBS粉状样品在线检测中，由于喷射的气粉混合柱表面与传统的压片样品相比不太稳定，则等离子体的形成位置会有微小波动。由于光纤的收光立体角比较小，所以即使这样微小的位移也极大地改变光纤的接收率，使光谱信号不稳定；同时，由于气粉混合柱的密度远小于压片密度，诱导所产生等离子体的荧光光谱信号也相对较弱。为此，我们在原有LIBS实验装置的基础上在光路中加入了带中孔的凹面反射镜来增大收光立体角(图11.24)，从而提高荧光强度和减小等离子体位移所带来的影响。

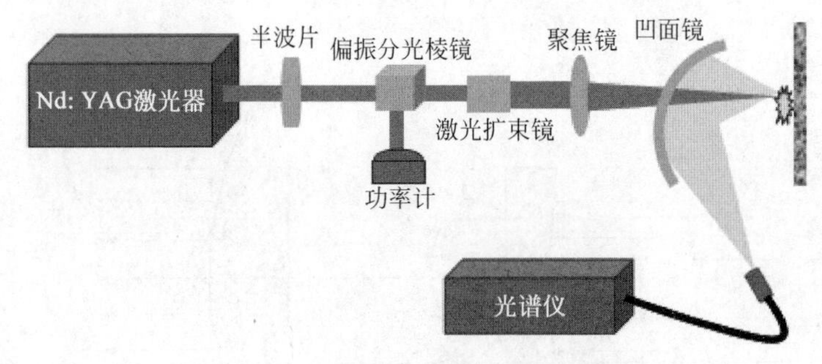

图11.24 集光效率增强光路示意图

(请扫X页二维码看彩图)

优化光路中加入了带中间透光孔的凹面镜，用来提升LIBS光路的收光效率。为了验证效果，分别用优化前后的光路采集了LIBS光谱，选取Ca(Ⅱ)318.1 nm谱线和Mg(Ⅱ)279.7 nm谱线为代表进行分析对比，结果如图11.25所示。从图中可以看出，Ca(Ⅱ)318.1 nm谱线强度从7000 a.u.提升到9000 a.u.，RSD则从3.49%降到了1.34%；Mg(Ⅱ)279.7 nm谱线强度从3000 a.u.提升到4000 a.u.，RSD从5.75%降到了3.22%。可见，经过光路优化后，等离子体光谱的强度和稳定性都得到了较大的提升。

11.5.7 样品基体稳定

水泥在线检测装置基于旁路式气动取样原理实现取样，在实现激光在线检测的同时，也带来了新的问题。生料输送管中物料的流量、流速等都在不断变化，导

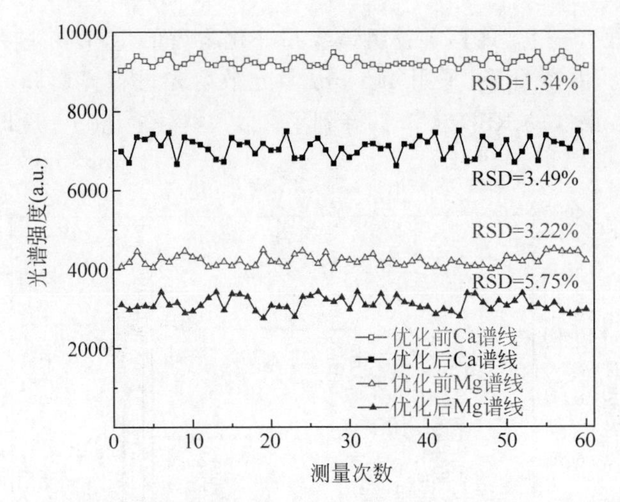

图 11.25　集光光路优化前后 Ca(Ⅱ) 318.1 nm 和 Mg(Ⅱ) 279.7 nm 光谱强度及 RSD 值的对比

(请扫Ⅹ页二维码看彩图)

致本装置所喷射气粉混合柱中粉状物料样品的"样品基体"(包括浓度、流速等状态参数)也都在发生变化,从而影响到激光诱导等离子体光谱的稳定性[13]。因此,如何减小基体效应影响,显得尤为重要。等离子体光谱的强度一定程度上能反映波动规律,但是影响等离子体强度的因素较多,气粉混合柱基体只是一个方面。

为了充分了解气粉混合柱的表面基体波动情况,我们在主激光器旁边放置了一台 300 mW、405 nm 的紫外连续半导体激光器(图 11.26)。紫外激光器的光照到气粉混合柱的表面会发生散射,用硅探测器接收散射光,用散射光的强度来表征气粉混合柱基体的波动。我们将紫外散射光与等离子体的光谱同步记录,以紫外散射光强为参考量,首先将气粉混合柱基体波动很大的光谱数据剔除掉,然后以紫外散射光强度为归一化参量,对测得的光谱进行归一化处理,进一步减弱了气粉混合柱基体不稳定带来的测量误差。

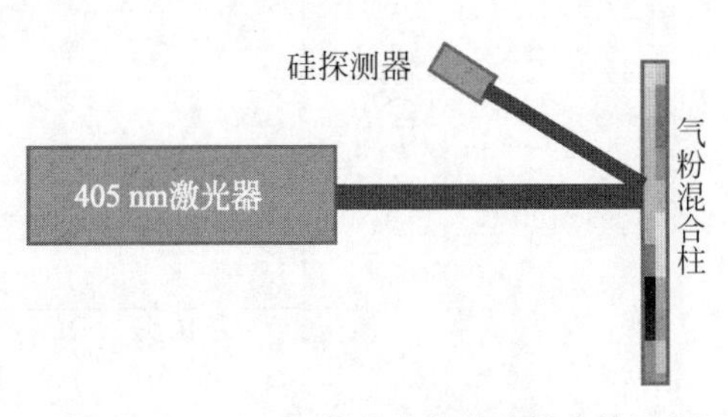

图 11.26　405 nm 紫外连续激光器安装示意图

(请扫Ⅹ页二维码看彩图)

实验中所获得的水泥等离子体光谱如图 11.27 所示,其中对主量元素的发射谱线及 405 nm 散射光进行了标定。由图可见,该散射光与其他元素发射谱线相互没有干扰,从而不会对定量分析造成影响。为了验证利用 405 nm 激光散射光强度进行归一化的效果,我们取 60 组光谱,对其中 Ca(Ⅱ) 318.1 nm 谱线分别进行全谱面积归一化和 405 nm

激光散射光强度归一化，计算了各组谱线归一化之后的 RSD 并进行比较，结果如图 11.28 所示。由图可见，采用 405 nm 激光散射光进行光谱归一化处理后，Ca（Ⅱ）318.1 nm 谱线的 RSD 从 35%降到了 23%，相对全谱归一化时 RSD 为 28%有明显的提升。

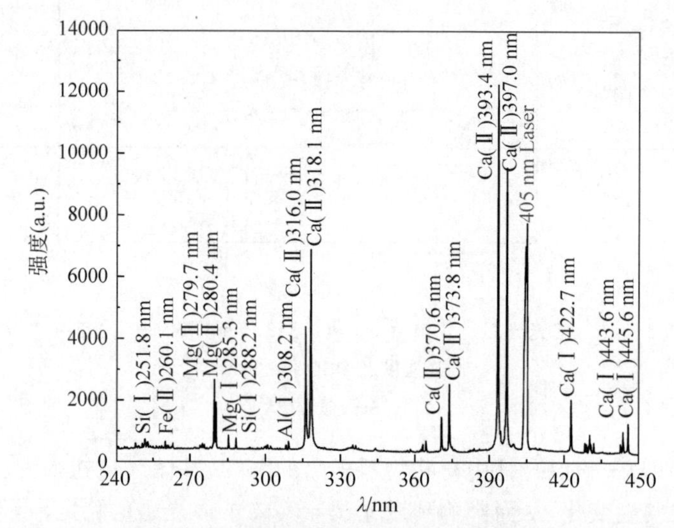

图 11.27 典型的水泥生料等离子体光谱，图中对 Ca、Mg、Si、Fe、Al 的原子/离子谱线和散射激光进行了标注

（请扫Ⅹ页二维码看彩图）

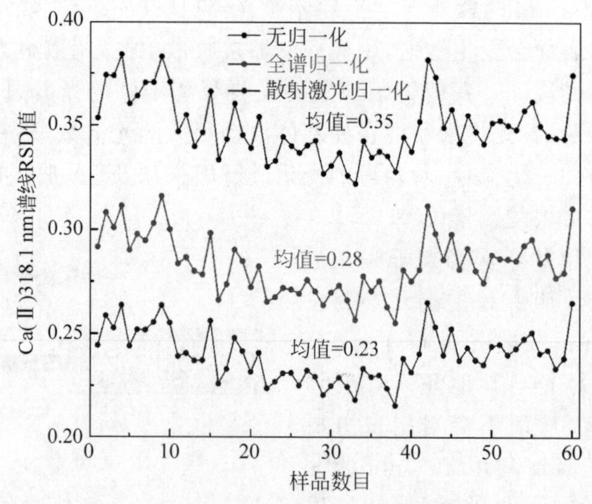

图 11.28 Ca（Ⅱ）318.1 nm 谱线无归一化、全谱归一化和散射激光归一化的 RSD 值比较

（请扫Ⅹ页二维码看彩图）

引入 405 nm 激光作为参考光，用于光谱筛选和归一化具有一定的稳定效果。我们在实验中进一步发现，通过改变真空输送器的驱动气压可以影响气粉混合柱的状态，进而影响紫外散射光的强度。我们考虑可以将紫外散射光作为参考信号，通过调节驱动器的气压来稳定气粉混合柱的基体。因此我们控制真空驱动器的气压缓慢地逐渐增大，同步记录紫外散射光强度和气压值。图 11.29 是我们在水泥生料输送管道中料流量分别为大、中、小的时候测到的紫外散射光与驱动气压的关系曲线。从图中可以看出，当气压很小时，真空输送器几乎吸不出生料；随着气压增大，有少量的生料被吸出；再大一些时，就有比较多的生料被吸出，但此时紫外散射光强存在严重抖动且没有规律；直到驱动气压大到一定值时，紫外散射光的强度随驱动气压变化出现了规律，经拟合后可以看出在 0.25～0.43 MPa 气压区间内，紫外光强和驱动气压基本呈线性关系而且趋势较陡，适合于通过控制驱动气压来稳定散射光强。根据这样的特点，我们发展了以紫外散射光强为参考、驱动气压为变量的样品基体稳定反馈调节技术。

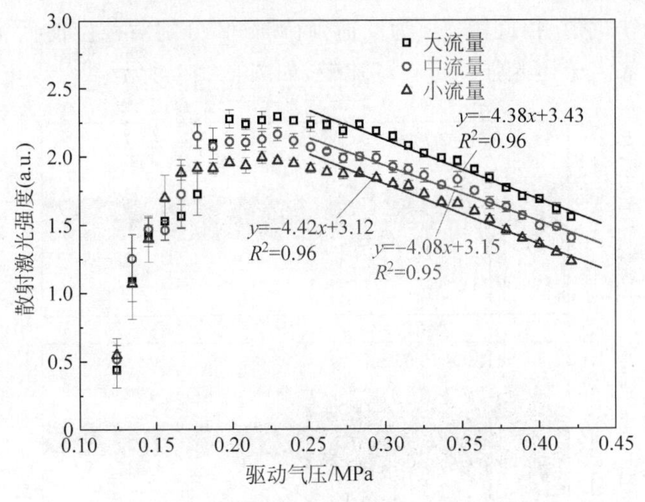

图 11.29　紫外散射光强度与驱动气压的关系
（请扫Ⅹ页二维码看彩图）

考虑到探测器自身噪声、料流微小变化难以确切地校正、驱动气压在改变后会有扰动产生需要时间达到平衡等因素，我们建立了类似于激光功率稳定反馈调节的阈值判断低频率调节的样品基体稳定反馈调节装置，其流程如图 11.30 所示。计算机采集散射光的强度数据，与预设值进行比较；如果散射光强度值与预设值的差在设定阈值范围内，则不做调整；如果散射光强度值高于预设值超过阈值范围，则控制驱动气压增大一个小量；如果散射光强度值小于预设值超出预设范围，则控制驱动气压减小一个小量；几秒后等到进入平衡稳定状态时，进入下一次循环。这样,就可以使紫外光强长期保持在设定的阈值范围内波动,使气粉混合柱的浓度保持一致。

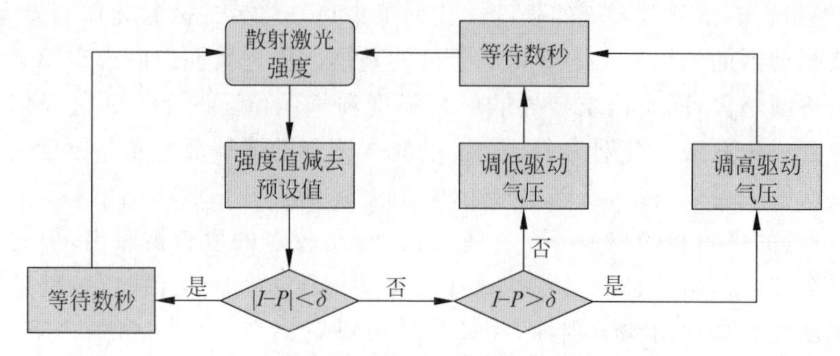

图 11.30　样品基体稳定流程

实验中紫外散射光强的预设值为 1.75,如果硅探测器检测值与该预设值有偏差,则通过控制驱动气压来稳定散射光强,从而实现样品基体的稳定。实验中,以 0.001 MPa 为步进值、以间隔 2 s 为反馈等待时间,分别对稳定前后 10000 个紫外散射光强值及等离子体光强值进行了比较,如图 11.31 所示。

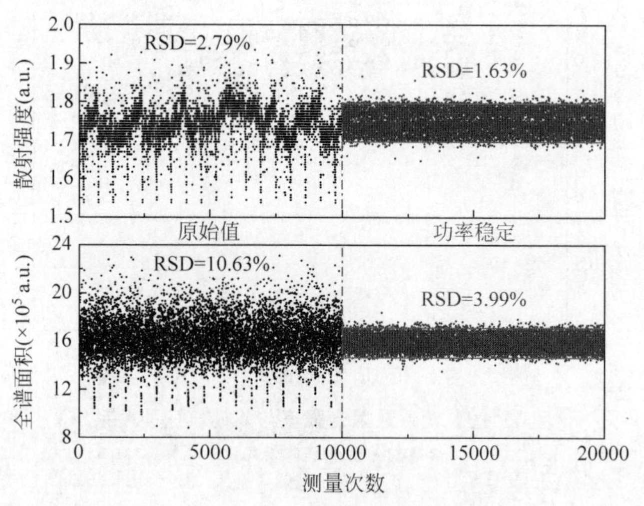

图 11.31　料流基体稳定效果

(请扫Ⅹ页二维码看彩图)

由图可见,稳定后,紫外散射光强的 RSD 从 2.79%降到了 1.63%、等离子体光强 RSD 从 11.63%降到了 3.99%。可见,稳定紫外散射光能够稳定等离子体光谱,本基体稳定技术是可行有效的。

11.6　LIBS 在线水泥检测设备工业测试

11.6.1　上位机控制测试

上位机控制程序详细介绍见 11.4.3 节。设备的所有程序控制都由总控室的上位机负责。上位机通过光纤与工作设备的远程信号传输接口连接。图 11.32 所示是位于上位机的激光检测控制程序运行界面效果图，该程序是借用 LabView 软件平台编写，控制界面从左到右分成三个模块，分别是控制模块、动态参数实时显示模块和测量结果实时显示模块。

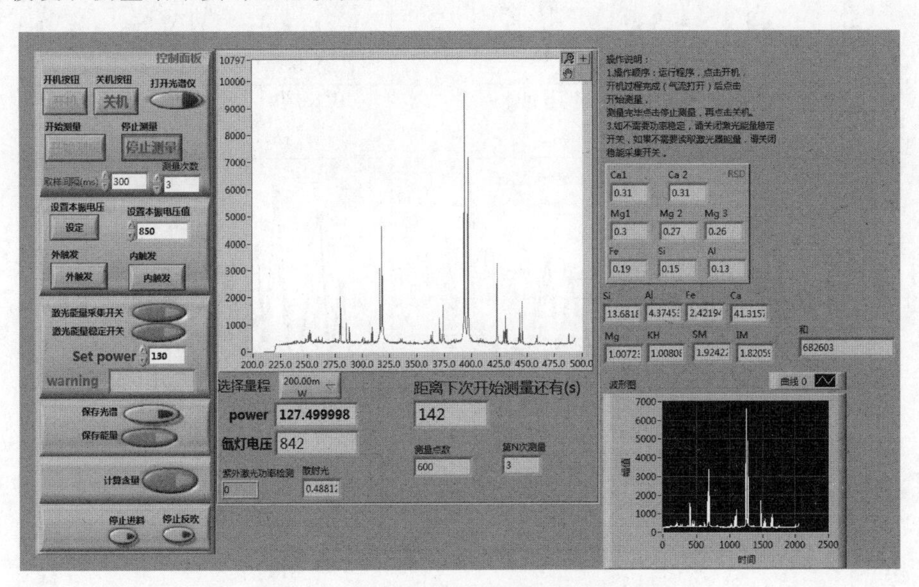

图 11.32　上位机激光检测控制程序界面

（请扫 X 页二维码看彩图）

在原料调节控制方面，根据水泥生料品质的实时检测数据，利用水泥行业专家数据库及经验算法给出最优的原料配比调节量，通过 DCS 对接进行自动调节。该方法相比水泥厂现有的传统方法具有更强的科学性，将大大地减小人为误差，调节更加及时精准，降低生料品质突变所带来的风险。调节模式采用手动/自动控制双模式结合，保证调节的灵活性。

11.6.2　工业现场测试

我们研制的 LIBS 在线水泥检测设备选择在山西双良鼎新水泥有限公司进行

了工业测试，为期 10 个月。该公司位于山西省太原市杏花岭区，其新型水泥干法水泥生产线日产 2500 t。我们使用该 LIBS 在线水泥检测设备对多个时间段的水泥样品进行了在线测量，图 11.33 是其中一段时间的工业测试值与水泥厂 X 荧光仪化验结果的比较。结果表明，本 LIBS 水泥在线检测设备对 Al_2O_3、CaO、

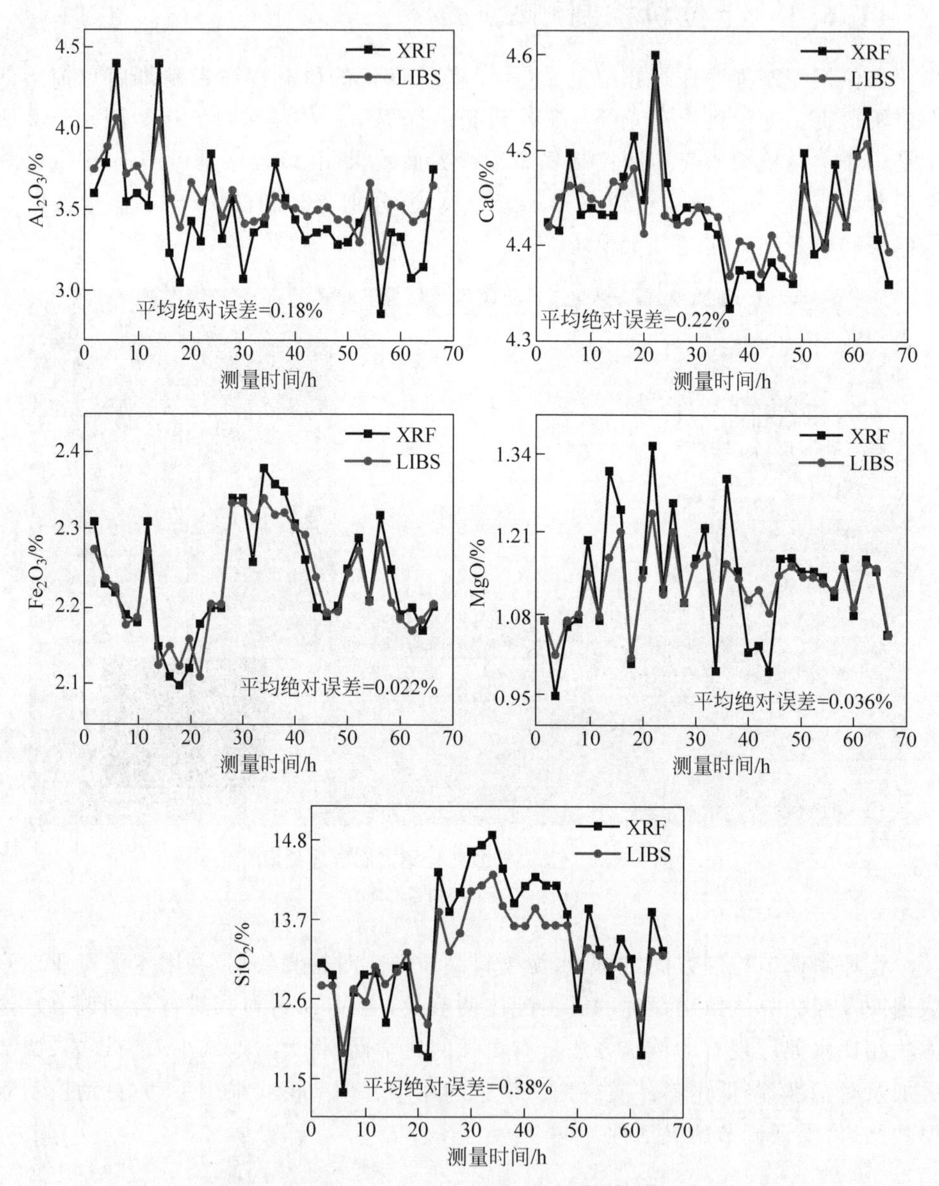

图 11.33 LIBS 检测设备连续运行 66 h 的检测结果与 XRF 检测结果的对比

（请扫Ⅹ页二维码看彩图）

Fe_2O_3、MgO 和 SiO_2 的测量趋势整体上与 X 荧光仪测量趋势相符，其测量的平均绝对误差分别是 0.18%、0.22%、0.022%、0.036%和 0.38%，最大误差分别是 0.34%、0.35%、0.07%、0.14%和 0.55%。加拿大 Claisse 公司的离线式 X 射线荧光仪对水泥中 Al_2O_3、CaO、Fe_2O_3、MgO 和 SiO_2 五种氧化物的最大检测误差分别是 0.34%、0.34%、0.36%、0.22%和 0.59%。由此可见，本 LIBS 水泥在线检测设备对五种氧化物的检测最大误差与 X 荧光仪相比，精度满足工业需求，也进一步证明了该设备有能力应运于水泥在线检测方面。

根据上面五种氧化物的测量结果，由编写的 LabView 程序对水泥三率值进行计算，计算结果实时显示在上位机，计算公式为

$$KH = (CaO - 1.65 \times Al_2O_3)/(2.8 \times SiO_2) \tag{11.10}$$

$$SM = SiO_2/(Al_2O_3 + Fe_2O_3) \tag{11.11}$$

$$IM = Al_2O_3/Fe_2O_3 \tag{11.12}$$

图 11.34 是设备运行的其中一段时间的测量结果与水泥厂现有的 X 荧光仪测量结果的比较。由图可见，本 LIBS 水泥在线检测设备对水泥三率值的分析结果，其趋势整体上与 X 荧光仪测量趋势相符，对 IM、KH、SM 测量的平均绝对误差分别是 0.07、0.07、0.07，优于现有设备，其测量精度能够满足行业要求。

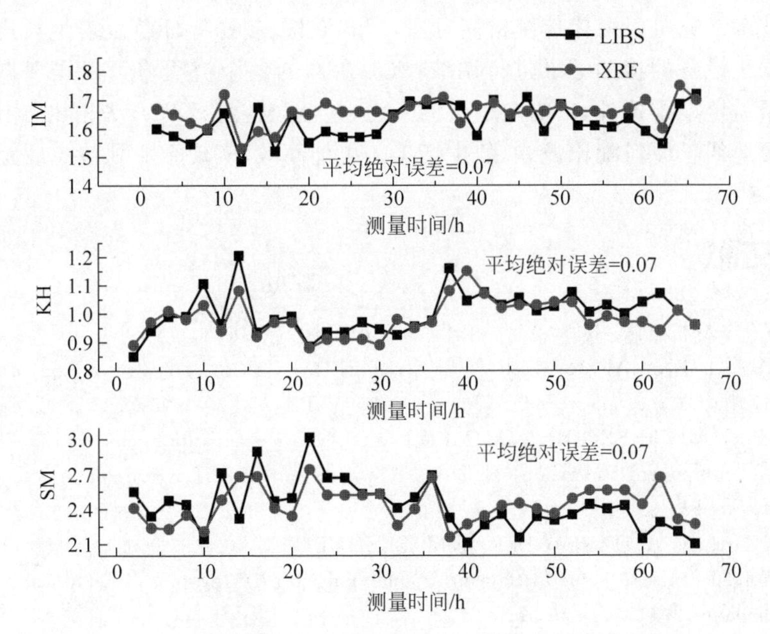

图 11.34　三率值的 LIBS 测量结果与 X 荧光仪测量结果比较

（请扫Ⅹ页二维码看彩图）

11.7 小结

本章主要介绍了激光诱导击穿光谱在水泥生料品质在线检测领域的应用，并通过光路、气路、算法和软件等方面的优化，实现了激光高稳定水泥生料品质在线检测。

通过本应用我们发展了脉冲激光功率反馈稳定技术，稳功后激光器连续工作两个月其输出功率一直保持在设定值 160 mW 附近，而未稳功激光器则下降至 90 mW，降幅为 56%；优化、改进了集光光路，通过增大收光立体角和减小激光发散角，等使系统的信噪比得到显著改善；发展了基于料流散射光的光谱归一化及基体稳定技术，即利用连续激光的散射光强对等离子体光谱数据进行归一化，使得元素发射谱线强度的 RSD 值由 28%降至 23%；同时，将测得的散射光强信号与设定值进行比较后反馈调整真空输送器的驱动气压来纠正料流状态参数偏离，实现喷射料流基体的长期稳定，使检测的精度由 1.01%提升至 0.43%。

设备在工业现场进行了测试，工业现场测试结果证明，水泥生料氧化物测量精度：Al_2O_3(0.18%)、CaO(0.22%)、Fe_2O_3(0.022%)、MgO(0.036%)、SiO_2(0.38%)；三率值测量精度：KH(0.07)、SM(0.07)、IM(0.07)；测试结果满足工业需求，证明本检测技术终究可以取代传统检测方法，节省取样、制样等环节。若配料皮带秤能及时根据该设备的检测结果进行调节，水泥生产的整个流程将可以实现自动化运行。除了需定期维护外，只需要少量的人力，甚至与传统检测方法相比，LIBS 技术可以更快地纠正原料配比偏差，使生产工艺更加高效，实现企业利益的最大化。

参考文献

[1] 水泥化学分析方法. 中华人民共和国建材行业标准[S]. GB/T 176-2008.

[2] ADAMS B W, NAPERVILLE, ATTENKOFER K, et al. High-resolution, active-optic X-ray fluorescence analyzer US Patent : 8130902 B2[P]. [2012-03-06].

[3] SHERSHABY E, SROOR A, AHMED F, et al. Neutron activation analysis of ceramic tiles and its component and radon exhalation rate [J]. Journal of Environmental Science, 2014, 16(1): 94-99.

[4] GONDAL M A, DASTAGEER A, MASLEHUDDIN M, et al. Detection of sulfur in the reinforced concrete structures using a dual pulsed LIBS system[J]. Optical and Laser Technology, 2011, 44: 566-571.

[5] WILSCH G, WERITZ F, SCHAURICH D, et al. Determination of chloride content in concrete structures with laser-induced breakdown spectroscopy [J]. Construction and Building Materials, 2005, 19: 724-730.

[6] LABUTIN T A, POPOV A M, ZAYTSEV S M, et al. Determination of chlorine, sulfur and

carbon in reinforced concrete structures by double-pulse laser-induced breakdown spectroscopy[J]. Spectrochimica Acta Part B,2014,99：94-100.

[7] MANSOORI,ROSHANZADEH B,KHALAJI M,et al. Quantitative analysis of cement powder by laser induced breakdown spectroscopy[J]. Optics and Lasers in Engineering,2011,49：318-323.

[8] LITTMAN M G,METCALF H J. Spectrally narrow pulsed dye laser without beam expander[J]. Appl. Opt.,1978,17：2224-2227.

[9] 樊娟娟,尹王保.激光诱导击穿光谱用于水泥质量分析研究[D].太原:山西大学,2015.

[10] CORTES C,VAPNIK V. Support-vector networks[J]. Machine Learning.,1995,20(3)：273-297.

[11] NOBLE W S. What is a support vector machine[J]. Nature Biotechnology,2006,24(12)：1565-1567.

[12] RADZIEMSKI L J,LOREE T R,CREMERS D A,et al. Time-resolved laser-induced breakdown spectrometry of aerosols[J]. Anal Chem,1983,55：1246-1252.

[13] WINDOM B C,HAHN D W. Laser ablation—laser induced breakdown spectroscopy (LA-LIBS)：A means for overcoming matrix effects leading to improved analyte response[J]. Journal of Analytical Atomic Spectrometry,2009,24(12)：1665-1675.